玉米制种田病害
鉴定与防治

雷玉明　主编

中国农业出版社

北　京

内 容 提 要

　　《玉米制种田病害鉴定与防治》在坚持有害生物综合治理的原则下，立足甘肃省河西走廊国家级玉米种子生产基地，兼顾周边地区，主要介绍制种田玉米发生的病害。全书共分十章。第一章阐述了玉米种子病原的侵染规律，种子病害的传播途径、演替规律、综合防治策略。第二章至第十章着重介绍了 68 种病害，其中，苗期真菌病害 3 种，叶部真菌病害 19 种，茎部真菌病害 7 种，根部真菌病害 3 种，穗部真菌病害 5 种，细菌性病害 6 种，病毒性病害 5 种，非侵染性病害 13 种，检疫性病害 7 种，详尽描述了玉米制种田病害的症状诊断、病原鉴定、发生规律、检验检测、抗病性鉴定、防治方法等内容。附病害症状彩图 205 幅及病原菌形态图 17 幅。

　　本书理论联系实际，科学实用，指导性强，可供农业科技人员、种子企业、科研院所和大中专院校师生参考。

国家自然科学基金项目（31660499）资助出版
甘肃省教育厅产业支撑计划项目（2021CYZC-53）资助出版
河西学院科研启动基金项目（KYQD2020022）资助出版

编 委 会

主　编　雷玉明

副主编　邢会琴　郑天翔　石建国

编　者　（按姓名汉语拼音排序）

海江波（西北农林科技大学）

雷玉明（河西学院）

刘建勋（张掖市农业科学研究院）

马建仓（张掖市玉米原种场）

石　菁（甘肃农业大学）

石建国（张掖市建国作物种质创新育种工作室）

王　军（张掖市建国作物种质创新育种工作室）

邢会琴（河西学院）

张建明（酒泉市田旺玉米研究所）

赵文明（张掖市德光农业科技开发有限公司）

赵文勤（张掖市德光农业科技开发有限公司）

郑超美（张掖市建国作物种质创新育种工作室）

郑天翔（河西学院）

序

　　玉米是我国第二大粮食作物，经济价值巨大，还是重要的饲料、工业、医药等行业的原料来源。提高玉米种子生产数量和质量，对改善人民生活水平、促进国民经济和相关产业发展，以及提升国际市场竞争力都具有举足轻重的作用。玉米种子作为"玉米芯片"，是提高产量的关键。利用杂交优势促进玉米种子产量和质量不断提高，兴起了规模巨大的玉米种子产业，推动了我国农业种子革命，被确定为国家战略性、基础性的核心产业，对玉米生产发展做出了重大贡献。

　　甘肃省河西走廊地势平坦开阔、气候干燥、光热资源丰富、灌溉条件便利，具有得天独厚的自然资源和区域优势。河西走廊玉米制种田面积占全国的 50%，产量占全国总产量的 60%，被确定为国家级玉米制种基地，是全国现代种业三大核心基地之一，已发展成为甘肃省农业增效、农民增收的"黄金产业"。然而，随着全球气候变暖，种质资源的频繁交流，病原菌变异增强，结构发生了变化，以致病害结构也悄然发生变化，危害程度加重，对玉米制种造成新的威胁。因此，在玉米种子生产过程中要高度重视有害生物发展动态，加强种子病害调查研究与预测预报等工作，做到防患于未然。

　　河西学院雷玉明教授及其团队，长期工作在植物保护一线，致力于农作物病害及其综合治理研究，以有限的科研资源，开展了大范围调查研究。以制种田玉米病害综合治理技术集成与示范推广的科研成果为素材，结合当地玉米病害调查资料与实践经验，广泛搜集文献，参考国内外专家、学者的研究成果，对富有翔实的数据资料、深刻理论与实践进行图文并茂的总结，编著了《玉米制种田病害鉴定与防治》一书。为制种田玉米病害综合治理、预测预报、检验检疫等工作提供了科学依据，同时，为广大植物保护工作者、种子科研与生产单位以及种植户提供了实用性较强的参考读物，对甘肃省玉米种子安全生产发挥重要的指导作用。

　　在《玉米制种田病害鉴定与防治》付梓之际，对编者表示祝贺，并以此为契机，希望更多中青年专家投身于玉米种子产业，取得更加辉煌的成绩！

中 国 工 程 院 院 士

长 江 学 者 特 聘 教 授

国家"百千万人才工程"入选者

西北农林科技大学教授、博导

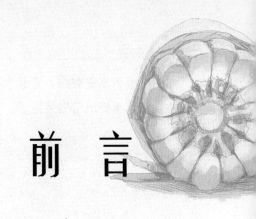

前　言

玉米种子是农业生产中重要的生产资料之一，是国家粮食安全的重要基础，更是保持国民经济平稳较快增长和社会稳定的重要保障。甘肃省河西走廊玉米制种田作为国家级玉米制种基地，对甘肃省玉米增产及全国玉米安全用种起到巨大作用。但是，玉米种子易遭受病原侵染而发生病害。纵观国内外玉米种子发生的病害，对玉米及其种子生产带来极大影响。一方面造成直接影响，如产量降低，种苗和贮藏期种子品质变劣，种子物理性状和化学特性异常等；另一方面造成间接影响，如导致种子病害远距离传播，形成玉米病害侵染源。因此，了解玉米种子病害对全面提高甘肃省玉米种子生产能力和抵御自然灾害能力，确保国家粮食安全意义重大。

甘肃省玉米种子产业发展已有 30 多年的历史，随制种田面积扩大，玉米制种基地连作障碍突出，亲本材料复杂，品种交流频繁，病原种群结构变异明显，传播途径增多，导致制种田玉米病害结构发生巨大变化，给玉米制种企业、种植专业户、植物保护技术人员带来诊断难题，对全国玉米安全生产构成极大威胁。因此，玉米制种田病害的鉴定与防治任务显得十分重要。

雷玉明教授的团队以多年来从事玉米制种田病害调查研究和综合防治示范推广为基础材料，参阅国内外专家、学者、专业技术人员等的研究成果，收集整理大量文献，编写了《玉米制种田病害鉴定与防治》一书。该书收集玉米制种田病害 67 种，附病害症状彩图 205 幅及病原菌形态图 17 幅，着重介绍了玉米种子病害概述、制种田发生病害的症状诊断、病原鉴定、检验检测、发生规律、抗性鉴定和防治措施，以及对玉米制种田产生潜在威胁的重要病害。以图片的形式反映病害症状发展过程，为基层植物保护工作者、种子科研与生产单位、种植户等提供了集知识性、技术性、实用性为一体的参考读物。

全书共分十章。第一章至第八章撰写人雷玉明、邢会琴和郑天翔；第九章撰写人雷玉明和石建国；第十章撰写人雷玉明和邢会琴。在撰写过程中得到了甘肃省河西走廊特色资源利用重点实验室、张掖市德光农业科技开发有限责任公司、张掖市玉米原种场、张掖市植保植检站、甘肃谷丰源农化科技有限公司张掖分公司等单位的大力支持，在此表示衷心感谢。

由于编者水平有限，专业水平和实践经验不足，收集资料不全，书中难免存在一些疏漏，敬请读者提出宝贵意见。

编　者
2021 年 9 月

目 录

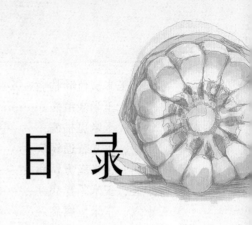

第一章
玉米种子病害概述

玉米种子病害是指种子在生长发育、贮藏和运输过程中，受到生物或非生物因素的影响，使种子外结构或内结构、种苗、果穗等表现出一系列不正常现象，造成玉米种子质量下降，植株生长不良，产量降低，并引起一定的经济损失。

玉米作为重要的粮食作物，种子病害对其产量影响较大。据 Cramer（1967）记载，玉米病害造成的损失近 2/3 是由种子病害引起的，其中玉米干腐病和苗枯病造成的损失约占总病害损失的 25%。1946—1954 年在美国玉米干腐病造成的损失约为总产量的 9%。据 Hooker（1971，1972）、Tatum（1971）、Ullstrup（1971）记载，美国由于玉米大斑病的发生，已造成相当大的产量损失，大部分地区产量损失达 30%。1969 年，美国大斑病新小种侵染得克萨斯雄性不育细胞质玉米，1970 年达到了毁灭性程度，据估计，玉米产量损失达 12%~15%，在美国南部玉米平均产量损失 20%~30%，在伊利诺伊州及印第安纳州玉米产量损失达 50%~100%，造成经济损失达 10 亿美元。其结果是玉米种子生产完全改为其他雄性不育细胞质型玉米生产，并转为手工去雄。据 1965 年美国农业部记载，在 1954—1960 年，玉米茎腐病造成全国每年产量平均损失 3%。据 Johnson 和 Chapman（1958）、Pepper（1967）记载，1932 年玉米细菌性枯萎病在美国甜玉米上发生，造成的损失达 13%，1958 年在肯塔基州造成毁灭性损失。1937 年意大利报道，玉米细菌性枯萎病致产量损失达 40%~90%。

20 世纪 60 年代前，我国将玉米干腐病列为国内外检疫对象。俞大绂（1956）报道，玉米干腐病仅在云南和四川有分布；吴友三和朱有红（1956）报道，辽宁部分地区已有玉米干腐病分布并发生危害。随着玉米杂交种的推广，李西亮等（1987）对陕西汉中地区1 677.9hm² 玉米调查发现，玉米干腐病发生面积达 706.6hm²，占调查总面积的 42.1%，病田平均病株率达 3.85%，平均病穗率达 3.11%。彭炜等（2002）报道，2001 年四川省农业厅植物检疫站对新疆、甘肃、山西、山东、吉林、辽宁、宁夏、河北、内蒙古、重庆等省（自治区、直辖市）租地繁育或直接采购的入川玉米种子进行检验检疫，对从四川省外调入的 100 批次玉米种子的 144 个样本进行检验，其中，检出玉米干腐病 14 批，占总调查数的 14%，由此提出，加强种子检验检疫，可阻止植物检疫性有害生物的传入。

由于种子带菌引起玉米田大量死苗，造成更大损失。潘惠康等（1987）报道，河南省夏邑县 133.3hm² 玉米由于穗腐病的发生导致种子带菌而引起大量死苗。李复宁（1987）报道，湖北省鄂北地区因玉米种子携带串珠镰孢霉而造成 100hm² 以上玉米田发病，病株率为 30％～95.5％，平均 64.2％，其中，40hm² 以上 100％发病。狄广信等（1994）报道，浙江省因玉米种子携带串珠镰孢霉引发玉米苗枯病，发病面积超 230hm²，占种植面积的 77.80％，一般田块株发病率在 50％以上，其中，33hm² 因死苗严重而翻耕重播，杂交制种田母本黄早四病株率为 95.5％，父本掖 107 病株率仅为 10％；1992—1994 年吉林省农业科学院先后对玉米苗期病害进行调查报道，苗枯病发病率为 9.5％～51.0％，一般重病田块往往缺苗 3～5 成，严重者甚至毁种。

由于品种引进不慎，导致甘肃省临泽县发生了玉米黑束病事件。1984 年我国从南斯拉夫泽盟玉米研究所引进玉米单交种 SC704、自交系 773 和 713，在甘肃临泽、新疆墨玉等地种植，从 1984 年 8 月 10 日发现病株到 8 月 30 日，自交系 773 发病率达 100％，病情指数达 53.8，SC704 发病率为 7％。经专家田间诊断认为，发病是由肥料、土壤、灌水等引起，但经保留种子进行病原鉴定和致病性测定，结果发现，从南斯拉夫泽盟玉米研究所引进的单交种 SC704、自交系 733 和 711 玉米种子带菌率分别为 2.7％、4.7％、3.3％，而且胚部也能分离到病原菌。因此，玉米种子携带直枝顶孢霉（*Acremonium strictum* W. Gams.，异名：*Cephalosporium strictum*，*C. acremonium* Corda.）是引起甘肃省临泽县玉米黑束病的主要原因。

纵观国内外玉米种子病害发生的历史，玉米种子病害的发生对玉米及其种子生产造成严重影响。一方面造成直接影响，如产量降低、种苗和贮藏期种子品质变劣、种子物理性状和化学特征异常等；另一方面造成间接影响，如导致种子病害远距离传播，成为玉米病害的侵染源。因此，了解玉米种子病害对创建优质、高效、安全的玉米种子生产基地具有重大的现实意义。

一、玉米种子病害症状

症状是确定种子是否发生病害并作出初步诊断的依据。但由于不同的病原物和发病原因可导致相同的症状，而相同的病原物或发病原因在不同寄主或不同环境下也可导致不同的症状。因此，症状是种子病害诊断的重要依据，而不是唯一的依据，需结合病原物进一步鉴定。

（一）种子病害病状

1. 种子变色 玉米种子受病原侵染，种子表皮或种子附属物及种子内部基本结构的一部分或全部失去原有颜色称种子变色。

（1）种皮变色。玉米种子种皮和果皮相互愈合，统称为种皮。种子受病原侵染后表面皮层变为黑色、棕色、紫色、灰色等。如禾谷镰孢霉（*Fusarium graminearum*）引起玉米穗腐病使种子出现紫色；串珠镰孢霉（*F. moniliforme*）使玉米种子形成白色条纹；玉米圆斑病菌（*Bipolaris zeicola*）后期引起籽粒表皮变黑色；玉米内脐蠕孢菌（*Drechslera maydis*）、菜豆壳孢菌（*Macrophomina phasiolina*）、多主枝黑心菌（*Botryodiplodia theobromae*）等病菌可在玉米种子上产生浅灰色、深褐色至黑色条纹；玉米穗黑腐病菌（*Botryosphaeria festucae*）侵染玉米果穗下部近基部，使少数籽粒变黑。

（2）种胚变色。病菌潜伏于种子内部，导致种子胚部变色。如玉米内脐蠕孢菌（*D. maydis*）、菜豆壳孢菌（*M. phasiolina*）、多主枝黑心菌（*B. theobromae*）在玉米种皮上产生白色条纹，均是由玉米种子胚部发出的辐射纹；玉米囊壳孢菌（*Physalospora zeae*）可在玉米种皮下形成黑色条纹或斑点。

（3）种子表面腐生或寄生的覆盖物变色。在种子表面、种子保护物表面或种子与保护物之间腐生或寄生的真菌菌丝与孢子组织形成覆盖层，造成种子变色。如玉米果穗腐生黑根霉（*Rhizopus maydis*），受害籽粒上布满一层灰色霉状物，造成籽粒变为褐色；玉米果穗寄生禾谷镰孢霉（*F. graminearum*），在玉米乳熟期至蜡熟期间，籽粒间隙长满粉红色或灰白色菌丝体，果穗轴和籽粒基部呈紫红色。腐生或寄生于种子的真菌产生色素或毒素，导致种子变色。如串珠镰孢霉（*F. moniliforme*）、葡柄霉菌（*Stemphylium* sp.）产生色素分别致玉米种子出现粉红色斑。但并不是这些真菌侵染或污染种子后都会使种子变色，各菌株因环境、寄主植物不同，形成色素的能力不同。

2. 种子腐烂　腐烂是种子组织被病原物破坏、分解产生的症状。许多种传真菌在作物收获或种子萌发时引起种子腐烂。如烂籽病造成种子腐烂；穗腐病菌镰孢霉（*Fusarium* spp.）、木霉菌（*Trichoderma* spp.）、青霉菌（*Penicillum* spp.）、曲霉菌（*Aspergillus* spp.）、根霉菌（*Rhizopus* spp.）、蠕孢菌（*Bipolaris* spp.）等侵染籽粒造成病粒皱缩瘪小，表面光泽暗淡不饱满，严重时整个籽粒内充满菌丝体，腐烂霉变，种皮易破裂，失去种子价值；玉米细菌性条纹病菌（*Pseudomonas rubrilineans*）使上部叶片发病，导致雄穗腐烂。

3. 种子畸形　受病原物侵染后，种子萎缩，种皮皱缩，种子形态大小和组织结构等发生变化的现象称为种子畸形。一是病菌侵染种子的形成过程，破坏子房，使种子内含病菌孢子体和一些原生动物，并称之为菌瘿、菌核、子座和虫瘿等。如玉米孢堆黑粉菌（*Sporisorium reilianum*）侵染丝从玉米幼苗芽鞘、胚根或幼根侵入，在玉米雌、雄穗分化时，病菌进入花基和原始穗造成系统侵染，病菌菌丝破坏雌、雄穗形成大量黑粉；玉米黑粉菌（*Ustilago maydis*）菌丝在寄主组织中生长发育，并产生一种类似生长素的物质，刺激寄主局部组织的细胞旺盛分裂，逐渐肿大形成瘤状物，并在病瘤中产生大量的冬孢子；玉米伪黑粉病菌（*Ustilaginoidea virens*）危害雄穗花序，在其上形成一个个近椭圆形黑绿色孢子座，外观似黑粉病菌的孢子堆，实际是分生孢子堆。二是病菌侵染种子，影响种子发育，造成种子变小或表面皱缩。如玉米穗腐病导致果穗畸形，籽粒变形、变小；玉米细菌性枯萎病严重时，种皮颜色加深和皱缩。

4. 种子坏死　种子受病原物或遗传因素影响，其组织或结构受到破坏而死亡，失去种子价值的症状称坏死。如玉米爆裂病造成果穗籽粒表皮开裂呈"爆米花"状；玉米丝裂病造成胚与胚乳交界处产生裂纹。这些都是由于遗传因素造成种子结构被破坏。

5. 种子不育　此处讲的不育是由于病原物侵染种子，造成种子不能发育的现象，不包括因遗传因素造成的不育问题。蜀黍霜指霉（*Peronosclerospora sorghi*）系统性侵染玉米，引起不育症；大孢指疫霉（*Sclerophthora macrospsa*）、菲律宾霜指霉（*Peronosclerospora philippinensis*）引起种子发育不良而减产；高粱霜霉菌（*Sclerospora sorghi*）侵染玉米，引起不育症。

（二）种子病害病征类型

根据病原物在发病部位，即在种子及其附属物上表现的特征，可将种子病害病征主要概括为以下几种类型。

1. 霉状物　一般指在种子表面、附属物（苞叶等）、种皮等及其与种子之间孔隙出现的真菌菌丝体和孢子体外表特征，如分布状况、颜色等。霉状物根据颜色可分为黑色、紫色、粉红色、白色等。如串珠镰孢霉（*F. moniliforme*）可在玉米籽粒上出现灰白色、粉红色、红色、紫色霉状物；青霉菌（*Penicillium* spp.）在籽粒上出现青绿色霉状物；曲霉菌（*Aspergillus* spp.）在籽粒上出现黑色、黄绿色或黄褐色霉状物；根霉菌（*Rhizopus* spp.）在籽粒上出现灰黑色霉状物。

2. 粉状物　一般指病原真菌在病部大量聚集的孢子体分布特征，较多的是分生孢子和厚垣孢子。粉状物根据颜色分为白色、黑色、褐色。如玉米丝黑穗病菌（*Sporisorium reilianum*）、玉米黑粉病菌（*Ustilago maydis*）等破坏籽粒产生的黑色粉状物，即病菌的厚垣孢子（冬孢子）；玉米裂轴病菌（*Nigrospora oryzae*）在籽粒行间及穗轴上产生细密的粉末，即病菌的分生孢子。

3. 锈状物　一般指种子及种子保护结构的组织表面产生似"铁锈状"病原物，根据颜色分为黄褐色锈状物和白色锈状物。一般玉米种子上直接寄生锈状物的很少，均是由于苞叶受玉米普通锈病菌（*Puccinia sorghi*）、南方锈病菌（*Puccinia polysora*）侵染，在遇虫害或收获时锈状物污染籽粒表面所致，种子表面洗涤后可见橘黄色和黄褐色孢子，即病菌夏孢子和冬孢子。目前尚未找到白色锈状物侵染玉米的病例。

4. 颗粒状物　种子及其附属物、果皮等表面由病原菌产生大小不等、排列方式和颜色不同的点状物称为颗粒状物。如玉米色二孢穗腐病菌（*Diplodia zeae*）侵染果穗，苞叶内部靠近籽粒处有密集的白色菌丝体，致使苞叶与籽粒相连，后期在籽粒上生出黑色颗粒状物，即病菌的分生孢子器；玉米穗灰腐病菌（*Botryosphaeria zeae*）在籽粒果皮下形成黑色菌核；玉米干腐病菌（*D. zeae*）在茎秆、叶鞘、收获的果穗上可见黑色颗粒状物，即病菌的分生孢子器。

5. 菌脓　在玉米种子及其发育过程中，穗部表面溢出胶体状的脓状液滴，称为菌脓。这是细菌病害特有的病征类型。如玉米细菌性穗腐病菌（*Stenotrophomonas maltophilia*）侵染果穗，造成单一籽粒或成片籽粒腐烂，发病籽粒中多散发出臭味，在籽粒上可见黄色菌脓流出。

二、玉米种子病原物侵染部位

玉米种子病原物经过侵入过程到达侵染部位并定殖，使种子带菌部位成为种子病害的重要侵染源。根据玉米种子的结构，按照病原物侵染的部位主要分为以下几个侵染部位。

（一）胚珠侵染

诸多试验研究证明，胚珠带菌是种子原基早期受到病原物侵染的结果。胚珠受精前易受侵染，而受精后不易受侵染。随胚珠发育而形成种子，病原物侵染率逐渐下降，表现为花芽坏死现象减轻，种皮带菌率下降，或胚珠带菌而种子不带菌。遗传性的玉米种子丝裂病，是由于花丝未授粉期间周皮的不规则生长，授粉后该花丝死亡，而胚珠上未受精花丝在一定膨胀期仍保持生力，快速延伸的花丝胀破了处于生长状态的周皮。

（二）胚侵染

因病原物种类、种或小种、菌系、株系，以及寄主的种、品种等不同，造成病原物主要存在于胚的各部位，即子叶、禾本科的盾片、胚芽、胚轴和胚根等。这种带菌类型大都通过病原侵入造成。

胚部携带的真菌，常采用解剖种子，观察胚部菌丝体特征或通过各部位分化器官的异常变化进行断定。如玉米干腐病菌（*D. zeae*）以菌丝体存在于盾片、胚芽鞘、胚芽和胚根等部位，从而在果穗与苞叶、籽粒、茎、节等部位显现症状，如暗褐色分生孢子器和白色菌丝体；引起玉米矮花叶的病毒（*Sugarcane mosaic virus*-maize dwarf strain B, SCMV）在 Mo17 自交系上既可通过花粉间接侵入种胚，又可通过母株直接进入胚组织，Mo17 种子内的病毒主要来源于雌株，种子传毒能力主要受母本控制，受父本影响较小。SCMV 主要分布于种皮、胚和胚乳，未成熟的种子带毒率高于干种子，这说明授粉后 13d 的种皮和胚乳已经携带病毒，随着种子的成熟，病毒不断得到积累。但是，在脱水干燥或贮存过程中，种皮和胚乳中的病毒又逐渐钝化或消失。这说明病毒在授粉前或授粉期间，首先进入子房壁或胚珠被，再进入胚珠或在胚乳发育过程中直接进入胚乳。

（三）胚乳侵染

胚乳带菌在有胚乳的种子中是较为常见的。真菌可通过不同形态存在于胚乳中，使其成为带菌体进行传播。陈敏等（2006）报道，引起玉米霜霉病的病菌有 3 属 9 种，即霜霉属（*Peronosclerospora*）中的玉蜀黍霜指霉（*P. maydis*）、菲律宾霜指霉（*P. philippinensis*）、甘蔗霜指霉（*P. sacchari*）、蜀黍霜指霉（*P. sorghi*）、异穗霜指霉（*P. heteropogoni*）、自发霜指霉（*P. spontanea*）6 个种，指梗霉霜属（*Sclerospora*）中的禾生指梗霜霉（*S. graminicola*）1 个种，指疫霉属（*Sclerophthora*）中的大孢指疫霉（*S. macrospora*）、褐条指疫霉（*S. rayssiae*）2 个种。在我国玉米上曾有发生记录的霜霉菌为 5 个种，即 *P. maydis*、*P. sacchari*、*P. philippinensis*、*P. sorghi* 和 *S. macrospora*，其中前 3 个种已被定为我国入境危险性有害生物。除了禾生指梗霜霉（*S. graminicola*）外，其他病原菌均被证实也可通过卵孢子或菌丝使玉米种子胚乳带菌进行传播。玉米干腐病菌（*D. zeae*）、立枯丝核菌（*Rhizoctonia solani*）等以菌丝存在于胚乳等部位。

细菌以寄生或腐生方式存在于胚乳的不同部位，引起的种子病害较多。如玉米细菌性枯萎病菌存在于种子胚乳边缘和胚乳中。

（四）种皮侵染

种皮是胚珠的珠被不同程度分化而形成的，其受到病原侵染可能有三种情况。一是在胚珠发育过程中，胚珠被受到侵染，造成种皮内、外层侵染；二是种子成熟后，寄生性病原物从外部侵染，造成种皮受侵；三是种子收获或贮藏期被病原物污染，造成种皮污染而受侵。

卵菌以菌丝或卵孢子侵染种皮使其带菌。玉米疯顶病是由大孢指疫霉（*S. macrospora*）引起种子传播的重要病害。王晓鸣等（2001）对不同来源的玉米种子籽粒带菌状况检测的结果表明，在发病植株上雌穗所结籽粒种皮带菌率高达 55.2%，胚乳带菌率为 24.8%；在少数雄穗轻度发病植株上，雌穗仍能形成完整的果穗，其籽粒同样有较高的带菌率，种皮带菌率为 59.1%，胚乳带菌率高达 77.8%。在疯顶病病田中，对外观正常的植株所结籽粒检测表明，其种皮带菌率仍高达 42.1%，胚乳带菌率也达 23.1%；对病田原播种剩余的种子取样检测，同样发现种子中有菌丝体和卵孢子。镜检结果、带菌率等证明，玉米种皮是携带霜霉病菌的主要部位。

（五）果皮受侵

从果实的基本结构看，果皮是由子房壁的组织分化、发育而成的果实部分。成熟的果皮一般分外果皮、中果皮和内果皮三层，但因果实类型不同，三层果皮变化较大。常因果实类型的不同，病菌侵染果皮的部位也不同，一般外果皮与外界接触时间长，是最容易受病原物侵染而带菌的部位，进而扩展至中果皮和内果皮，造成烂果和种子带菌。玉米果实属于真果，果皮和种皮紧密相连，不易区分，如玉米小斑病菌（*Bipolaris maydis*）以菌丝体存在于果皮中。

（六）种子附属物污染

玉米苞叶等附属物是种子带菌的重要部位。玉米小斑病菌（*B. maydis*）以菌丝侵染苞叶，在苞叶上产生黄褐色或红褐色的圆形或椭圆形病斑，病菌向苞叶深层扩展至种子。潮湿时，苞叶上产生的分生孢子随气流在田间传播，后期病菌以菌丝潜伏于苞叶，成为重要的初侵染源。

（七）种皮或果皮污染

许多病原菌通过气流、昆虫、种子收获和贮藏等途径附着在种子表面而带菌，这种现象较为普遍。如玉米干腐病菌（*D. zeae*）以菌丝体和分生孢子器在种子上越冬，带菌种子播种后能引起苗枯；玉米细菌性枯萎病重要初侵染来源是带菌的玉米跳甲（*Chaetocnema puliearia*），细菌存在于其消化道中，以成虫带菌越冬；玉米种子收获时，田间真菌链格孢菌（*Alternaria* sp.）、枝孢霉（*Cladosporium* sp.）、弯孢霉（*Curvularia* sp.）、镰孢霉（*Fusarium* sp.）等腐生于玉米种子表面；玉米种子（棒）贮藏期间，曲霉菌（*Aspergillus* sp.）、链格孢菌（*Alternaria* sp.）、丝核菌（*Rhizoctonia* sp.）、青霉菌（*Penicillium* sp.）、稻黑孢菌（*Nigrospora oryzae*）等侵染玉米种子等。

（八）种子间混杂物污染

种子间混入的发病植株组织、病原繁殖体、土壤颗粒、包装材料等称为混杂物，与正常种子混杂又称为"假种子"。播种后造成植物幼苗发病，误认为是种子带菌引起，这对种子病害的诊断和防治影响重大。如玉米菌核病菌（*Sclerotinia sclerotiorum*）、玉米穗灰腐病菌（*B. zeae*）等在籽粒果皮下形成黑色菌核，并以菌核混杂在种子中渡过不良环境，至少能存活 2 年以上，是该病害的重要初侵染源。在发生玉米霜霉病的颖片中或在感染种子的颖壳中发现卵孢子，因此混杂在玉米种子间的颖片便成为远距离传播的传染源。独脚金（*Striga asiatica*）种子可混杂在玉米材料中进行远距离传播。

三、玉米种子病原传播

依据病原伴随的媒介、传播距离，以及病原传播动力的不同，种子病原传播方式分为三种，即主动传播、自然动力传播和人为因素传播。

（一）主动传播

种子病原依靠自身动力进行扩展蔓延，造成幼苗或种子受到侵染而发病，这种移动称主动传播。其实质是动力来源于病原体本身，移动距离较短，一般病原由种子到幼苗发病扩展蔓延时间较短，由种子到种子带菌所需要的时间较长。因病原种类、带菌（毒）部位和方式不同，病原的传播方式有所不同。

病原真菌以菌丝体或菌丝变态结构、孢子体的生长而扩展。如玉米田间越冬的丝孢堆黑粉菌（*S. reilianum*）冬孢子随种子萌发而产生担孢子，两性担孢子结合产生侵染丝，从玉米幼芽和芽鞘、胚轴或幼根侵入，病菌很快蔓延到玉米生长锥，以菌丝随玉米的生长而扩展，雌穗、雄穗分化时，破坏全部花器，雌穗和雄穗内形成黑色粉状物。

（二）自然动力传播

种子病原依靠气流、雨水、灌溉水、花粉、土壤、昆虫及其他介体等自然动力在植株之间进行扩展、蔓延的移动过程称为自然动力传播。这种传播方式传播距离远，可以在田间、异株植物间、同株植物的不同部位进行传播，也可以由种子传播到幼苗、种子传播到种子、幼苗传播到种子等。

1. 气流传播 由于病原真菌繁殖体具有数量大、体积小、重量轻等特点，有些病原真菌孢子体成熟后还具有强烈的弹射能力，很容易通过气流传播。如玉米普通锈病菌（*P. sorghi*）、南方锈病菌（*P. polysora*）的夏孢子和冬孢子在田间主要通过气流传播；玉米大斑病、小斑病等叶斑类病害主要以分生孢子通过气流在田间传播扩散。

2. 雨水及灌溉水传播 许多真菌需要100%的相对湿度或具有水膜的条件下孢子才能萌发，细菌需要水滴才能繁殖。因此，雨水既能提高大气相对湿度，又能在植物体表面汇结成水膜，同时，大雨会对植物体表面造成伤口，利于传播的病原繁殖和侵染。如弯孢霉叶斑病菌（*C. lunata*）的分生孢子通过雨水传播到田间植株叶片上萌发侵入而引起发病；玉米霜霉病菌（*P. maydis*）的孢子囊借助于雨水冲溅进行传播和再侵染。

3. 花粉传播 花粉传播的病原在植物病毒中较为典型，一般由花粉传播的病毒常造成种胚内部带毒。带毒花粉传播到健株上，通过受精管进入胚中，从而使种子带毒。李莉（2003）采用ELISA和电镜技术进行了甘蔗花叶病毒（SCMV）花粉传播试验，玉米散粉期的检测结果表明，花药和花粉的ELISA结果均表现为阳性，侵染试验同样得到矮花叶植株，说明花药携带病毒，病毒存在于花粉表面。在电镜下对孕穗期花药超微结构观察发现，花药的绒毡层细胞已开始退化，花粉粒独立存在，而大量的病毒粒体和内含体分布于花药的外层和中层细胞中，在花粉细胞中没有观察到病毒粒体或内含体。而对散粉期成熟花粉粒的观察，却未发现有病毒粒体或内含体的存在，这个结果似乎支持 ELISA 和回接试验的结果：花粉内部不携带甘蔗花叶病毒。

4. 土壤传播　种子病原物的许多休眠体如菌核、厚垣孢子、线虫虫瘿或胞囊等通过自然散落、种子携带或随病残组织等进入土壤，并在土壤中存活。有的种子病原物以腐生方式存活于土壤中，有的寄生于土壤中的无性繁殖材料上或残留于土壤中的根、茎上等，有的寄生于土壤中的一些低等真菌与土壤中越冬越夏的昆虫、线虫幼虫的虫体上。按照病原物在土壤中存活时间的长短，一般分为三类，即土壤习居菌（soil inhabitant）、土壤寄居菌（soil invader）和土壤短居菌（soil transient）。土壤习居菌是当病原物无适宜寄主寄生而无限期独立生活于土壤中；土壤寄居菌是当病原物离开其寄主时，只能在土壤中存活有限的一段时期，如禾谷镰孢霉、灰霉病菌分生孢子等；土壤短居菌是病原在较短时间内只能通过土壤对寄主进行侵染，如种子上的黑粉菌长出的芽管侵染幼茵。土壤中的这些病原物成为污染种子及其无性繁殖材料的重要来源，是加重种苗病害的重要因素。

种子病原真菌既能通过土壤传播，又能经种子传播。如黑粉菌的厚垣孢子、专性寄生菌霜霉菌的卵孢子、子囊菌的子囊壳以及球壳菌的分生孢子盘和分生孢子器等，随病组织或各种农事操作进入土壤，成为重要的种子病原初侵染来源，造成种苗局部或系统发病。如镰孢霉（*Fusarium* sp.）以厚垣孢子在土壤中存活 2～3 年，腐霉菌（*Pythium* sp.）以卵孢子在土壤中存活越冬，小菌核菌（*Sclerotium rolfsii*）和玉米纹枯病菌（*Rhizoctonia solani*）以菌核在土壤中存活越冬，玉米褐斑病菌（*Physoderma maydis*）以休眠孢子囊在干燥的土壤和病残体中存活 3 年以上，这些病原引起的病害属于典型土壤传播的病害；玉米根结线虫（*Meloidogyne* sp.）以卵和侵染性二龄幼虫在土壤和病残体中越冬，玉米细菌性茎基腐病以细菌在土壤中存活，也属于土壤传播的病害。

5. 昆虫及其他介体传播　直接传播病原真菌的昆虫较少，但间接传播种子病原真菌的昆虫较多，如棉铃虫（*Helicoverpa zeae*）和玉米螟（*Ostrinia furnacalis*）取食玉米果穗，导致多种腐生或兼性寄生的真菌如禾谷镰孢霉（*F. graminearum*）、串珠镰孢霉（*F. moniliforme*）、灰霉菌（*Botrytis* sp.）、丝核菌（*R. solani*）、青霉菌（*Penicillium* spp.）、曲霉菌（*Aspergillus* spp.）等侵染果穗，引发玉米穗腐病。

有些种子细菌病害，可通过一些昆虫传播蔓延。如玉米细菌性枯萎病可通过带菌昆虫传播，病菌可在玉米跳甲（*Chaetocnema puliearia*）、锯齿跳甲（*C. denticulata*）、南方玉米根甲（*Diabrotica undecimpunctata*）、北方玉米根甲（*D. longieornis*）等成虫体内越冬，第二年取食玉米时传播细菌。

昆虫和螨类是传播植物病毒的主要媒介，昆虫介体传毒方式与病毒病传播和流行密切相关，一般存在两种情况：一是介体从其他毒源植物上获得病毒或在毒源植物上越冬越夏，然后将病毒传播到健康作物上，导致作物种子及繁殖材料带毒，大部分蚜虫传播的病毒病就属这种情况；二是病毒在介体内或经卵传染，越冬的带毒介体和卵孵化的带毒若虫就是侵染来源，大多数叶蝉和飞虱等刺吸式口器的昆虫与叶甲等咀嚼式口器的昆虫所传病毒病就是这种情况，属于半持久或持久性传播。

6. 鸟及其他动物传播　鸟和鼠类取食未包衣的种子，造成腐生菌寄生，种子霉烂，缺苗断垄。害鼠咬断幼苗根茎，引发细菌性病害。鸟类取食果穗顶部籽粒，容易引起穗腐病。

（三）人为因素传播

种子病原物可不受自然条件和地理条件限制，通过各种方式人为远距离传播，造成种子病原传播和疫区扩大。这种传播方式引起的种子病害具有突然性、危险性、损失大、影响范围广的特点，是造成种子病害传播的主要途径。

1. 引种调运传播　一些种子病原物随着人为因素在不同国家或地区引进新品种，以及在地区或区域间调运种子材料进行传播、蔓延，这种传播距离远、危害重，一方面加重病原地种子病害发生，另一方面扩大了种子病害的发生范围，是种子病原传播最重要的一种途径。如 1984 年因从南斯拉夫引进 SC704，导致甘肃省临泽县发生玉米黑束病。

2. 商业交流传播　一些种子病原物随种子通过国内外商贸交易、运输、包裹、邮寄、亲朋好友相互馈赠等活动进行传播。如玉米霜霉病菌（*P. philippinensis*）的卵孢子可随受污染的玉米包装纸传播。

3. 农事活动传播　许多种子病害的病原物通过各种农事活动和使用的带菌工具进行人为传播。作物种子收获脱粒时，许多病原物以菌核、菌索、菌瘿、休眠孢子体等混杂于种子间，在田间、贮藏场地之间进行传播；有些病原物随种子材料上的带菌土壤进行传播；有些病原物在种子贮藏期受污染而传播；有些病原物随农作工具而传播。

四、玉米种子病害的侵染机制

依据病原物侵入种子的途径和种子带菌部位，按照种子病原的传播方式，以及种子病原在植物生长过程中的发展规律，Paul Neergaard 将种子病害的类型及侵染规律划分为八类，这八类病害的生活史和病原物的发生规律，可为防治种子病害及制定防治措施提供理论依据。

（一）胚内感染，系统发病

这种类型的种子病害，带菌部位是种子胚内结构的胚芽、胚轴、子叶、胚根等部位。当种子萌发时，病菌也开始萌动，侵染幼苗，直至生长点。病原物与寄主植物一同生长发育，到一定时期病原物形成繁殖体。在传播媒介作用下，病原物通过花器、维管束等途径到达种子胚内，造成种子带菌。这种从种子带菌再次造成新的种子受病原物感染的过程称为胚内感染，系统发病。其特点是：在一个生长期内，种子带菌部位、病原越冬越夏菌态相同，一年只发生一次侵染。不同病原物侵染的途径不同，种子胚部带菌位置也有所不同。

细菌性种苗传播的病害，种子胚内带菌，细菌由种子向幼苗传染，通过维管束侵染进行传导造成全株发病萎蔫，或直接侵染果实和种子，造成新的种子胚部带菌，引起的病害又称维管束病害，如玉米细菌性枯萎病。

种传病毒一般都属于这种类型，通过胚内感染、系统发病的病毒种类较多。其特点是病毒都存在于种胚中，种子传带的病毒，主要由花粉和胚珠传染，或由亲本植物的病毒直接转移、侵染发育的胚而来，如玉米矮花叶病。

（二）胚内感染，局部发病

这种类型的病害，种子的胚内子叶和胚芽带菌。一般病原物侵染幼苗时，其生长点不受侵染，而在幼苗茎、叶间扩展，并产生病状和病征，病原物随风雨、昆虫等媒介在田间传播，导致植株叶、茎、果实及种子发病。其特点是病原物的繁殖扩展与寄主植物的生长不是同步的，种子带菌是病原菌再侵染的结果，如玉米干腐病菌（*D. zeae*）。

细菌性种苗传播的病害，种子胚内带菌，细菌由种子向幼苗传染，可通过维管束传导或造成幼苗子叶、胚根局部侵染，导致局部发病或局部枯凋和斑点症状，造成新种子胚部带菌，这种病害又称斑点型病害，如玉米细菌性枯萎病。

（三）胚外感染，系统发病

这种类型的种子病害，种子的胚乳、种皮、果皮等胚外部受到侵染而带菌，种子发芽时，病原菌侵染幼株，进入导管，在植物生长期间进一步扩展，称为胚外感染，系统发病。如玉蜀黍霜指霉（*P. maydis*）、菲律宾霜指霉（*P. philippinensis*）、甘蔗霜指霉（*P. sacchari*）、蜀黍霜指霉（*P. sorghi*）等引起的玉米霜霉病。

种传病毒属于胚外带毒的种类较少，病毒一般存在于种皮或胚乳中，而不存在于胚中，病毒可随植株体内碳水化合物在维管束中运转至胚乳得以累积。大麦条纹花叶病毒（*Barley stripe mosaic virus*，BSMV）侵染玉米，即可造成种子胚乳带毒。

（四）胚外感染，局部发病

这种类型的种子病害，其特点是种子在胚外受到感染，当种子发芽时，病菌被动地传播到子叶或种皮上，通过气流、雨滴飞溅、昆虫等传递到幼株上，很快或之后侵入寄主体内。细菌主要存留于种皮和胚乳中；种传病毒中，种皮带毒的种类较少。如玉米黑粉病菌（*U. maydis*）以冬孢子黏附于种皮表面越冬，翌年冬孢子在适宜条件下萌发产生担孢子和次生担孢子，随风雨传播，直接穿透寄主表皮或从伤口侵入叶片、茎秆、节部、不定根、腋芽和雌雄穗等幼嫩分生组织，侵入的菌丝在生长繁殖中分泌生物素类的物质刺激寄主局部组织增大、膨大，形成病瘤，属于典型的胚外种皮带菌，局部侵染性病害。

（五）种子污染，系统发病

这种类型的种传病原物，主要在苞叶、颖片、种子表面等处造成污染。当种子发芽时，病菌侵入幼苗并随植株向上生长，产生系统性侵染并发病。如玉米丝黑穗病菌（*S. reilianum*）以冬孢子黏附于种子表面越冬，越冬孢子体经有性结合产生侵染丝，可在玉米幼芽鞘内表皮上生长和繁殖，以侵染胚芽为主，在胚芽中以侵染中胚轴为主。所有的根均能受侵染，其中以胚根的感染度最高。从种子萌芽到 7 叶期均能侵染，出苗至 3 叶期侵染率最高。侵染丝蔓延到玉米生长锥，随玉米的生长发育而不断向上扩展，引起系统性发病。

（六）种子污染，体外腐生或休眠，局部发病

这类种传病害，病菌污染种子后，与种子一起腐生生存一段时期，或在土壤、病残体

上休眠生活一段时间，再进行局部侵染。玉米穗灰腐病菌（*B. zeae*）主要以菌核或分生孢子器在腐烂的果穗和籽粒上休眠越冬，下一个生长季节，菌核萌发产生成熟子囊孢子或分生孢子器释放分生孢子，在玉米吐丝后遇温暖潮湿的气候，孢子借风力吹送和雨水冲溅传播，侵染果穗或叶片，果穗成熟时，在腐烂果穗和籽粒上形成菌核，完成病害侵染循环。

（七）种子污染，体外腐生，系统发病

这类种传病害，病菌污染种子后，作一段时间的腐生生活，之后侵染寄主。如玉米顶腐病菌（*Fusarium moniliforme* var. *subglutinans*）兼有系统侵染和再次侵染的能力，以菌丝体和分生孢子黏附于种子表面越冬。当玉米种子播种后，种子发芽产生幼根，病菌随玉米生长向上扩展，在植株的维管束组织中可见淡褐色或红褐色病点或呈片状腐烂，茎秆中空，内生灰白色霉状物，即病菌的分生孢子梗和分生孢。在玉米地上部形成叶缘缺刻型、叶片断叶状或枯死型、扭曲卷裹型、弯头型、顶叶丛生型、叶鞘和茎秆腐烂、植株畸形等系统症状。

（八）种子被器官专化菌污染，体外腐生或休眠，专化性侵染

这种类型的种传病害，病菌寄生专化性较强，植物的子房被病菌破坏，形成菌核或菌瘿，进行腐生生活，或在土壤中休眠，之后发生器官的专化性侵染。在收获玉米时，麦角病菌（*Clavicep gigantea*）菌核掉落到土壤中或与种子混杂在一起而污染种子。在适宜条件下，菌核萌发形成子囊座，产生子囊壳并释放子囊孢子，子囊孢子借风力传播，并落到感病植株的花器上，在感病玉米花器的幼嫩子房上产生分生孢子梗和分生孢子，引起再侵染。同时分泌黏性蜜露，通过吸引昆虫而传播分生孢子，发生扩大传播和再侵染。病菌侵染子房是器官专化性。如玉米鞘腐病，采用人工接种法，将层出镰孢霉（*F. proliferatum*）、禾谷镰孢霉（*F. graminearum*）和串珠镰孢霉（*F. moniliforme*）接种到叶鞘，通过自然孔口侵入，层出镰孢霉的致病性高于禾谷镰孢霉和串珠镰孢霉；接种到穗部，禾谷镰孢霉和串珠镰孢霉的致病性则高于层出镰孢霉；接种到茎部，三种镰孢霉均不致病，说明层出镰孢霉对叶鞘是专化型侵染。玉米根结线虫（*Meloidogyne* sp.）侵染玉米根尖，定居于根细胞，为定居型内寄生线虫，造成根尖膨大，形成根结，因此根尖是根结线虫的专化型侵染器官。

五、影响种子病害侵染的因素

影响种子病害发生的因素主要包括温度、湿度、土壤、光照等环境因素，真菌、细菌、病毒、线虫、昆虫、螨类等生物因子，种子形态结构、病原体存活情况、作物栽培管理等因素。环境因素对种子病害的影响主要表现在两个方面：一是影响病原物与种子之间侵染关系的建立及适宜环境因素的持续时间对种子病害发展的影响；二是影响感病种子对环境的反应。

（一）温度对种子病害的影响

温度主要包括空气温度、土壤温度、贮藏期间种子温度。

1. 空气温度对种子病害的影响　空气温度直接影响土壤温度和种子温度，针对玉米种子，主要影响种子发育及病原菌的侵染。在玉米生长季，空气温度也可通过影响寄主而造成种传病害的发生。

2. 土壤温度对种子病害的影响　土壤温度与空气温度相比，一般较为稳定。在植株生长的苗期，土壤温度主要影响存在于土壤中的或种子携带的病原菌孢子萌发，当土壤温度适宜于真菌生长时，病原菌的侵染率逐渐上升。不同的病原菌适宜生长的土壤温度范围存在一定差异。苗期侵染的病菌，受土壤温度影响最大。在不同温湿度组合下，土壤温度对种子病菌影响也存在明显差异。土壤温度对病菌生物型或生理小种的影响因寄主与寄生物的组合不同而存在差异。

3. 种子贮藏温度对种子病害的影响　种子在贮藏期间，因种子含水量多、种子间混杂的有机物多、种子堆中昆虫集聚等造成种子局部温度发生变化，从而使种子发芽率降低，霉菌侵染种胚造成种子萌发力丧失、变色、变质或酸败，以及种子发热和发霉等损伤。新收种子受潮时易发生自热现象，霉菌快速生长造成种子发霉。当昆虫成虫聚集并在仓库空隙处迅速繁殖时，虫口增长引起种子堆发热和湿度增高，霉菌迅速滋生，使种子结块。种子间混杂的作物秸秆、粪肥等有机物质，是造成种子堆自发热的重要因素，其混杂的有机质是霉菌生长的主要基质，产生的热量促进霉菌菌丝生长，从而造成种子发霉。

（二）湿度对种子病害的影响

湿度是影响病原物侵入寄主，导致种子病害发生流行的必要条件，对种子病害影响最大的两种因子是土壤湿度和空气湿度。其中，土壤湿度对苗期侵染的影响最大，空气湿度对植物地上部花器侵染、茎叶局部侵染而导致种子带菌的影响较大。

1. 土壤湿度对种子病害的影响　土壤湿度主要影响种子病原菌的孢子萌发、寄主活力和诱病因素。在一定范围内，土壤湿度高低和持续时间决定孢子能否萌发和侵入，是影响病原物侵入的主要因素。土壤湿度过高会引起缺氧，影响孢子萌发和幼苗诱病状态；土壤湿度过低，病菌生长和感病幼苗生长均受阻碍而影响种子病害的发生。对于大多数种传病原引起的种子病害，一般情况下其严重度随土壤湿度的增加而减轻，如玉米黑粉病的发展就是如此。研究表明，在不同温度条件下，土壤湿度低有利于病菌侵染，导致种子病害严重发生。

2. 空气湿度对种子病害的影响　病原菌对植物地上部的侵染往往取决于空气相对湿度，许多真菌孢子需要相对湿度达 100％时才能萌发，细菌需要水滴才能大量繁殖。由炭疽菌、镰孢霉、链格孢菌等引起的种子病害，在适宜的天气条件下，如露、雾、阴雨连绵的潮湿天气，易于刺激孢子的形成和萌发，接种物增加，病原物传播蔓延，容易发生侵染，种子病害加重。在田间，作物布局、种植密度、灌溉方式等造成田间小气候（湿度）的变化，从而影响病害的发展进程。

（三）土壤对种子病害发展的影响

土壤是病原物越冬越夏、繁殖的主要场所，病原物一般通过三种途径进入土壤。一是种子带菌传入土壤，二是由病残组织带入土壤，三是借助自然动力进入土壤，成为土壤中的寄居菌和习居菌。种子传带土壤寄居菌或习居菌可通过远距离传播进入新的地区，同时可造成病菌的生理分化现象，引起新的专化型或致病菌出现。土壤寄居菌或习居菌侵染播入土壤的种子，引起种苗发病。因此，土壤带菌是种子病害发生发展的重要来源，其侵染受土壤本身的物理、化学因素影响，其中土壤酸碱度（pH）、土壤质地等因子对病原物影响最为重要。

土壤酸碱度通过影响病原物生长繁殖，造成对不同种子的植物侵染，导致种子病害在一定土壤酸碱度范围内随酸碱度升高而加重。土壤类型对种传病害的发生发展也具有一定影响。低洼、积水和平整度较差的田块，易造成种传病害的发生。

（四）光因子对种子病害发展的影响

光因子主要包括光照度、光质、光周期、昼夜光周期等，对种子病害的影响主要有两个方面，一方面是对病原菌侵染的影响，另一方面是对种子植物抗病性的影响。

1. 光照度的影响　大多数病原菌对光照反应不敏感，在无光照条件下也能正常生长，如真菌孢子在光照或黑暗条件下萌发率良好。光照度除影响病原菌外，还可诱导寄主的抗病性发生变化。

2. 光质的影响　Leach（1962—1964，1967）证明，许多真菌中的腐生菌和寄生菌受到蓝光和紫外光波长范围照射时，产孢量增加，单色光照射时发现，接近光谱的紫外区波段 $320\sim400nm$ 对诱导孢子生成是非常有效的，而远紫外光则起抑制作用，在高剂量时甚至致死。

3. 光周期的影响　光照周期的长短影响寄主抗病性发生变化。针对不同种传病菌引起的病害，在不同光照时数下，病原菌的侵染率不同，寄主抗病能力发生变化，造成发病程度不同。

4. 昼夜光周期的影响　自然界光照规律常常是昼夜交替，这种规律对真菌孢子的形成具有显著影响。Leach（1967）证实，有些无性型菌物的孢子白天在光照下暴露一段时间，可诱导分生孢子梗的形成，黑暗是分生孢子形成的主要条件。有些真菌却在连续光照或连续黑暗条件下才能形成孢子。也有一些真菌孢子的形成需要一定温度波动，同时孢子散布的昼夜周期性还需要一定的光照、温度和湿度等波动，以及风速和露水出现频率变化的影响。

（五）生物因子对种传病害的影响

对种子病害发生发展产生影响的生物因子主要有昆虫、螨类、真菌、细菌、病毒和线虫等，生物因子之间的相互依赖、相互影响，也影响种子病害的传播及其侵染扩展进程。有些生物因子作为种传病害的传播媒介，造成种传病害扩展蔓延。有些生物因子能影响其他生物的致病性，造成种子病害发生与扩展。因此，了解生物因子对种子病害的影响，有助于有效控制生物因子，达到防治种子病害的目的。

1. 昆虫和其他生物对种子病害的影响

（1）昆虫与真菌的相互关系。昆虫在种子病原寄生真菌的传播中起着重要作用，一方面昆虫为病原菌侵染种子提供门户，另一方面昆虫本身携带病菌进行传播，如玉米干腐病菌（*D. zeae*）。

（2）昆虫与细菌的相互关系。一些种传细菌通过昆虫造成的伤口入侵，有些昆虫成为细菌越冬的主要场所。种子传播的玉米细菌性枯萎病与昆虫的关系密切，昆虫的幼虫取食玉米幼根造成幼苗受侵染，成虫啃食玉米叶肉造成田间病害传播。

（3）昆虫与病毒的相互关系。昆虫作为媒介对种传病毒的传播作用非常重要，大多数种传病毒通过蚜虫、叶蝉、飞虱、白粉虱、蓟马等传播，其中以蚜虫传播最为重要，为口针传带型，与所传病毒的关系属持久性和半持久性。

（4）昆虫与线虫的相互关系。昆虫可诱导、传播种传线虫病害的发生。昆虫病原线虫与其肠道内寄生的一种细菌形成共生体，而病原线虫又寄生在昆虫体内，最终形成昆虫、线虫、细菌三者共生的关系。昆虫主要以鳞翅目的蛹和幼虫为主，细菌主要是嗜线虫致病杆菌属（*Xenorhabdus*）和发光杆菌属（*Photorhabdus*），它们分别与斯氏线虫（*Steinernema*）和异小杆线虫（*Heterorhabditis*）形成共生关系。近几十年的研究发现，昆虫和病原线虫共生菌能够产生多种有应用潜力的生物活性代谢产物，如抑菌物质、杀虫蛋白、抗肿瘤物质和胞外酶等。大量研究表明，这些物质具有较广的抑菌谱，能广泛抑制细菌、真菌和酵母菌等。

（5）螨与细菌的相互关系。螨感染寄主植物后，一般使寄主植物的抗性下降。但有学者研究发现，植株感染螨的数量增加，或在植株生长过程中早期感染螨，植株对细菌病害的抵抗力和免疫力增强。

2. 线虫和其他生物对种子病害的影响

（1）线虫与细菌的相互关系。线虫既是传病媒介，也是致病细菌的增效剂。

（2）线虫与真菌的相互关系。线虫与致病真菌共同引起植物病害，其致病力较单独引起的病害严重。不少专家学者认为，线虫与镰孢霉结合在一起能加重植物病害的发生，导致发病的原因：一方面是线虫对植株根部造成的伤口为镰孢霉侵染提供了通道，另一方面是线虫取食分泌的各种代谢产物破坏了寄主的新陈代谢，呼吸加强，氧化酶激化，蛋白质分解，使寄主的感病性增强。线虫与致病真菌存在协生关系。

（3）线虫与病毒的相互关系。线虫作为种传病毒的传播媒介，不同种传病毒，其传播所需的线虫种类不尽相同，传播效率与线虫虫口密度关系紧密。种传多面体病毒均以长针线虫属（*Longidorus*）、拟长针线虫属（*Paralongidorus*）和剑线虫属（*Xiphinema*）作为传播媒介。

3. 真菌之间的相互作用对种子病害的影响　　种子病原真菌之间或种子病原真菌进入土壤与其微生物区系之间，为争夺营养物质而竞争，相互间建立协生关系或拮抗关系，病原真菌之间出现相互促进或相互抑制现象，造成种子病害发生严重或受到阻止。当带菌或污染种子播种于已消毒灭菌的土壤中，造成病害的发生比播种于未经消毒的土壤中更加严重，其主要原因是未经消毒的土壤中存在拮抗微生物或产生特有抗生素对病原真菌产生抑制作用。

土壤微生物区系在数量和相互关系等方面受种子植物种类及其根系、寄主抗病性、植株生长状况、土壤环境、土壤营养状况等条件影响，一般植物根系表面的影响最大，离根系表面越远，影响越小。一种病原菌的侵染会对另一种病原菌的侵染造成一定影响。

4. 细菌和其他生物相互作用对种子病害的影响

（1）细菌间相互关系的影响。一些有色无致病力的细菌与植物种子病原细菌之间存在一定关系，可以表现为无致病力的细菌产生一些代谢产物如抗生素在种子病原细菌之间具有一定拮抗作用，可抑制种子病菌的发展，从而减轻细菌病害的发生。反之，一些无色杆菌与种子病原菌之间可产生协生作用，加重细菌病害的发生。

（2）细菌和真菌相互关系的影响。有些种子病原细菌与种子病原真菌之间产生协生关系，两者可互相加重各自感染的病害；有些病原细菌侵染植物时为病原真菌的侵染创造有利条件，而加重真菌病害的发生；有些种子表面或土壤中腐生的细菌对致病真菌表现为拮抗作用。

（3）细菌和病毒相互关系的影响。细菌与病毒之间可形成协生关系，造成细菌被动带毒，成为传毒媒介。

5. 病毒和其他生物的相互关系对种子病害的影响

（1）病毒间相互关系的影响。大量试验证实，非种传病毒的侵染造成种传病毒病害症状加重，种传率增加，产量降低明显。

（2）病毒和真菌相互关系的影响。病毒的侵染引起植物对真菌病害的抗性下降，病情加重。

（六）种传病原体寿命对种子病害发生的影响

种传病原体的寿命是指在一定环境条件下，种子上的病原体保持生活力的时间。一般来说，种传病原体的寿命越长，对种子的危害越大。因此，了解种子病原体的寿命可为防治种传病害提供理论依据。

1. 种传真菌的寿命　大多数寄藏真菌能长久地在种子中存活，其寿命通常比寄主长，能在种子贮藏期间长期存活。不同种类真菌的寿命长短不同，一般按照存活时间的长短，真菌的寿命可分为 3 种类型：一是生命力弱小型，其最长存活期不超过 3 年；二是生命力中等型，其最长存活期为 3～15 年；三是生命力强大型，其最长存活期在 15～100 年之间。

真菌不同形态的寿命长短不同，甚至同一种真菌的不同形态，其存活期也不相同。一般菌丝变态比菌丝和孢子的寿命要长，有性孢子比无性孢子的寿命要长。种传真菌发育的成熟度不同，其寿命也不同，一般发育完全成熟的产孢器或孢子比同种未发育成熟的存活期要长。如菌核寿命比菌丝寿命长，休眠菌丝比孢子寿命长，卵孢子比游动孢子寿命长。

种传真菌的寿命与贮藏期间的温湿度、种子含水量、寄主植物种类、种子结构、种子生理特性关系密切。通常种子含水量高、温度高，为种传真菌的扩展和定殖提供了有利条件，但其寿命比在干燥条件下贮藏的种传真菌寿命要短。

2. 种传细菌的寿命　种传细菌在种子上的存活期长短，因带菌部位、种子贮藏时间、贮藏条件、寄主植物、细菌种类的不同而存在一定差异。一般来说，种子内部携带的细菌较外部所带细菌的存活期要长。大多数寄生性强的细菌，随着种子失去生命力而失去活力。种传细菌随着种子贮藏时间的延长，数量减少，活力降低。种子携带的植物病原细菌一般能存活 2～3 年，在良好的贮藏条件下，细菌在种子上能存活 3～4 年。

3. 种传病毒的寿命　种传病毒的寿命与寄主植物及其种子、病毒种类、存在部位、种子成熟过程、贮藏条件与时间有密切关系。一般病毒在种胚组织发育过程和种子贮藏期间均能保持侵染活力，有些病毒在种子中只能存活几个月，有些病毒与种子的寿命相同，有些病毒的寿命比寄主植物还要长。

4. 种传线虫的寿命　种传线虫的寿命与其生物学特性、生态、虫态、潜藏的部位、线虫与寄主的关系、贮藏条件等关系密切。有些内寄生线虫，形成越冬休眠的虫体变态（胞囊），可在土壤中存活数年之久，在适宜条件下可长期存活。有些迁移性外寄生或内寄生种传线虫，在不同潜藏部位和环境条件下的存活期存在明显差异。

（七）种子畸形对种传病害的影响

种子畸形一般表现为种子开裂、扭曲、皱缩、变色等症状，这些畸形症状一般是种子在生长发育、收获、加工、贮藏过程中由病原生物、动物、机械伤害和先天遗传因素造成。畸形种子易遭受霉菌污染而降低种子质量，影响种子的发芽、出苗、壮苗等生长特性，从而引发种子病害。

种皮的皱缩和畸形是种子携带病原菌的外在症状，皱缩和畸形的程度与种子发芽成苗能力有相关关系。

六、玉米种子病害发生现状

玉米作为我国重要的粮食作物，种植面积已超过小麦和水稻，使我国成为全世界玉米生产的第二大国。在玉米生长和生产过程中，生物因素和非生物因素对玉米产生影响，给玉米产量带来严重损失，成为影响玉米种植的重要原因。据不完全统计，全世界约有玉米病害160种，国内对玉米病害种类报道多集中于大田玉米。白金铠等（1995）报道我国玉米病害有72种，其中真菌病害46种，细菌病害7种，病毒病害19种。孟有儒等（2004）收集了国内外发生的玉米病害189种。王晓鸣等（2010）记载了我国玉米生产中发生的病害30种。但国内对制种玉米病害的种类、发生情况报道较少，特别是对全国最大的玉米制种基地——河西走廊制种玉米病害尚未见系统性报道。

河西走廊作为全国最大的杂交玉米种子生产基地之一，主要集中于武威、张掖、酒泉三大农业灌溉区。目前，玉米制种面积每年稳定在10万 hm² 左右，占全国制种面积的39.3%，制种产量5.8亿 kg，占全国制种量的42.6%。随着玉米制种面积和繁种量的不断扩大，亲本来源复杂，抗病水平差异大，品种局部繁殖单一，品种交换增多，种子调入调出途径难以控制，特别是国外引种、南繁回调更加频繁，耕作方式不断改革，影响病害传播与扩散的因素增多，程度加重，导致制种基地玉米病害结构发生巨大变化，对全国玉米生产具有重大影响。

经笔者调查和鉴定发现，河西走廊制种玉米田发生病害73种，其中真菌病害56种，细菌病害4种，病毒病害5种，生理性病害8种。在这一地区制种之前，玉米病害种类报道更少，1982年在《甘肃农作物病虫害》中记载玉米病害7种，1983年张掖地区病虫害普查资料显示玉米病害种类仅有18种，其中真菌病害16种，病毒病害2种。自20世纪90年代初开始制种以来，玉米病害发生了很大演变。现对河西走廊制种玉米基地病害演替规律进行总结，对了解玉米自交系、杂交种的抗病性变化，提高全国玉米病害防治及检验检疫水平，保证国家玉米产业的发展起到至关重要的作用。

（一）河西走廊国家级玉米制种基地病害的演变规律

1. 河西走廊玉米种业原始时期记载的病害（1949—1958 年）　玉米在河西走廊种植历史悠久，记载已有 490 多年的历史。佟屏亚认为，玉米是从中亚细亚循着丝绸之路引进我国，然后穿越河西走廊过平凉而进入中原。咸金山阐述，早在 1522 年《河州志》《肃镇志》《华亭县志》中已有玉米记载，1560 年《平凉府志》也记述过玉米栽培。中华人民共和国的成立，标志着农业开始进入一个新的时期。1949 年全国玉米种植面积 1 291.5 万 hm²，产量 1 241.8 万 t，单产 961.5kg/hm²；20 世纪 50 年代，国内玉米生产起伏不定，单产处于徘徊与缓慢发展阶段。农业生产采用的主要是农家品种，基本上以"农家种田，户户留种，种粮不分，以粮代种"为特征。河西走廊在 20 世纪 50 年代末开始种植玉米，以农家品种二截子、小金黄和引进品种白马牙为主。20 世纪 50 年代，有关刊物先后报道了陈延熙、陆师义、吴友三等科学家关于玉米黑穗病、黑粉病、干腐病防治的研究报告。而河西走廊在该时期已有玉米瘤黑粉病、丝黑穗病的记载，但系统性的研究水平相对落后于国内其他地区。这一时期由于科研机构不健全，从事植物病害的专业技术人员更是短缺，所记载的病害种类较少。

2. 河西走廊玉米种业起步时期发生的病害（1958—1978 年）　河西走廊玉米制种业起步时期正处于我国人民公社化阶段。国家将归属于粮食部门和商业部门的种子经营与管理职能划归农业部门，由县级种子机构实行"预约繁殖，预约收购，预约供应"，农业部首次提出，种子工作要依靠农业合作社自繁、自选、自留、自用，辅之以调剂的"四自一辅"方针。在全国形成了以县级良种场为核心，公社、大队良种场为桥梁，生产队种子田为基础的三级良种繁育体系，加快了玉米种子繁育和推广速度。玉米种子商品属性已见雏形，玉米种业进步阶段的主要标志是出现种子和粮食分工。

20 世纪 60 年代，河西走廊开始引进忻黄单 9 号、维尔 42、维尔 156 等玉米品种进行种植；70 年代，甘肃省河西三地两市成立国营种子公司，实行以县为单位的玉米品种引进和少量的杂交制种，玉米种子由农户自发繁殖和留用，部分购买良种。1975 年，张掖地区制种玉米主要是张双 695、张单 488 两个品种，种植面积 0.03hm²，生产种子 100 万 kg以上。

玉米种业起步时期，河西走廊发生的玉米病害主要有 6 种。玉米条纹矮缩病，1969—1971 年在甘肃酒泉敦煌连续 3 年大发生，全县种植玉米 1 066.7hm²，受害严重地块400hm²，损失达 60 万 kg。玉米黑粉病，1976—1977 年据庆阳地区农业科学研究所和张掖市农业技术推广站调查发现：庆阳地区发病率为 0.4%～6.0%，严重地块发病率为9.0%～15.0%；张掖地区一般发病率为 1.0%～5.0%，最高达 30.0%；酒泉地区发病率为 1.0%～8.3%，最高为 11.0%。玉米矮花叶病，1977 年因引进维尔 156 品种，导致该病在甘肃省河西走廊流行，平均发病率达 50.0%，在陇南天水的发病率为 40.0%，重病田发病率达 17.0%～76.1%，平均减产 30.0% 左右。玉米丝黑穗病，在甘肃陇东、陇南、中部及河西均有不同程度的发生，1978 年张掖地区临泽县新华公社玉米田轻者发病率为6.0%，重者发病率为 10.0%～20.0%，最严重的地块发病率高达 68.0%。庆阳地区镇原县平泉公社黄岔大队玉米田的丝黑穗病发生率达 50.0%。玉米大斑病在甘肃早有发生，但 20 世纪 60 代后期，维尔 156 等感病品种引进后，发生趋于严重，现在甘肃玉米产区均有分布，尤以陇东、陇南、临夏等地发生较重，如陇东的庆阳县1965年、1970年、1972年均大发生，陇南的清水县1968年、1970年、1973年均发病严重，有些感病品种种植较多的地方，发病率达50.0%～90.0%，减产20.0%～40.0%。1978年天水县调查发现，玉米大斑病发生严重的南部各公社，发病面积达70.0%～87.0%，病株率高达56.0%，1978年皋兰县发病面积达62.0%。据1977年的初步调查，玉米霜霉病在敦煌、高台、武威、榆中等地均有分布，一般是零星发生，局部地区发生严重，发病率达26.0%。

因此，该时期河西走廊随着玉米种植面积的不断增大，玉米杂交制种量减少，玉米病害种类增多，危害趋于严重。但该时期病原菌种类、数量和结构简单，防治方法单一，均能得到一定程度的控制。

3. 河西走廊玉米种业形成时期的病害结构（1978—2000年） 改革开放加快了农业现代化建设的进程。从中央到地方，种子公司和种子生产基地恢复和建立起来，实行行政、技术、经营三位一体的管理体制，健全良种繁育推广体系，逐步实现品种布局区域化、种子生产专业化、种子加工机械化和种子质量标准化，实行以县为单位统一供种的"四化一供"政策，标志着农作物种子生产由传统农业向现代农业转化，同时，也标志着种子完全具有商品属性并进入市场。该时期的种子经营由种子公司负责。从1995年国家实施种子工程，河西走廊玉米制种面积由1 300hm²发展至2000年的6 667hm²，并引进中单2号品种，开始大面积推广种植。随着种植面积的不断扩大，中单2号供不应求，所以，出现了以国营种子公司为主体的中单2号杂交制种。该时期的玉米病害存在以下特点。

（1）玉米病害结构简单，个别病害危害严重。1982年在《甘肃农作物病虫害》中记载，玉米病害有7种。1983年原张掖地区病虫害普查资料显示，所记载的玉米病害主要有18种，其中真菌病害16种，病毒病害2种。1979年在张掖地区玉米丝黑穗病平均发病率为2.5%，造成玉米产量损失500万kg。1980年玉米丝黑穗病的平均发病率上升至5.0%，产量损失高达1 000万kg。1981年开始推广中单2号等抗病品种、实行轮作倒茬、药剂拌种等防治措施，发病率下降至4.0%，产量损失减少400万kg。1983年发病率已降至1.3%，高台县发病率降至0.2%，但在1 500m以上的高海拔地区，因无早熟品种替代，所栽培的仍然是感病品种，因此玉米丝黑穗病发病率仍然较高。自1983年推广种植的户单1号单交亲本严重发生玉米锈病，其中母本黄早四发病最严重。1984年8月21日调查结果显示，玉米锈病发病率高达100%，病情指数为30～44，严重的高达80以上。父本莫17发病率达90%，病情指数为5，发生面积86.7hm²，损失约10万元。1984年是张掖地区种植玉米有史以来第一次发病严重的年份。1978—1979年，随着张掖大面积推广种植维尔156品种，玉米矮花叶病的发生随之加重，一般田块发病率在27.0%左右，严重的达70.0%以上，甚至造成叶片早枯死亡。玉米根腐病、青枯病、紫斑病、大（小）斑病、瘤黑粉病、叶枯病、霜霉病等病害零星发生，危害轻，一般发病率均在4.0%以下，造成的损失不大。

（2）玉米病原组成单一，致病力分化简单。据1983年调查结果，鉴定出8种优势种群，引起18种玉米病害，病害症状表现单一，多年无症状变异，判断病原菌无生理分化现象，病害发生较为稳定。危害叶部的病原优势种群为极细链格孢菌（*Alternaria tenuissima*）、大斑凸脐蠕孢菌（*Exserohilum turcicum*）、高粱柄锈菌（*Puccinia* sorghi）、甘蔗花叶病毒——玉米矮花叶 B 株系（*Sugarcane mosaic virus*-maize drawf strain B），其中大斑凸脐蠕孢菌只有玉米专化型。危害茎和穗部的优势种群为禾谷镰孢霉（*F. graminearum*）、玉米黑粉菌（*U. maydis*）和丝孢堆黑粉菌（*S. reilianum*）。危害根部的优势种群为串珠镰孢霉（*F. moniliforme*）。零星出现的病原菌主要是大孢指疫霉玉蜀黍变种（*Sclerophthora macrospora* var. *maydis*）和草酸青霉菌（*Penicillium oxalicum*），无细菌种群的出现。

（3）重大病害随调运品种引入。1984 年我国从南斯拉夫泽盟玉米研究所（玉米细菌性枯萎病疫区）引进单交种 SC704、自交系 773、713 品种，当年在甘肃临泽县蓼泉乡试种面积 20hm²，当年 8 月 10—30 日，773 发病率高达 100%，病情指数为 53.08，SC704 发病率 7.0%，经农业部专家鉴定为玉米黑束病，由直枝顶孢霉（*Acremonium strictum*）引起，当地植保部门进行了烧毁铲除，没有对该品种进行推广应用。

4. 河西走廊玉米种业改革稳定时期的病害趋势（2000 年至今） 河西走廊凭借优越的地理位置和自然条件，通过近 20 年的发展，河西走廊制种玉米年种植面积稳定在 10 万 hm²，制种产量占全国用种量的 60% 以上，已成为全国最大的国家级玉米种子生产基地之一。随着制种产业的发展，制种玉米病害也已发生巨大变化。

（1）病害结构复杂。国内对玉米病害种类的报道多集中于大田玉米，白金铠等（1995）报道我国有玉米病害 72 种，其中真菌病害 46 种，细菌病害 7 种，病毒病害 19 种。但国内对制种玉米病害的种类、发生情况报道较少，特别是对全国最大的玉米制种基地——河西走廊制种玉米病害尚未见系统性报道。2013—2014 年，河西学院对河西走廊玉米制种田病害进行了系统调查和鉴定，发现了 73 种制种玉米病害，其中真菌病害 56 种，细菌病害 4 种，病毒病害 5 种，生理性病害 8 种。从玉米病害发生的种类和数量比较，河西走廊玉米制种之前病害数量不及全国病害水平的 25%，制种之后达到了全国玉米病害水平。截至目前，制种玉米病害的数量是该地区制种前病害数量的 4.06 倍，说明制种玉米病害的种类、分布范围和数量均在不断增长，玉米病害的组成结构发生了很大变化，给制种玉米生产带来了很大压力。

（2）病害发生严重。按照王晓鸣等的分级标准分级记载计算危害程度，调查结果显示，制种玉米田，在苗期发生的病害，其病部出现灰色、白色、粉红色、黑色霉状物等病征，造成母种腐烂、主根发黑或变褐色、胚根或根部腐烂等根部病状，幼苗下部叶片发黄、干枯、心叶腐烂干枯、扭曲畸形，严重的幼苗干枯死亡，缺苗、断垄现象突出，主要由苗期根腐病、顶腐病、镰孢霉和色二孢苗枯病引起，其发病率分别达 34.77%、27.31%、17.38% 和 26.93%。其中，顶腐病与色二孢苗枯病是玉米制种田新发生的病害，根腐病发病率增幅较制种前高出 30.77%。玉米叶部病害，从苗期至成熟期均有发生，发病率在 50% 以上，危害严重的病害有 2 种，其中，普通锈病发病率达 91.67%，南方锈病是玉米制种田的新发病害，发病率为 56.97%。危害中等的病害居多，发病率为 20.0%~50.0%，这类病害多达 8 种，其中，尾孢菌叶斑病、枝孢霉条斑病、附球菌叶斑病、茎点霉叶斑病、细菌性条斑病在河西走廊玉米制种田为新发病害。除玉米大斑病、小斑病外，其余 20 种病害发生轻微，均为河西走廊新发病害。危害叶鞘、茎部严重的病害有链格孢鞘腐病、镰孢霉鞘腐病、镰孢霉茎基腐病 3 种，发病率分别达 87.11%、87.14%、27.15%。危害穗部的严重病害有镰孢霉穗腐病和黑粉病 2 种，发病率分别为

80.17%、28.74%。危害严重的 1 种病毒病害是玉米矮花叶病；严重发生的非侵染性病害有玉米遗传性条纹病、遗传性斑点病、生理性黄斑病 3 种，在玉米制种田的发病率均达 100%。

（3）病原种群变化大。据 2015 年资料报道，共鉴定出病原物 58 种，其中病原真菌 49 种，细菌 4 种，病毒 5 种，病原物种群数量是制种前的 7.25 倍。从不同发病部位分离鉴定看，根茎基部致病菌种群复合侵染根部、根茎基部，由禾谷镰孢霉、串珠镰孢霉、茄病镰孢霉、链格孢菌、禾生腐霉 5 种病原菌组成，并有新变种串珠镰孢霉胶变种形成，侵染部位逐渐上升，造成玉米制种田顶腐病的发生。叶部致病菌种群庞大，已鉴定出的叶部真菌有 23 种，细菌 3 种。其中优势种玉米柄锈菌在制种前已存在，制种后发病率及病情指数均显著上升，多堆柄锈菌随种子南繁北种而扩展成河西走廊优势种群。除大斑病凸脐蠕孢菌、极细链格孢菌制种后仍然发生外，制种后新发病菌危害中等的病原菌为链格孢菌、高粱尾孢菌、玉蜀黍枝孢霉、黑附球菌、玉米茎点霉 5 种，轻度的新发病原菌为玉蜀黍出芽短梗霉、玉米生平脐蠕孢菌、根腐离蠕孢菌、玉蜀黍平脐蠕孢菌、玉蜀黍尾孢菌、玉米毛盘炭疽菌、禾生刺盘炭疽菌、玉米小壳菌、新月弯孢霉、嘴突凸脐蠕孢菌、高粱胶尾孢霉、玉米褐边叶斑病菌、玉蜀黍叶点霉、玉米褐斑病菌、玉米壳针孢、禾生指梗霉 16 种，高粱假单胞菌危害中等，丁香假单胞菌丁香变种、燕麦假单胞菌轻度危害。危害穗部的致病菌群以禾谷镰孢霉、串珠镰孢霉、丝孢堆黑粉菌、玉米黑粉菌、立枯丝核菌、果腐根霉菌、曲霉穗腐病菌、离蠕孢穗腐病菌、青霉穗腐病菌为优势种群，使穗部病害发生严重，并导致种子带菌率上升，严重影响种子健康度，引发多种复合侵染的苗期病害，增加了田间诊断和防治的难度，给种子生产企业带来一定挑战。

（4）病原传播途径多。河西走廊玉米制种田连续多年作业，致使土壤中的病残体和菌源基数累积量上升，过量施用氮肥和大水漫灌使得土传病害或种传病害得以广泛传播，是造成玉米制种田病害严重发生的重要原因。据报道，河西走廊玉米种子携带 Fusarium sp. 引起苗枯病，带菌率已达 25%，个别品种高达 46.7%，苗枯病一般地块发病率为 10%~15%，严重地块发病率达 40%~60%。另外，河西走廊玉米制种田亲本组合来源复杂，大多数亲本均来源于海南岛南繁材料，部分来源于东北、黄淮海、西南地区繁殖材料，导致南方热带地区、东北、黄淮海、西南致病种群在河西走廊扩展、蔓延，是造成玉米制种田病害复杂的关键因素。据资料报道，河西走廊玉米制种区因一些高感亲本的大面积种植和频繁交流，造成丝黑穗病和黑粉病由次要病害上升为主要病害，个别亲本发病率达 60%~70%，造成 15% 以上的减产。此外，部分亲本材料为高感品种，是造成河西玉米制种田病害发生严重的根源。有资料显示，河西走廊玉米大斑病、小斑病和弯孢霉叶斑病等在玉米自交系上的发生率较高，其发病率分别达 39.30%~97.06%、26.12%~96.57%、12.90%~93.22%。因此，今后应加强制种区域的合理布局，种质资源的抗病性鉴定，植物保护检疫部门的检验检疫工作，确保甘肃省乃至全国玉米种子的安全生产。

（二）河西走廊玉米种子携带病原真菌现状

对种子带菌检验，不同国家采用的方法不同，国外早期针对真菌采用"孵化检验"或田间种植检验的方法，后逐渐采用抗生素或其他选择性媒介、ELISA、PCR 等技术，极大地提高了检验的灵敏度和效率。国内多地对玉米种子带菌检验认为，玉米种子带菌是影响种子活力下降的重要因素。高晓梅等（2005）报道辽宁省玉米种子携带的真菌达16属26种，龙书生等鉴定出陕西关中西部玉米穗粒腐病病穗籽粒表面和内部寄生的真菌有11属14种。邢会琴等（2018）对河西走廊当年收获以及储存1～12年的11份种样真菌区系研究表明，从种子内部和表面共检出10属16种真菌，其中，*Aspergillus niger*、*Fusarium* spp. 和 *Penicillium* spp. 是优势菌，*Aspergillus*、*Fusarium*、*Penicillium* 和 *Alternaria* 为4个产毒真菌属，而且种子带菌率随着储存年限增加而呈下降趋势。但河西走廊作为全国最大的玉米制种基地之一，对不同生产区域以及不同品种（系）种子带菌检测的相关研究尚未见系统性报道。2019年，笔者以河西走廊玉米制种基地生产的种子为研究对象，采集制种企业新收获的50个玉米品种（组合）种样，对种子外部和内部带菌情况进行了检测，对种子带菌种类和优势种群进行分析，为预防控制玉米种传病害、种子检验检疫和药剂包衣，以及生物防治提供理论依据。

1. 玉米种子外部带菌情况　通过平板培养菌落特征观察，结合显微镜检验，共检出真菌10个属：镰孢霉属（*Fusarium*）、根霉属（*Rhizopus*）、青霉属（*Penicillium*）、链格孢属（*Alternaria*）、凸脐蠕孢属（*Exserohilum*）、平脐蠕孢属（*Bipolaris*）、曲霉属（*Aspergillus*）、枝孢属（*Cladosporium*）、黑孢霉属（*Nigrospora*）、木霉属（*Trichoderma*）。其中，镰孢霉属主要检出串珠镰孢霉（*F. moniliforme*）和禾谷镰孢霉（*F. graminearum*）两个种。用显微镜检验洗涤液时，除检测到上述几个属真菌外，还检测到黑粉菌属（*Ustilago*）和腐霉属（*Pythium*）。

从分离比例和孢子负荷分析看，各品种所携带的病原真菌种类、数量和孢子负荷量均有一定差异。其中检出率最高的是镰孢霉（*Fusarium* spp.），在54%的品种（即50个品种中的27个品种）中均能检出，其分离率为43.75%～67.74%，平均达41.52%，其中在豫玉22上的分离率最高达67.74%。根据分离率的高低，所检出的真菌属依次为根霉属＞青霉属＞链格孢属＞凸脐蠕孢属＞曲霉属＞平脐蠕孢属＞枝孢霉属＞木霉属＞黑孢霉属；从每粒种子表面孢子负荷量分析看，浚单29和郑单958上的真菌孢子负荷量最高达600个/粒，良玉188的孢子负荷量最低，为116.67个/粒，平均孢子负荷量是322.67个/粒。有42%的品种（即50个品种中的21个品种）孢子负荷量超过平均值，为333.33～600.00个/粒，高出平均负荷量10.66～277.33个/粒。品种的孢子负荷量对数值高于平均值2.48的占50%。

2. 玉米种子内部带菌情况　分离培养法检出的真菌种类与洗涤法检出的真菌种类相同，但分离频率与带菌率有所不同。50份样品的分离结果显示，种子内部带菌种类间差异比较明显。其中，镰孢霉（*Fusarium* spp.）在豫玉22上的分离率最高，达61.11%，在玉油1号、士海718、士海916、海单9号、登海3737、良玉9号、良玉188、华农138、华农866和中科16品种上没有分离到该菌，分离率为0，镰孢霉的平均分离率达29.20%，在28个品种上该菌的分离率超过了平均值，为30.00%～61.11%，高出平均值2.74%～109.28%，占分离品种总数的56%。根据分离率的高低，病原菌的检出依次为链格孢属＞凸脐蠕孢属＞青霉属＞黄曲霉＞黑孢霉属＞枝孢属＞木霉菌属＞根霉属。

研究结果表明，镰孢霉带菌率在品种间存在差异。其中，豫玉22和浚单29的带菌率最高，均达到36.67%。除上述10个品种不带镰孢霉外，有3个品种鄂玉16、济玉1号、大丰 30 的带菌率最低，均为 3.33%，镰孢霉平均带菌率为 12.87%，有 27 个品种的带菌率超过了平均值，占分离品种总数的 54%。

种子总带菌率在品种间也存在一定差异。种子所携带的主要菌群有镰孢霉属、链格孢属、凸脐蠕孢属、青霉属、曲霉属、黑孢霉属、枝孢霉属、木霉属和根霉属等，还有少数未鉴定的真菌种类；种子总带菌率最高的品种是浚单 29，达 63.33%，带菌率最低的是华农 138 和华农 866，均为 10%，平均带菌率为 37.60%，带菌率高于平均值的品种数占 48%。

（三）玉米种子携带病原真菌的优势种群及其发展趋势

1. 玉米种子携带病原真菌的优势种群　从玉米种子表面和内部真菌分离情况看，河西走廊 50 份样品共检出 10 个属的真菌，与高晓梅等（2005，2006）报道的资料相比，未检测到枝顶孢属（*Acremonium*）、刺毛霉属（*Actinomucor*）、毛壳属（*Chaetomium*）、附球菌属（*Epicoccum*）、串棒霉属（*Gonatobotrys*）和粪壳菌属（*Sordaria*）6 个属。从分离率的高低分析，种子样品表面携带的优势种群为镰孢霉属（*Fusarium*）、根霉属（*Rhizopus*）、青霉属（*Penicillium*）和链格孢属（*Alternaria*），种子内部寄藏的真菌主要有镰孢霉属（*Fusarium*）、链格孢属（*Alternaria*）和凸脐蠕孢属（*Exserohilum*），这与李健强等（2001）、徐秀兰等（2006）报道的结果基本一致。因此，在玉米种子生产、储藏和运输期间，需要检验种子带菌情况和密切监测种子病害的发生和发展趋势。

2. 河西走廊部分玉米种子带菌率高，带菌量大　试验结果显示，在 50 个检测品种中，56% 的品种带菌率比平均值（36.70%）高，54% 的品种带菌量比平均值（322.67 个/粒）大。玉米品种间带菌率和带菌量均存在一定差异，如豫玉 22、浚单 29、郑单 958 等品种外部带菌量和内部带菌率均比较高，如镰孢霉和链格孢菌等的带菌率比较高，这与田间苗枯病和顶腐病等苗期病害发病率高（15%～25%）是相互吻合的。玉油 1 号、土海 718、土海 916、海单 9 号、登海 3737、良玉 9 号、良玉 188、华农 138、华农 866、中科 16 等品种外部带菌量均低于平均值，而且种子内部没有分离到任何真菌，带菌率为 0，与田间苗枯病和顶腐病的发病率均低于 5% 相一致。经分析认为，种子内部带菌率和表面带菌量的高低与品种繁种年限长短、连作现象、亲本组合的抗病性等关系密切。带菌率低的品种其繁种年限较短，一般为 3～5 年。有些亲本材料对优势种群的抗病性较弱，而亲本材料既在河西走廊繁殖，又在河西走廊制种，侵染循环的周期缩短，造成苗期病害严重发生。一般种子带菌率和带菌量高的品种在河西走廊繁种年限均超过 10 年，土壤连作现象突出，影响土壤中有益微生物数量和土壤活性，种子带菌导致土传病害加重。

3. 玉米种子所携带的病原菌与果穗病害具有一定的相关性　研究分析表明，玉米种子所携带的病原真菌与玉米果穗病害具有一定的相关性，如镰孢霉、平脐蠕孢菌、链格孢菌、青霉菌、木霉菌和曲霉菌等均能引起穗腐病，黑孢菌引起裂轴病，根霉菌引起果穗煤污病，枝孢霉引起穗部黑霉病。有些病菌是先寄生于叶和茎，引起叶部和茎部发病，从苞叶侵染果穗而附着于种子表面，之后逐渐寄生于种子内部。如镰孢霉和平脐蠕孢菌引起茎基腐病，镰孢霉和链格孢菌引起鞘腐病，链格孢菌、平脐蠕孢菌和枝孢霉引起叶斑病，这些病菌由茎、叶、叶鞘等部位向果穗扩展，造成种子带菌。有些腐生菌如青霉菌、木霉菌、曲霉菌、根霉菌和黑孢霉等在果穗收获时，因受田间钻蛀性害虫危害、鲜穗堆集而通风不良、晾晒时遇多雨或潮湿环境条件等因素的影响，迅速繁殖并附着在种子表面或侵染种子内部，造成种子带菌而成为下一季玉米苗期病害的主要侵染来源。关于种子所带真菌的部位，马奇祥等报道，玉米种子所携带的外部菌主要腐生于果皮与种皮（籽实皮）表面，内藏真菌主要寄生于胚乳内，有关这方面的报道还不多，有待进一步研究。

七、玉米种子病害综合防治

玉米种子病害综合防治的目的是要保证种子健康安全，根据生产过程中病原菌的侵染循环、发病机制、抗病机制、流行规律等特点，以制定种子生态健康防治措施为重点，合理综合应用农业防治、物理防治、生物防治、化学防治等防控策略。

（一）加强种子检验检疫

检验检疫是防止检疫性种传病害远距离传播最有效的措施。在玉米上因种子进出口引起的种传病害在国际间、地区间蔓延并造成重大损失的事件，均是未实施有效检疫而导致。因此，检验检疫要做到以下几点。

（1）认识检验检疫的重要性。充分认识检验检疫在玉米种子生产中的重要性，提高执法部门和种子生产企业对玉米种子检疫病害的预见性。

（2）了解检疫性病害。准确认识和了解国际间、地区间检疫对象的危害性、症状特点、病原特征、发生规律等，为产地检疫奠定基础。

（3）对内对外检验检疫。随着玉米育种工作的深入研究，国际交流和区域沟通日益频繁，对进出口玉米种子、品种组合、种子材料及其附属物、包装材料、运输工具等实行严格检验检疫，规范检验检疫程序和检疫材料的处理措施。

（4）产地检验检疫。种子生产企业定期对玉米种子生产田进行产地检疫，对可能感染检疫性病原的品种或组合重点检验，必要时会同执法行政部门和专家进行检验，提高检疫的有效性和准确性。

（5）检验检疫证书。玉米种子由生产地向种植区调运，需要进行种子健康度检验，如实向执法行政部门提供检验检疫结果，获取有效检验检疫证书后方可调运。

（二）规范种子生产管理

种子传播的病原种类因气候条件不同有所差异，种传病害的发展因土壤状况、土壤类型的不同也存在差异，因此选择玉米种子生产基地有一定的要求。根据品种组合特性，选择基地需要按照一定的规范标准，严格执行甘肃省地方标准（DB62/T 2890—2018），是河西走廊玉米制种生产基地建设标准，是保证玉米种子安全生产的基础。

1. 对气候条件的要求

（1）海拔。玉米制种基地应选择海拔为 1 200～1 800m 的区域，其中，最佳制种区海拔 1 200～1 500m，适宜制种区海拔为 1 501～1 700m，较适宜制种区海拔为 1 701～1 800m。

（2）日照。玉米为短日照作物，选择4—9月日照时数在1 251～1 800h的区域为制种区。其中，最佳制种区日照时数为1 601～1 800h，适宜制种区日照时数为1 450～1 600h，较适宜制种区日照时数为1 251～1 599h。

（3）有效积温。选择≥10℃有效积温在2 650～3 600℃的区域为制种区。其中，最佳制种区有效积温为3 201～3 600℃，适宜制种区有效积温为2 801～3 200℃，较适宜制种区为2 651～2 800℃。

（4）无霜期。选择无霜期在121～160d的区域为制种区。其中，最佳制种区无霜期为151～160d，适宜制种区无霜期141～150d，较适宜制种区无霜期121～140d。

（5）气温。选择年均气温≥7.2℃、抽雄期和吐丝期气温≥18.5℃、灌浆期气温≥14℃的区域为制种区，不同制种区应满足以下要求。

①最佳制种区年均气温为7.5～7.6℃，抽雄期和吐丝期气温为22.0～24.0℃，灌浆期气温为18～19℃。

②适宜制种区年均气温为7.3～7.4℃，抽雄期和吐丝期气温为20.0～21.9℃，灌浆期气温为16.0～17.9℃。

③较适宜制种区年均气温为7.2～7.3℃，抽雄期和吐丝期气温为18.0～19.9℃，灌浆期气温为14.0～15.9℃。

（6）降水量。选择年降水量≤200mm、蒸发量≥1 800mm的区域为制种区，不同制种区应满足以下要求。

①最佳制种区降水量为110～125mm，蒸发量为2 001～2 200mm。

②适宜制种区降水量为125.1～150mm，蒸发量为1 901～2 000mm。

③较适宜制种区降水量为149.9～200mm，蒸发量为1 800～1 900mm。

2. 对土壤条件的要求

（1）土壤质量。土壤耕层深度为25～30cm，地面平整度一致；土壤碎散程度均匀，土壤团块≤6mm；土壤重金属含量符合《无公害农产品 种植业产地环境条件》（NY/T 5010—2016）中对镉、汞、砷、铅、铬的要求。

（2）土地规模。耕种土地相对集中，具有自然隔离条件，连片面积≥333hm²。

（3）土壤类型。选择耕作层土壤是壤土或沙壤土的土地作为制种区域，不选漏沙地、重盐碱地和风沙地。其中，最佳制种区土壤类型为耕种暗灌漠土，适宜制种区土壤类型为耕种灰灌漠土，较适宜制种区土壤类型为耕种灰漠土。

（4）土壤肥力。要求土壤有机质含量＞10.0mg/kg、碱解氮含量＞39.49mg/kg、有效磷含量＞14.0mg/kg、速效钾含量＞80.0mg/kg的土地作为制种区。应根据土壤肥力划分为最佳制种区、适宜制种区和较适宜制种区。

3. 推行种子证书制度 种子证书是政策性管理制度，是用于管理种子繁殖和生产质量的制度，包括一系列玉米种子田间检验、实验室检验和评价。严格贯彻种子证书制度，为种子纯度、生活力、健康度等提供保障。

（三）减少侵染来源

许多种子传播病害。病原菌的来源除种子之外，还有土壤、病残体、其他寄主与残体、种子加工过程污染等场所。因此，综合应用具体措施减少或消除初侵染来源，是防治种子病害的关键。

1. 轮作 许多种传真菌、细菌和线虫是土壤习居者或土壤侵入者，通过寄生或腐生方式在土壤中完成其生活史，大多数病原体在土壤中存活很少能持续2～3年。因此，针对不同地区和不同优势病菌，应选择不同轮作年限。为防止玉米黑粉菌侵染，轮作需要间隔5年；防止镰孢霉的增殖，实行轮作需要间隔4年；为了防止菌核类的侵染，轮作需要间隔4年；防止细菌性病原的繁殖，轮作需要间隔3年。因此，实行轮作方式是减少初侵染源的最好办法，一般玉米与小麦、大麦、蔬菜、豆类、绿肥等作物进行轮作，至少需要3～4年。

2. 休耕或轮作休耕 轮作休耕是政府为有序推进耕地休耕以及合理配置各种要素而制定的一系列规范和准则，是我国破解耕地利用、粮食生产面临问题的新途径。休闲耕地是减少土壤寄生菌接种体最好的办法，可有效降低下茬作物病害的发生率，可有效减轻因玉米制种长期连作带来的地力退化、土壤环境污染等压力，是提高玉米种子质量的有效途径。

3. 有效隔离 玉米种子生产过程中实行严格隔离，是提高玉米种子质量和安全生产的关键。玉米制种要遵循基地建设标准规范，实施空间隔离的要求，杂交制种田与其他玉米种植田的直线距离应≥200m；亲本种子繁殖的隔离距离应≥500m。屏障隔离要求：杂交制种田与其他玉米种植田之间应设置宽度≥5m、高度≥3m、直线距离≥100m的屏障隔离带，内侧种植的玉米父本行宽度应≥5m。时间隔离要求杂交制种田与其他玉米种植田的播种期相差≥40d。

4. 消灭其他寄主植物 许多种传病原菌在土壤和玉米残株上不能生存时，特别是土壤传播的玉米种子病害和种传病毒，野生的多年生寄主就可成为其越冬场所，这些寄主在种子病害的传播中起着桥梁作用，成为潜在的病原传递者，而这些桥梁寄主在玉米田往往是田间和地埂上的杂草。因此，通过除草可有效消灭病原体传染来源。

5. 种子收获与加工管理 正确判断玉米种子的成熟度，保证在收获时种子充分成熟，才有利于植株的生长发育，提高产量，保证种子品质和活力。做到合理及时收获，如果收获过早，籽粒成熟度不够，产量降低；若收获过晚，则容易造成种子发霉变质或受霜冻危害而损伤种子。收获时淘汰发病果穗，脱粒时降低对种子的损伤，包装时净化、分级，淘汰破损、畸形、个体小、发育不良和表面皱缩的种子，降低种子感染病原菌的概率。

（四）培育和选择抗病品种

利用抗病品种防治玉米病害是最经济有效的措施，选育由抗病基因控制的抗病品种是最关键、最根本的措施。目前，国内针对不同生态地域条件下发生的重点病害和流行性病害小斑病、弯孢霉叶斑病、茎腐病、穗腐病、瘤黑粉病、矮花叶病等开展抗病育种，选育出了大量品种，已在生产中应用并发挥了重要作用。未来需要加强品种的多抗性培育和鉴定。

1. 利用种质资源的天然抗性 目前，我国国家种质库拥有14 000多个地方玉米品种，但我国的玉米遗传基础狭窄，仅有少数自交系在育种中发挥核心作用，如Mo17、黄早四、330、E28、丹340和478。因此，应该通过抗性鉴定进一步挖掘抗性资源。

2. 发掘和定位抗病基因 玉米的抗病基因主要分布在染色体上，可以通过遗传连锁图谱定位抗病基因。目前已经定位了大量的抗性数量性状位点（QTL）。如在玉米穗腐病的抗性研究中发现，60多个QTL在玉米的1～8号染色体上，这些QTL有的抗黄曲霉穗腐病，有的抑制黄曲霉毒素的积累。另外，还定位了多个抗不同病菌和毒素的QTL，包括55个抗轮枝镰孢霉侵染、29个抗禾谷镰孢霉侵染、16个抗伏马毒素和DON毒素积累的QTL。研究还发现，对玉米小斑病菌的抗性基因主要在4号和6号染色体上，对南方锈病的抗性基因 $RppC$ 位于10号染色体上。

在常规抗病育种技术的基础上，利用细胞工程和分子生物技术对抗性基因进行定位和重组，培育具有较宽遗传基础的多抗性品种和育种材料，加大研究玉米的遗传多样性，进一步丰富我国优良抗性品种资源。

在一个地区内应种植多个品种或组合，增加品种间的异质性，防止单一品种大面积连年种植，做到品种种植合理布局，并注意对耐病品种的利用。防止因病原发生变异而使优良品种的抗病力丧失，缩短品种的经济寿命。

（五）改善制种田生长环境

改善环境条件的目的是培育壮苗，是玉米生长的基础和关键。适宜的环境条件有利于提高玉米的生活力和抗病性，减少病原菌侵染率，有效控制病害，主要包括以下措施。

1. 科学均衡施肥　玉米属于大株粮食作物，全生育期需肥量较大。利用测土配方施肥技术，根据玉米的需肥规律平衡施肥、合理施肥，以防止营养元素的亏缺或过量，增强植株抗病性。同时节约肥料成本，提高化肥利用率，符合国家化肥使用量零增长的要求。据报道，生产100kg玉米种子N、P_2O_5、K_2O养分需要量分别为2.653kg、1.115kg、3.449kg，氮磷钾需肥结构为1：0.42：1.30；苗期至拔节时段氮磷钾累积速率分别为43.6%、37.8%、58.3%，拔节至抽雄时段分别为22.1%、27.1%和18.3%，抽雄至灌浆时段分别为26.3%、19.9%和14.5%，灌浆至成熟时段分别为8.0%、15.7%和8.9%。在制种玉米施肥技术上要重施基肥，拔节期补施氮钾肥，抽雄期补施氮磷肥，既可满足制种玉米成熟期对养分的需求，同时也能获得较高的籽粒产量。

2. 合理密植　玉米制种田种植密度大小，主要影响土壤水分和田间小气候湿度大小。一般在土壤水分低的田块，容易滋生耐旱性病原菌，如镰孢霉、丝核菌等土壤习居菌，造成根部或茎部病害的发生。在土壤水分高的环境下，土壤和田间容易产生腐霉菌、霜霉菌、细菌等，引发茎秆病害。当田间湿度大时，玉米大斑病菌、小斑病菌、锈菌、鞘腐病菌等数量增大，叶斑病和锈病等病害的发生率增加。因此，需根据不同品种组合特性和土壤墒情，合理安排种植密度。目前，在玉米种子生产中，制种玉米播种密度比大田玉米要大得多，一般在75 000～120 000株/hm²。通过控制播种密度，既可控制田间湿度，又可控制病原菌侵染率，达到防治田间病害发生的目的。研究证实，制种玉米从拔节期开始至整个生育期结束，密度高的地块土壤含水量相对较高，密度低的地块土壤含水量相对较低。土壤水分随生育期的延长而呈现先高后低再高的变化规律，这一规律对解释制种玉米田病害发生规律具有重要理论意义。

3. 合理灌水　灌水是影响土壤湿度和田间湿度最直接的因素。因土壤湿度过低，引起不同程度的干旱，严重时植株凋萎或死亡。湿度过高，引起涝害，根茎腐烂或地上部萎蔫，甚至死亡。因此，土壤湿度过高或过低容易导致玉米非侵染性病害的发生。

田间湿度过高，有利于病原菌孢子萌发和侵染。土壤湿度与田间湿度效应同时出现，使土壤中玉米霜霉菌释放游动孢子，提高传播速率和侵染速率。因此，合理灌溉既有利于玉米生长，又能减少病原菌的侵染概率。一般河西走廊制种玉米的需水量为 $400 \sim 700mm$，需水高峰期在拔节至抽穗阶段，7 月中旬至 8 月上旬，需水高峰期的日耗水量为 $4.5 \sim 7.0mm$。抽穗期需水量最高，在甘肃河西高达 $7.1mm/d$。因此，根据日耗水量制定玉米田灌溉计划，确定灌溉次数、灌溉时间和灌水量等。

目前，河西走廊玉米制种田通常采用节水灌溉技术。根据覆膜栽培特点，结合气候因素和品种特性，严格控制灌溉的时间、次数和水量。有条件的区域还可实行水、肥、药一体化，防止大水漫灌，坚持发展节水农业。

4. 合理调整播种期 河西走廊玉米制种基地多处于无霜期较短的区域，制种玉米容易受到外在天气的影响，如持续低温造成出苗时间不一致、苗生长缓慢等情况，导致出现后期的花期不统一和去雄工作困难等问题，而影响玉米制种产量。因此，要根据玉米品种和地理气候等特点，结合往年病害发生的历史资料，合理确定父母本播种时间，有效防止花期不育而造成生理性病害的发生，有效控制因低温造成的苗期病害，避免因传毒媒介的传毒期与玉米感病期相遇造成病毒病害大发生。

（六）物理防治

物理防治主要是利用重力、热力、电磁波、超声波、核辐射等物理方法处理玉米种子，对种子内部和外部携带的病菌均具有一定消毒杀菌作用。根据玉米种子特性，选用适宜有效的方法。

1. 自然干燥 主要利用当地的戈壁、光热、风资源优势，有效降低种子含水量，达到自然干燥的目的，同时还可以借助自然光线中的紫外线杀菌。玉米种子自然干燥分为脱粒前干燥和脱粒后干燥。

（1）果穗干燥。玉米果穗在收割期可采用"站秆扒皮"或"高茬晾晒"的方法，或果穗收后摊铺在适宜场地通过日光和风力作用进行晾晒，均可有效降低种子含水量。

（2）籽粒干燥。将玉米种子脱粒后，摊铺在晒场，利用日光产生的温度及风力干燥种子。但要注意：收获季节容易出现阴雨天气而影响晾晒，10 月中下旬至 11 月易发生冻害而对种子造成危害。

2. 机械烘干 主要是利用热力降低种子含水量，同时可杀灭种子传播的病毒、细菌和真菌，能直接杀死种子表面携带的病菌，钝化内部寄藏菌。目前，采用果穗烘干加工设备实现种子干燥，但要注意果穗烘干时的温度、时间、气流量、果穗量等参数的设定。需要加强果穗脱粒后种子干燥层厚度、种子贮藏等烘干后的管理，防止种子返潮发热而发生霉变。

3. 核辐射 主要利用辐射源射线的穿透力，一方面达到杀菌作用，另一方面可辐射诱变植物染色体变异的遗传多样性。这项技术广泛应用于玉米辐射育种，用 $^{60}Co-\gamma$ 射线辐射方法诱发玉米遗传变异，获得矮秆、早熟、抗病、高配合力、不育等多种类型的突变体，极大地丰富了育种遗传资源，提高了育成新品种的概率，收到很好的效果。

4. 微波辐射 微波是很短的电磁波，微波辐射是一种快速处理的有效方法，在植物检疫时广泛用于对材料快速杀菌。如利用微波处理玉米种子，对玉米细菌性枯萎病病原菌的杀灭效果明显。

5. 药剂熏蒸 药剂熏蒸是在常压常温或密闭的真空条件下，利用熏蒸药剂汽化后的有毒气体，达到杀菌目的。此法广泛应用于仓储玉米种子处理和玉米检疫性病害的处理。如用环氧乙醚处理玉米种子，18～20℃，用药量为 50～75g/m³，密闭 3d，杀灭种子携带的细菌性枯萎病病原菌效果达 100%。

（七）种子化学处理

种子化学处理是防治种传病害和植物检疫性病害常用的方法。这种方法简单、见效快、效果好，适合大规模使用。如种传病害和土传病害通过药剂种子包衣技术，防治靶标针对性强，有些病害通过化学药剂处理即可达到铲除的目的。根据不同病害发生特点、不同化学药剂性质，选择适宜的种子化学处理方法。

1. 药剂拌种 将药剂干粉与干燥种子在播种前按照一定比例进行药种混合，达到防止种传病害发生的目的。如通过种子携带引起玉米苗枯病的病原菌镰孢霉、腐霉菌和丝核菌可采用此法进行处理，效果良好。

2. 浸种 将种子浸入 1%～2% 的石灰水中，通过无氧呼吸产生的乙醇和醛类进行杀菌。石灰水浸种，不仅具有防腐作用，其效果与浸种温度和时间长短有关，浸种所用容器内的种子表面必须结一层碳酸钙薄膜，从而起到杀菌作用。当然，还可以利用各种化学药剂浸种，以杀死种子表面携带的病原菌。

3. 闷种 利用在一定温度条件下能挥发的化学杀菌剂，将种子放入密闭容器或空间，处理一定时间，达到杀菌的目的。一般用于贮藏期的玉米种子处理，特别适于受污染种子的消毒灭菌。如用 0.4% 拌棉醇（Bronopol）水溶液，室温下闷种 24h，干燥，对玉米细菌性枯萎病菌具有良好的杀菌效果而不产生药害。

4. 低剂量干拌法 用较低的药剂浓度，如仅用闷种法 1/10 的药量在拌种箱内拌种，兼具浸种和拌种的优点，防治效果较好。玉米种子用此法处理，种子的含水量增加不超过0.5%，贮藏 2 年，对种子发芽无不良影响。

5. 种子包衣 利用种子包衣机械将专用种子进行包衣，按照种衣剂规定的药种比，在种子表面形成一层固化膜，达到防治种传病害和土传病害的目的。种子包衣技术是在玉米上使用较为成熟的一种方法，应根据病原种类和土壤墒情，选择使用不同性质的种衣剂。对于玉米丝黑穗病发生严重地区，应选择三唑酮、苯醚甲环唑种衣剂，杀菌效果明显。对于苗枯病发生严重地区，要充分了解该地区引起苗枯病的优势种群，以镰孢霉为主的应选择使用戊唑·福美双、咯菌腈种衣剂，以腐霉菌为主的应选择精甲霜灵、噁霉灵种衣剂。

在使用种衣剂的过程中，应掌握种衣剂性质与功能、使用方法、药种比、浓度等，确保包衣均匀，防止产生药害。

（八）生物防治

生物防治是利用有益微生物或其代谢产物来防治植物病害。按其作用机制可分为重寄生、拮抗、交叉保护、抗生素抑菌或杀菌等作用。生物防治主要是以菌防菌。利用哈茨木霉菌（*Trichoderma harzianum*）防治玉米苗期病害。蜡质芽孢杆菌（*Baciuus cereus*）C1L 不仅可以诱导玉米对叶部病害产生抗性，还能促进玉米根生长，也可有效防治茎腐病等。生物种衣剂能明显减轻玉米大斑病、小斑病和粗缩病的危害。生物防治虽未能在玉米上大面积普及，但未来发展应用的前景广阔。

（九）提高病害预测预报水平

在玉米病害调查的基础上，充分掌握病原菌的越冬基数，利用当地气象资料，应用卫星和遥感等现代化信息技术和地理信息全球定位系统、有害生物危险性评估系统，建立大区域病害的监测体系，提高病害测报的预见性和准确性，为抗病品种的选育、鉴定和综合利用以及制定防治措施提供科学依据。

八、玉米种子病害综合防治历

（一）种子贮藏期病害防治（9月下旬至翌年3月下旬）

1. 防治目的　防止种子被污染和种子传播病害，保证种子健康。

2. 防治对象　主要以青霉穗腐病、曲霉穗腐病、平脐蠕孢穗腐病、镰孢霉穗腐病、丝核菌穗腐病、煤污病、木霉菌穗腐病、丝黑穗病、瘤黑粉病、枝孢霉条斑病等为靶标进行防控。

3. 防治措施

（1）种子检验检疫。对新收获的玉米种子带菌情况进行室内检测，分析种子带菌种类、带菌部位，并建立种子带菌检验档案，为播种前种子处理提供依据。对携带检疫性病原物的种子要进行隔离，会同植物保护检疫部门做好相应处理工作。

（2）收获与加工管理。玉米种子收获时要求摘除花丝和苞叶，淘汰病果穗和烂粒穗。对于秃尖受污染明显、发病严重的果穗，应切除秃尖。脱粒加工时挑除病穗、污染穗和烂粒穗，要求加工后的籽粒破碎率≤1.0%，带病虫籽粒率≤1.0%，净度≥98.0%。

（3）种子贮藏管理。对种子分品种、分批次进行抽样检验，平均水分≤13.0%时装袋贮藏。种子贮藏前，对贮藏种子库（仓）墙壁、屋顶、地面、通风口或包装袋进行消杀处理。贮藏期间定期检查种子水分和温度变化，并做好记录工作，以防止种子受潮而发生霉变。

（二）苗期病害防治（4月上旬至6月上旬）

1. 生育环节　该阶段为营养生长阶段，从玉米播种、出苗到拔节为止的时期，历时约50d，称为幼苗阶段，统称为苗期。

2. 防治目的　清洁田园，减少初侵染来源。加强水肥管理，培育壮苗、全苗，提高植株抗病性。预防幼苗病害和叶部病害的发生。

3. 防治对象　主要以镰孢霉苗枯病、腐霉菌苗枯病、丝核菌苗枯病、顶腐病、丝黑穗病、黑粉病、链格孢叶枯病、叶鞘紫斑病、黑斑病、纹枯病、褐斑病、条纹矮缩病、矮花叶病、粗缩病、细菌性叶枯病、缺素症等为靶标进行防控。

4. 防治措施

（1）合理布局，轮作倒茬。根据亲本组合的抗病性，合理安排杂交制种的种植规模及隔离区，提前制订计划，做好播种时期、方法、密度、方式等播种方案，防止种传病害和气传病害流行；根据基地作物种植情况，避免连作，防止土传病害加剧发生。

（2）土壤消毒。结合整地，在播种前或机播时每亩采用70%噁霉·福美双可湿性粉剂、70％甲基硫菌灵可湿性粉剂5kg＋细沙或细土500kg制成毒土或1 000倍液进行土壤处理，或将含有枯草芽孢杆菌生物菌株的生物粉喷洒在土壤表面进行生物消毒。

（3）合理施肥。结合整地施足底肥，一般施腐熟农家肥3 000～4 500kg/hm²；播种前，通常每亩施入腐植酸螯合肥（16-18-6＋TE）25kg；若有土壤板结、盐渍化、有机质缺乏等情况，建议每亩加施腐植酸生物有机肥40～80kg。在滴灌条件下，每亩施用腐植酸螯合肥（16-18-6＋TE）25kg。

（4）种子包衣。根据种子病原检验结果，对镰孢霉、链格孢菌带菌高的品种，采用22％福·克·戊悬浮剂对种子进行包衣；对丝黑穗病菌、黑粉菌带菌高的易感品种，采用30g/L苯醚甲环唑悬浮剂、325g/L苯甲·嘧菌酯悬浮剂对种子进行包衣；对土壤带腐霉菌、丝核菌、凸脐蠕孢菌或种子带菌高的品种，采用70％噁霉·福美双、70％甲基硫菌灵可湿性粉剂等按种药比（40～50）：1进行种子包衣；对连作多年的土壤，每亩可采用促生菌（PGPR）0.5 kg进行拌种。

（5）间定苗、除草。玉米3～4叶期进行间苗，去除病苗、畸形苗及形态差异大的苗；5叶期进行定苗，并清除田间虫苗、死苗；3叶期结合中耕，拔除田间杂草。对白化苗出现的田间，在玉米4～5叶期每亩叶面喷雾0.2％～0.3％硫酸锌溶液25～30kg。对出现顶腐病、纹枯病、叶枯病、紫斑病、黑斑病、褐斑病、疯顶病等病害症状的田间或品种，采用30％戊唑·福美双可湿性粉剂和40％噁霉·福美双可湿性粉剂1 000～1 500倍液在苗期均匀喷雾。对出现细菌性叶枯病的田间，可采用70％代森锰锌可湿性粉剂＋50％春雷·王铜可溶性粉剂混配1 000～2 000倍液叶面喷雾；对矮缩病和矮花叶病易感的品种，每亩采用10％吡虫啉可湿性粉剂20～30g或16％四螨·哒螨灵1 000倍液＋有机硅助剂3 000倍液叶面喷雾或田间地埂杂草上喷施，达到防虫治病的目的。

（6）追肥。在玉米7叶期，结合中耕除草，每亩追施腐植酸螯合肥（25-0-5＋TE）20kg，冲施腐植酸钾1～2kg，改良土壤，促进根系发育，有效预防叶斑病和早衰。在滴灌条件下，每亩可滴施腐植酸水溶肥（25-6-9＋TE）4kg＋腐植酸钾1kg。

（三）穗期病害防治（6月中旬至7月下旬）

1. 生育特点　该时期营养生长和生殖生长并进，是从雌穗原基刚开始伸长，到雌穗花丝吐出为止的时期。从外部形态看，从拔节至雌穗花丝吐出苞叶并接受花粉受精的全过程，历时约40d。

2. 防治目的　降低叶、茎、根部发病率，减轻发病程度，保证叶片增大，茎秆敦实，促秆壮穗，提高植株抗病性和综合抗逆能力，控制茎秆、叶部病害流行，为促进增产奠定基础。

3. 防治对象　主要以弯孢霉叶斑病、大斑病、小斑病、灰斑病、圆斑病、尾孢叶斑病、锈病、镰孢霉茎基腐病、腐霉菌茎基腐病、蠕孢菌茎基腐病、疯顶病、纹枯病、干腐病、丝黑穗病、黑粉、细菌性茎基腐病、细菌性条斑病、矮花叶病、黄矮病、丛矮病、秃尖、花期不育等为靶标进行防控。

4. 防治措施

（1）保健防病。该阶段主要追施速效肥，氮、磷、钾配合施用，以减轻病害发生。以尿素、碳酸氢铵、硫酸钾为主，一般每亩追施腐植酸螯合肥（25-0-5＋TE）25kg。在滴灌条件下，每亩每次滴施含腐植酸水溶肥（25-6-9＋TE）6kg，每隔1次，每亩滴施硝硫基复合肥5kg，可提高玉米综合抗逆水平，明显降低茎基腐病的发病率。

（2）药剂喷施。一般在心叶末期到抽丝期喷施。防治叶斑类病害、丝黑穗病和黑粉病，选择25％苯醚甲环唑乳油8 000～10 000倍液，25％丙环唑乳油、80％代森锰锌可湿性粉剂、45％代森铵水剂500倍液、12.5％烯唑醇可湿性粉剂3 000倍液进行叶面喷施。防治锈病可选择50％代森锰锌可湿性粉剂＋20％三唑酮可湿性粉剂混配1 500～2 000倍液进行叶面喷施。防治茎基腐病和纹枯病，选择30％戊唑·福美双可湿性粉剂、40％噁霉·福美双可湿性粉剂1 000倍液在植株叶面和茎秆上喷雾。防治细菌性茎基腐病和叶斑病，选择40％琥·铝·甲霜灵可湿性粉剂＋50％春雷·王铜可湿性粉剂混配1 000～2 000倍液、30％戊唑·福美双可湿性粉剂＋50％春雷·王铜可湿性粉剂混配1 000～2 000倍液重点喷施2～3节处或穗位节。防治病毒病害可选择10％吡虫啉可湿性粉剂1 000倍液、2.5％氯氟氰菊酯乳油3 000倍液，通过防虫达到治病的目的。

（3）人工摘除。当玉米小斑病发病率达70％，单株下部叶片2～3片叶发病时，人工摘除病叶，并带出田间集中处理。

（四）成粒期病害防治（8月上旬至9月中旬）

1. 生育特点 该阶段为生殖生长阶段，从雌穗花丝受精开始，经过籽粒形成、灌浆到种子发育成熟的全过程，历时45～50d。

2. 防治目的 减轻和控制病害对玉米种子的影响，防止病原物侵染和污染种子，提高种子健康度和质量。

3. 防治对象 主要以黑粉病、黑束病、镰孢霉鞘腐病、枝孢霉条斑病、黑霉病、附球菌叶斑病、球腔菌叶枯病、茎点霉叶枯病、叶点霉叶斑病、曲霉菌穗粒腐病、离蠕孢穗粒腐病、镰孢霉穗腐病、青霉菌穗腐病、丝核菌穗腐病、木霉菌穗腐病、青枯病、爆裂病、丝裂病、早衰病等为靶标进行控制。

4. 防治措施

（1）及时割除父本。一般在去雄结束后10d左右割除父本，增加通风透光条件，防止争水肥；结合割父本，人工割除黑粉病的病瘤，并带出田间集中烧毁或深埋，以减轻病害的发生，有利于增加千粒重和产量。

（2）加强田间管理，防止早衰。抽雄结束后，平衡田间水肥，防止种子爆裂病和丝裂病的发生。根据田间长势，每亩施腐植酸螯合肥（25-0-5＋TE）15～20kg，延长母本叶片功能期，防止植株早衰，增强抗逆性，提高种子质量。

（3）药剂喷雾。在割除父本之后，集中进行1次药剂防控，可选择30％戊唑·福美双可湿性粉剂、70％噁霉·福美双可湿性粉剂1 000倍液，75％百菌清可湿性粉剂、80％代森锰锌可湿性粉剂500倍液在植株叶面、茎秆上喷雾，防治叶斑病、茎基腐病、鞘腐病等；或40％毒死蜱乳油、10.5％阿维菌素·哒螨灵乳油1 500倍液，20％丁硫克百威乳油3 000倍液进行喷雾，既能防治玉米螟、蚜虫、灰飞虱、红蜘蛛，又可防治穗腐病，达到一防多治的目的。

（4）及时收获，以防冻害。当玉米苞叶变黄，籽粒变硬，下端出现黑层时，及时收获；或在收获前15～20d站秆剥皮脱水，以防冻、防霉变、防虫害和鼠害，提高种子健康度。

第二章
苗期真菌病害

一、玉米镰孢霉苗枯病

【症状诊断】

玉米镰孢霉苗枯病（*Fusarium* seedling blingt）主要发生在苗期，在玉米直播后 15d 左右，即从出苗至 3 叶期开始表现症状（图 2-1）。发病初期叶片边缘出现黄褐色枯死条纹，在种子根和根尖处变褐，后扩展至一段根系或整个根系变褐，继而侵染中胚轴，造成根部发育不良，根毛减少，无次生根或仅有少量次生根，初生根老化，皮层坏死，根系变褐（图 2-2、图 2-3、图 2-4），并在茎的第一节间形成坏死斑，引起基部水渍状腐烂，一拔即断，叶鞘也变褐撕裂。叶片自幼苗基部 1～3 叶变黄（图 2-5），叶尖和叶缘变黄干枯（图 2-6），发病重的幼苗叶片自下而上干枯，心叶卷曲，萎蔫黄化，植株生长缓慢，发育不良或明显矮化，严重的造成幼苗枯死。受害轻的部分症状尤为明显。

【病原鉴定】

玉米苗枯病主要由镰孢霉属（*Fusarium*）真菌引起，可由一种或多种镰孢霉复合侵染所致。引起该病害的镰孢霉主要包括串珠镰孢霉（*F. moniliforme* Sheld.）、串珠镰孢霉胶孢变种（*F. moniliforme* var. *subglutinans* Wr. et Reink.）、禾谷镰孢霉（*F. graminearum* Schw.）、黄色镰孢霉 [*F. culmorum*（W. G. Sm.）Sacc.]、异孢镰孢霉（*F. heterosporium* Nees.）等。

1. 病原形态特征

（1）串珠镰孢霉（*F. moniliforme*）：在 PSA 培养基上菌落初期为白色，菌丝棉絮状，有时淡黄色或淡红色。小型分生孢子多串生，亦有球状簇生，椭圆形、卵形或纺锤形，无色，单胞，少数具有 1 个隔膜，大小为（3.5～5.8）μm×（2.2～5.2）μm。大型分生孢子新月形，有脚胞，隔膜 3～5 个，有的 6～7 个隔膜，无色，大小为（5.5～6.0）μm×（2.5～4.7）μm（图 2-7）。

（2）禾谷镰孢霉（*F. graminearum*）：在 PDA 培养基上菌落白色或淡红色至紫色，大型分生孢子有 3～5 个隔膜，大小为（17.4～47.6）μm×（3.5～5.2）μm（图 2-8）。很少产生或不产生小型分生孢子和厚垣孢子。

（3）黄色镰孢霉（*F. culmorum*）：分生孢子座被气生菌丝挤压成黏分生孢子团，子座色泽多样，大型分生孢子纺锤形，稍弯曲，脚胞明显，有隔膜 3～5 个，3 个隔膜的孢

子大小为 （19.0~40.0)μm×（4.0~7.6)μm，多为（26.0~50.0)μm×（4.0~7.0)μm，不产生小型分生孢子。厚垣孢子间生或顶生，单生、串生或簇生，球形或卵形，直径大小为（9.0~12.0)μm ×（10.0~14.0)μm，孢壁表面光滑或粗糙。

（4）异孢镰孢霉（*F. heterosporium*）：分生孢子座疏松，有大量气生菌丝。分生孢子生于分枝的分生孢子梗上，镰刀形或梭形，顶细胞伸长呈喙状，基部有足细胞，1~5 个隔膜，3 个隔膜的孢子大小为（17.0~35.0)μm×（3.0~3.5)μm，5 个隔膜的孢子大小为（38.0~55.0)μm×4.0μm，危害玉米造成幼苗根部腐烂。

2. 病原菌分离鉴定方法 将采集到的苗枯病病样根系冲洗去除表面泥土后，切成5mm 大小的片段，用 1％次氯酸钠消毒 1min 后，用无菌水冲洗 3 次。将表面消毒的根系片段摆放在 PDA 平板上，25℃黑暗培养 2d 后，观察根系片段，当肉眼明显看到长出菌丝后，轻轻挑取并转至新的 PDA 平板上，待菌落长大后进行单胞分离获得纯培养物。将分离获得的镰孢霉接种在 SNA（SNA 培养基配方：磷酸二氢钾 1.0g，硝酸钾 1.0g，七水合硫酸镁 0.5g，氯化钾 0.5g，葡萄糖 0.2g，蔗糖 0.2g，琼脂 20g，加蒸馏水定容至 1 000mL，121℃高压蒸汽灭菌 20min，制成平板）上，25℃黑光灯照射下培养 14d，收集产生的孢子。玉米种子经 1％次氯酸钠表面消毒处理 5min 后，用无菌水冲洗干净，室温下无菌水浸泡 4h 后，60℃水浴处理 5min，采用卷纸法 25℃黑暗培养催芽，待根系长至 1cm左右时，选取健康无病的种子进行致病力测定。

【发生规律】

镰孢霉以菌丝和分生孢子在病株残体、种子和未腐熟的有机肥料中越冬，成为翌年的初侵染源，病原菌在土壤中能存活 2~3 年。发病与气候因素关系密切，播种后气温偏低，雨水偏多或土壤过于干旱，病害发生比较严重。连作田块发病重，病原菌残留在土壤和病株残体中大量繁殖和积累，病原基数逐年上升，造成土壤中营养元素不平衡，使植株抗病力明显降低，发病重。种植玉米的田块整地不平，土壤低洼积水处和田埂四周湿度大，或排水不良，不利于幼苗根系发育，造成抗病力降低，发病严重。肥料带菌也是病害严重发生的重要原因。

【防治方法】

（1）种子包衣。选用 2％戊唑醇、80％福·克、15％甲柳·福、15％克·福等种衣剂进行包衣。

（2）种子消毒。播前选用 50％多菌灵可湿性粉剂 800 倍液或 40％克霉灵 600 倍液浸种 40min，晾干后播种，或用种子重量 0.3％的 25％三唑酮拌种。

（3）播前晒种。在播种前晒种 2~3d，可有效控制苗枯病的发生。

（4）深耕灭茬，平整土地。玉米收获后及时深耕灭茬，促进病残体分解，抑制病原菌繁殖，减少土壤带菌量。播前要精细整地，防止积水，促进根系发育，增强植株抗病力。

（5）倒茬轮作。尽量安排好作物茬口，与其他作物轮作，以减轻苗枯病的发生。

（6）采用地膜覆盖，提高地温。在地温适宜时播种，有利于出苗和植株生长发育，减少发病率。

（7）合理施肥。合理施肥是减轻玉米苗枯病的一项重要措施。多施基肥，增施腐熟的农家肥和磷钾肥，可促进根系生长，使植株生长旺盛，提高抗病能力。

（8）加强栽培管理。玉米制种田幼苗 4 叶时要进行铲趟，以提高地温，培育壮苗。

若有苗枯病发生，更应加强铲耥。有灌溉条件的可适当灌水，以利于次生根发育。

（9）育苗移栽补苗。玉米制种经济效益较高，适量的育苗移栽补苗，解决因苗枯病形成的缺苗断垄是比较可行的途径。玉米播种时，选择背风向阳的地方整理苗床或准备营养钵，为降低生产成本，营养钵可用旧塑料或牛皮纸自制，规格为直径 7～8cm、高 8～9cm。苗床土和基质用过筛的炉渣和河沙按 3∶1 混合，加入适量腐熟的有机肥，拌匀后装入苗床或营养钵中，浇水 2～3d 后，播种消毒种子。移栽时必须做到带土（或基质）移栽，及时浇水，绝对不能伤根造成缓苗，否则植株不能正常发育，影响授粉时间的配合和产量。

（10）药剂防治。田间出苗后发现有个别萎蔫病叶或病株时，应及时喷药防治，可选用 50%多菌灵可湿性粉剂 500 倍液、72%霜脲氰·锰锌可湿性粉剂 600 倍液或 58%甲霜灵·锰锌可湿性粉剂 500 倍液等，均匀喷洒。

二、玉米腐霉菌苗枯病

【症状诊断】

玉米腐霉菌苗枯病（*Pythium* seedling blingt）从出苗至 3～4 叶期开始显症，地上部植株生长缓慢，中午呈萎蔫状，早晚略有恢复，叶色暗绿青枯，病组织透明后可见卵孢子和菌丝组织。根部受害主要表现为地下根系变褐、腐烂，次生根少或无次生根，根毛少或无根毛，严重时导致幼苗枯死（图 2-9）。

【病原鉴定】

该病由卵菌门（Oomycota）腐霉菌属（*Pythium*）引起，常见的侵染玉米引起苗枯病的腐霉菌有 8 种，即瓜果腐霉［*P. aphanidermatum*（Edson）Fitzpatrick］、刺器腐霉（*P. acanthophoron* Sideris）、德利腐霉（*P. deliense* Meurs.）、禾生腐霉（*P. graminicola* Subram.）、畸雌腐霉（*P. irregulare* Buisman）、刺腐霉（*P. spinosum* Sawada）、缓生腐霉（*P. tardicrescens* Vanterpool）、终极腐霉（*P. ultimum* Trow.）等。其中，瓜果腐霉菌致病力最强，其菌丝体发达呈白色棉絮状，直径 4.2～9.8μm，孢子囊丝状，不规则膨大，孢子囊萌发可产生泄管，泄管顶端着生一泡囊，泡囊破裂释放出游动孢子（图 2-10）。藏卵器平滑，顶生或间生，雌雄异丝，通常一个藏卵器只与一个雄器相结合，壁平滑，不满器。

【发生规律】

腐霉菌以卵孢子在病株残体组织内外、土壤或种子上存活越冬，成为翌年的主要初侵染源。如果与镰孢霉混合侵染时，腐霉菌先行侵染造成玉米根部发病，形成苗枯。潮湿低洼、容易积水的田块发病较重，苗期遇低温时发病重，连作田、玉米秸秆堆积田块或距离堆积田埂近的田块发病重。

【防治方法】

（1）种子包衣。选择对腐霉菌抑菌效果明显的，含有精甲霜灵、克菌丹、噻唑菌胺、福美双、嘧菌酯和吡唑醚菌酯等杀菌剂的种衣剂进行包衣。

（2）平整土地，防止田间积水。

（3）合理布局。对于容易感染腐霉菌的玉米组合或亲本，应该选择地势较高、土壤含水量适中或偏低的区域进行制种。

（4）药剂防治。玉米苗期遇低温或田间湿度过大，可选用70%噁霉灵可湿性粉剂4 000倍液叶面喷雾，也可选用精甲霜灵可湿性粉剂、克菌丹可湿性粉剂、福美双可湿性粉剂、嘧菌酯可湿性粉剂进行叶面喷雾防治。

三、玉米色二孢苗枯病

【症状诊断】

玉米色二孢苗枯病（*Diplodia* seedling blight）主要危害幼苗，在幼叶上出现褐色病斑，病斑易干缩形成枯斑，出苗后苗小、细弱。幼根发病，可见发根数少，仅1～3根，根尖或根表皮褐色坏死，且根毛少。后期幼苗叶鞘上形成边缘褐色中央白色的病斑，病苗出土后，病斑随之扩大，在潮湿环境中，幼根基部或幼叶基部可见灰白色霉状物，严重时幼苗枯死，不能出土，形成苗枯。一般不形成分生孢子器。

【病原鉴定】

该病是由无性型真菌色二孢属（*Diplodia*）引起，主要致病种是玉米色二孢菌[*D. zeae*（Schw.）Lev.]。

玉米色二孢菌在寄主表皮下产生的分生孢子器较密，褐色，球形、扁球形、梨形或不规则形，有咀状孔口凸出寄主表皮外，直径192～352µm。产生2种分生孢子，一种为圆柱形或长椭圆形，褐色，直或略弯曲，两端钝圆，一般有1个隔膜，少数分生孢子有2～3个隔膜，分生孢子大小为（15.0～33.0）µm×（3.0～7.0）µm，具1个隔膜的分生孢子，其2个细胞通常相等。另一种分生孢子为无隔膜的线形分生孢子，细长，无色，孢子大小为（18.0～27.0）µm×1µm，有的分生孢子器里仅有线状分生孢子，有的则两种器孢子都有。此菌未发现有性世代。

【发生规律】

以菌丝及分生孢子器在病株残体或种子上越冬，成为翌年主要初侵染源，种子带菌是该病害远距离传播的主要途径。特别是近几年，冬季玉米秸秆不及时收获，或收获留茬高，为病原菌提供了越冬场所。春季将秸秆粉碎或通过旋耕机将高茬翻入土壤，成为主要侵染源。

【防治方法】

（1）加强检验检疫和预测预报。对引进的亲本材料要及时进行种子检验，确保种子不带分生孢子；同时，做好田间调查，对零星发病的植株要及时拔除、深埋。对发病严重的品种组合，及时报当地植保植检部门。

（2）及时清理秸秆。收获时，防止秸秆留茬过高。收获后，及时清理田间秸秆，防止秸秆在田间过冬，以消除病原菌的越冬场所。

（3）种子包衣和药剂防治参照玉米干腐病的防治方法。

第三章
叶部真菌病害

一、玉米大斑病

【症状诊断】

玉米大斑病（Northern corn leaf blight）又称长蠕孢菌叶斑病、煤霉病、煤纹病、枯叶病、条斑病、叶斑病等。整个生育期均可发病，通常苗期侵染对玉米影响较小，拔节期或抽穗期以后发病较重。主要危害叶片，严重时波及叶鞘、苞叶和籽粒。田间发病始于下部叶片，逐渐向上发展，也有从中上部叶片开始发病的。发病初期，叶片上产生褪绿型或萎蔫型病斑，出现小椭圆形黄色或青灰色水渍状斑点，逐渐沿叶脉扩展（图 3-1），不受叶脉限制，形成中央黄褐色、边缘深褐色的梭形或纺锤形大斑（图 3-2），病斑宽 1~2cm，长 5~10cm，有的可长达 20cm。后期病斑中央常有纵裂，发病严重时叶片上的病斑连成片（图 3-3），常导致整叶枯死。湿度大时，病斑上产生灰黑色霉状物（图 3-4），即病原菌的分生孢子梗和分生孢子。在感病品种上病斑较大，常形成青灰色的水渍状斑点，沿叶脉扩大后，形成长梭形大斑，中间有明显坏死区，边缘无明显的晕圈。在抗病品种上病斑梭形，较小，病斑沿叶脉两端扩展，形成中间褐色的坏死条斑，周围伴有明显黄褐色晕圈。病株上形成的果穗松散，根部腐烂，雌穗倒挂，籽粒干瘪。

叶鞘和苞叶染病，多呈不规则的水渍状病斑，潮湿时，病部可见黑褐色霉层。

【病原鉴定】

大斑病是由无性型真菌凸脐蠕孢属（*Exserohilum*）所致，无性态为大斑凸脐蠕孢菌 [*Exserohilum turcicum* (Pass.) Leonard et Suggs]。该菌分生孢子梗多隔膜、较粗长、褐色，产孢细胞合轴式延伸。分生孢子梭形，或长椭圆形、棍棒形或倒棍棒形，直或弯曲，浅榄褐色，有 2~9 个隔膜，大小为 (65.0~130.0)μm×(14.5~24.0)μm，脐点明显突出，基部平截，(1.0~2.5)μm×(2.0~3.5)μm（图 3-5），两端萌发产生芽管。有性态在自然条件下很少产生。大斑凸脐蠕孢菌的生物学特性有以下几个方面。

1. 温度对病原菌菌丝生长、产孢量和孢子萌发的影响 病原菌菌丝生长、分生孢子产生和萌发的温度范围较广，5~40℃均可生长，不同温度下病原菌的生长速度差异显著。28℃时生长最快，25℃和30℃次之，温度低于10℃和高于35℃生长缓慢，表明该菌菌丝生长适宜温度为25~30℃。病菌在 15~40℃均可产孢，但不同温度下产孢量差异显著。28℃时产孢量最大，达 8.67×10⁴个/mL，温度低于15℃和高于40℃产孢量显著下降，表明低温或高温环境抑制产孢。分生孢子萌发对温度的要求范围较广，在 5～40℃ 均可萌发。25℃ 时孢子萌发率最高，达 92.33%，其次为 28℃，萌发率达 85.33%，温度高于 28℃ 或低于 25℃ 均抑制孢子萌发，表明该菌分生孢子萌发最适温度为 25～28℃。

2. pH 对病原菌菌丝生长、产孢量和孢子萌发的影响　病原菌菌丝生长的 pH 适应范围广泛，在 pH 为 3～11 时均能生长，不同 pH 条件下病原菌生长速度差异显著。其中，最适 pH 为 7 和 8，菌丝生长速度最快，pH 为 3～5 和 10～11 时，菌丝虽能正常生长，但生长缓慢。pH 在 3～11 范围均能产孢，但产孢差异显著，当 pH 为 7 时，病原菌产孢量最高，达 7.33×10^4 个/mL，pH 为 8 时，产孢量次之，为 6.93×10^4 个/mL，pH 为 3～6 和 9～11 时，虽能产孢，但产孢量显著下降，表明 pH 7～8 是适宜的产孢范围。pH 为 3～11 时，分生孢子均能萌发。其中，pH 为 7 时萌发率最高，达 80.67%，pH 为 6 和 8 时，孢子萌发率分别为 70.67% 和 70.33%，pH 为 3～5 和 9～11 时，分生孢子虽能萌发，但萌发率显著降低，表明分生孢子萌发的适宜 pH 为 6～8。

3. 光照对病原菌菌丝生长、产孢量和孢子萌发的影响　不同光照条件下菌丝生长差异显著，其中 12h/d 光照＋12h/d 黑暗的半光半暗条件下，菌丝生长最快，菌落直径达 63.33mm（7d），全光照条件下，菌丝生长最慢，全黑暗条件下菌丝生长速度介于两者之间。在不同光照处理下，病原菌的产孢量也存在显著差异，其中，半光半暗和全黑暗条件下的产孢量最大，分别达 7.67×10^4 个/mL、6.67×10^4 个/mL，全光照条件下的产孢量较少。分生孢子在三种光照处理下均能萌发，但差异显著，其中，半光半暗、全黑暗条件下萌发率最高，分别达 91.67%、91.00%，全光照条件下孢子萌发率最差。

4. 碳源对病原菌菌丝生长、产孢量和孢子萌发的影响　大斑凸脐蠕孢菌对供试的 7 种碳源利用情况存在显著差异。其中菌丝在以葡萄糖和木糖为碳源的培养基中生长最好，菌落平均直径分别达 65.40mm（7d）、64.47mm（7d），其次为果糖和蔗糖，淀粉培养基上菌丝生长与对照相比无明显作用。从产孢量看，以果糖和乳糖、木糖为碳源的培养基上产孢量最多，达 6.67×10^4 个/mL、6.00×10^4 个/mL，其次为蔗糖，在淀粉培养基中产孢量与对照无明显差异。从孢子萌发看，在葡萄糖溶液中孢子萌发率最高，为 80.60%，其次在木糖、果糖、蔗糖、麦芽糖溶液中萌发良好，对分生孢子萌发具有促进作用，而乳糖和淀粉溶液中孢子萌发率低于无菌水对照，可见乳糖和淀粉抑制分生孢子萌发。

5. 氮源对病原菌菌丝生长、产孢量和孢子萌发的影响　病原菌对不同氮源的利用表现出显著差异。其中，甘氨酸最适合菌丝生长，菌落平均直径达 75.73mm（7d），在以酵母膏和蛋白胨为氮源的培养基上菌丝生长良好，菌落直径分别为 59.83mm（7d）、60.10mm（7d），而以硝酸钾、牛肉膏、硫酸铵、氯化铵等为氮源的培养基上菌丝生长较缓慢，生长速度明显低于不加氮源的对照，说明这 4 种氮源抑制菌丝生长。从产孢量看，供试的 7 种氮源培养基中产孢量比不加氮源的对照明显减少，说明氮源对分生孢子具有抑制作用。分生孢子在蛋白胨溶液中萌发率最高，达 87.30%，其次是牛肉膏和甘氨酸，其萌发率为 77.50%～77.80%，显著高于以无菌水为对照的萌发率，而在硝酸钾、酵母膏、硫酸铵、氯化铵溶液中的分生孢子萌发率明显低于对照（无菌水），说明这 4 种氮源对分生孢子萌发具有抑制作用。

玉米大斑病病原菌有生理分化现象，根据大斑病病原菌在不同寄主植物上表现的致病力不同分为专化型和非专化型，专化型又分为玉米专化型和高粱专化型，其中，玉米专化型只能侵染危害玉米，高粱专化型除了侵染高粱外，还可以侵染玉米和苏丹草等。我国已发现 16 个生理小种，其中 0 号和 1 号是优势小种。

【发生规律】

玉米大斑病病原菌以菌丝体在病组织内安全越冬，翌年当环境条件适宜时产生分生孢子进行传播。而病叶上越冬的分生孢子并不是初侵染的主要菌源，种子传带也不是初侵染的主要途径。病组织新产生的分生孢子借气流和雨水传播，特别是湿度大、重雾或叶面有游离水存在时，分生孢子 48h 即能从孢子两端细胞萌发产生芽管，形成附着胞与侵入丝穿透寄主表皮，或从气孔侵入叶片表皮细胞进行扩展蔓延，从而破坏寄主组织形成病斑，病斑上产生的分生孢子进行多次再侵染，造成病害流行。

玉米大斑病作为流行性病害，其流行程度除与玉米品种的感病性有关外，主要取决于环境条件，尤以温度和湿度影响最大。温度 20～25℃、相对湿度 90％以上有利于病害的发生发展。从拔节期到抽穗期，如遇多雨多雾或连续阴雨天气，日照不足，可引起病害流行。田间密度越大发病越重，地势低洼，土壤板结，排水不良及玉米生育后期脱肥，不利于玉米生长发育，病害发生严重。播种期与病害发生也有一定关系，一般播种越早，发病越轻。

【抗性鉴定】

玉米大斑病抗性鉴定参照王晓鸣等（2010）介绍的自然抗性调查与人工接种诱发方法进行鉴定。

1. 自然诱发的玉米抗大斑病田间调查

（1）调查时间。在玉米进入乳熟后期进行调查。

（2）调查方法。通过目测每份鉴定材料群体的发病状况。调查的重点部位是玉米果穗上方叶片和下方 3 片叶，根据病害症状描述，对材料进行逐份调查并记录病情级别。

（3）病情分级。田间病情分级及相对应的症状描述见表 3-1。

（4）抗性评价。采用 9 级制方式描述玉米对大斑病的抗性反应。

表 3-1　玉米抗大斑病鉴定病情级别划分标准与评价标准

病情级别	发病程度	抗性评价
0	无发病叶片	免疫 I
1	穗位上部叶片无病斑，仅在穗位下部叶片上有零星病斑，病斑面积≤叶面积的 5％	高抗 HR
3	穗位上部叶片有零星病斑，下部叶片有少量病斑，占叶面积的 5.1％～10％	抗 R
5	穗位上部叶片有少量病斑，下部叶片病斑较多，占叶面积的 10.1％～30％	中抗 MR
7	穗位上部叶片有少量病斑，下部叶片有大量病斑，各病斑相连，占叶面积的 30.1％～70％	感 S
9	全株叶片基本被病斑所覆盖，叶片枯死	高感 HS

2. 人工接种诱发的玉米抗大斑病鉴定技术

（1）接种体繁殖。将分离纯化的玉米大斑病病原菌接种于经高压灭菌的高粱粒（高粱粒的制备方法：高粱粒煮沸 30～40min，捞出沥干水分后装入三角瓶中于 121℃灭菌 1h，冷却后备用）上，在 23～25℃黑暗培养 5～7d 后，待菌丝布满高粱粒时，用水洗去高粱粒表面的菌丝体后，摊铺在洁净瓷盘中，保持高湿度，在室温和黑暗条件下培养。镜检确认产生大量分生孢子时，直接用水淘洗高粱粒，配制接种悬浮液，悬浮液中分生孢子的浓度保持在 $1×10^5$～$1×10^6$ 个/mL。

接种体也可采用大斑病病叶，具体方法为：在玉米收获前，从田间发病严重、病害单一的大斑病植株上采集病叶，阴干保存备用。

（2）鉴定对照材料。每 50～200 份鉴定材料各设 1 组已知抗病和感病的对照材料，目前常采用自交系 Mo17（中抗）、获白（高感）。

（3）接种。玉米大斑病抗性鉴定的接种时期为玉米展 13 叶期至抽雄初期。若采用带有接种体的干病叶接种，则接种时期选择在 10 叶期（小喇叭口末期），早熟品种宜在 10 叶期接种，接种时间选择在傍晚或阴天，具体方法是：接种前先将阴干保存的病叶充分粉碎，然后在每株鉴定材料的心叶上投放 1g 粉末进行接种。如果采用孢子悬浮液接种，在经过过滤并调好浓度的接种悬浮液中加入 0.01％吐温，接种器械选用背负式手动喷雾器或机动喷容器，若鉴定材料少于 50 份时，可选用小型手持喷雾器。采用喷雾法将孢子悬浮液接种到植株叶片上，接种量控制在 5～10mL/株。鉴定接种前应先进行田间浇灌或在雨后进行接种，接种后若遇持续干旱，应及时进行田间浇灌，保证满足病害发生所需条件。

（4）调查和评价。具体调查时期、评价标准见自然诱发抗大斑病的田间调查方法。

【防治方法】

（1）培育和种植抗病品种。种植选育抗病品种是防治玉米大斑病最经济有效的防治措施。应根据不同海拔、气候类型、品种特征与特性、病害发生与病菌生理小种等实际情况，培育和选择适宜品种，合理安排适宜种植区域，避免主导品种单一和大面积种植，合理调整品种布局，充分发挥良种增产潜力。

（2）农业栽培措施防治。实行轮作倒茬制度，避免玉米连作，秋季深翻耕土壤，充分腐熟病株残株，以消灭菌源；适时早播，避开玉米生长中后期（易感病期）与不利的气候条件相遇，以减轻发病；合理施用有机肥和磷肥，巧施氮肥，保证苗期植株苗壮成长，防止后期脱肥，以提高植株的抗病性；合理密植和灌溉，低洼地应注意田间排水，调节田间小气候，降低湿度，增强通风透光，创造不利于病害发生的环境条件。

（3）药剂防治。农药对玉米大斑病的防治效果不太理想，应以预防为主，辅以化学防治。一般玉米种植田发现零星病株时，应及时进行 1 次药剂防治，可适当增加用药量，以控制发病中心。通常在玉米心叶末期到抽雄期或发病初期用药，可选择 300g/L 苯甲·丙环唑乳油 300g/hm²、18.7％丙环·嘧菌酯悬浮剂 900mL/hm²、250g/L 吡唑醚菌酯乳油 450mL/hm²、70％丙森锌可湿性粉剂 1 800g/hm² 等，对玉米大斑病的防治效果最佳。除此之外，还可选用 50％甲基硫菌灵可湿性粉剂 600 倍液、58％甲霜灵·锰锌可湿性粉剂 500 倍液、80％代森锰锌可湿性粉剂 500 倍液、75％百菌清可湿性粉剂 500～800 倍液、10％苯醚甲环唑水分散粒剂 6 000 倍液喷雾 1～2 次，隔 10～15d 喷 1 次。

二、玉米小斑病

【症状诊断】

玉米小斑病（Southern corn leaf blight）又称斑点病、叶枯病。整个生育期均可发病，但以抽雄和灌浆期发病最重。主要侵染玉米叶片、叶鞘、苞叶和果穗，发病初期叶片上出现黄褐色小斑点，周围无水渍状透明特征，后期形成不同形状的黄褐色病斑。在潮湿条件下，病部生灰黑色霉状物，即病原菌的分生孢子梗和分生孢子。危害叶部产生的病斑有 3 种常见类型。

1. 点状病斑 叶部出现坏死小斑点，不继续扩大，呈黄褐色，周围有黄绿色浸润区（图 3-6），叶鞘受害也可产生点状病斑（图 3-7）。

2. 条形病斑 病斑椭圆形或近长方形，常在叶脉间发生，病斑黄褐色，边缘紫褐色或深褐色（图 3-8、图 3-9），多数病斑连片后，病叶变黄枯死，当湿度大时病斑上产生灰色霉层，这种病斑为田间发生的主要类型。

3. 梭形病斑 病斑不受叶脉限制，灰色或黄褐色，椭圆形或纺锤形，较大，有时病斑上出现轮纹，边缘色淡或无明显边缘（图 3-10、图 3-11）。苗期发病时，病斑周围或两端形成暗绿色浸润区，病斑数量多时，叶片萎蔫死亡。

在苞叶、果穗和叶鞘上病斑多呈纺锤形或不规则形，黄褐色，边缘紫色或不明显（图 3-12），在潮湿条件下，病部产生灰黑色霉状物。有时病原菌侵入籽粒，引起果穗下垂，病粒秕瘦，如果用作种子常导致幼苗枯死。

【病原鉴定】

玉米小斑病是由无性型真菌平脐蠕孢属（*Bipolaris*）所致，无性态为玉蜀黍平脐蠕孢菌 [*Bipolaris maydis* (Nisikado et Miyake) Shoem.]，异名为 *Helminthosporium maydis* Nisikado et Miyake、*Drechslera maydis* (Nisikado et Miyake) Subram. et Jain。在 PDA 培养基上菌落正面呈灰色或棕橄榄色，圆形，边缘整齐。气生菌丝蓬松状，灰色。菌丝无色透明，具分枝，有隔膜。分生孢子梗 2~3 根束生，从叶片气孔伸出，直立或膝状弯曲，褐色，3~15 个隔膜，顶端稍细且颜色较浅，基部较粗且颜色较深；成熟的分生孢子近梭形或长椭圆形，直立或略弯曲，深褐色，具 2~10 个隔膜，两端细胞钝圆，大小为 (50.0~135.0)μm×(11.0~15.5)μm。脐点明显，基部平截，分生孢子两端细胞萌发产生芽管（图 3-13）。

有性态为子囊菌门（Ascomycota）旋孢腔菌属（*Cochliobulus*）异旋孢腔菌（*Cochliobolus heterostrophus* Drechsler），异名为 *Ophiobolus heterostrophus* Drechsler。成熟的子囊果黑色，近球形，喙部明显，直径为 0.6~0.4mm，部分埋生于寄主组织内，内含长筒形无色的子囊，子囊顶端钝圆，基部有短柄，大小为 (124.6~183.3)μm×(22.9~28.5)μm，每个子囊中有 4 个、也偶有 3 个或 2 个长线形的子囊孢子，在子囊里呈螺旋形排列，有隔膜，大小为 (146.6~327.3)μm×8.8μm，萌发时每个细胞都长出芽管，有时在子囊壳表面生分生孢子梗和分生孢子。

玉米小斑病病原菌有明显的生理分化现象，在我国有 O、T、C 和 S 4 个生理小种，其中 O 小种为优势生理小种。病原菌侵染的寄主范围较广泛。

【发生规律】

玉米小斑病病原菌主要以菌丝体在病残体内越冬，分生孢子也可越冬。因此，上一年玉米收获后遗留在田间地头和玉米秸垛中尚未腐解的病残体成为翌年玉米小斑病发生的初侵染源。种子表面在正常情况下带菌率很低，构成侵染源的可能性很小。越冬的菌丝体或分生孢子，遇到适宜的潮湿条件，菌丝体产生分生孢子，借气流和雨水传播到田间玉米叶片上进行初次侵染。

玉米品种之间对玉米小斑病的抗性存在着明显差异，大面积推广和种植感病品种或杂交种是导致该病大发生和流行的主要原因。同一植株不同生育期或不同叶位对玉米小斑病的抗病性也存在差异。一般新叶生长旺盛，其抗病性较强，而老叶和苞叶的抗病性差。玉米生长前期抗病性强，后期抗病性差；玉米小斑病发生的轻重取决于越冬菌源数量及在玉米生育期间菌量积累的速度，如果苗期发病比较普遍，说明当地存在一定数量的越冬菌源和有利于病原菌滋生扩展的环境条件。从幼苗到抽穗前后，如环境条件均较适合病原菌的传播、侵染和扩展，病原菌则通过多次重复侵染，迅速积累较多的菌量，就可在玉米灌浆期间形成大流行；影响小斑病发生和流行的关键因素是温湿度和降水量，特别是在7—8月，降水量多、降雨日数多、相对湿度大、排水不良的地块发病严重。另，土壤缺钾、施氮肥少、播种迟、连茬地块发病也很严重。

【抗性鉴定】

自然诱发与人工接种抗性鉴定技术参考玉米大斑病的抗性鉴定，所不同的是常用沈137（抗）和黄早四（高感）做对照材料。

【防治方法】

（1）培育和选用抗病品种。推广高产优质兼抗的玉米杂交种是防病增产的重要措施，各地应根据当地条件选用和推广适应当地种植的高产抗病杂交种，以减轻玉米小斑病的发生危害。

（2）减少越冬菌源。严重发生玉米小斑病的地块要及时打除底叶，玉米收获后要及时消灭遗留在田间的病残体，秸秆不要留在田间地头。

（3）加强栽培管理。避免玉米连作，秋季深翻土壤，充分腐熟病残株，消灭菌源；在施足基肥的基础上，及时进行追肥，氮、磷和钾合理配合施用，尤其是避免拔节期和抽穗期脱肥。适期早播，合理间作套种或实施宽窄行种植。注意低洼地及时排水，加强土壤通透性，并做好中耕除草等管理工作。

（4）药剂防治。一般在玉米心叶末期到抽丝期喷施农药，每亩选用70%甲基硫菌灵悬浮剂50～60g、80%代森锰锌可湿性粉剂100g、75%百菌清可湿性粉剂100g、75%肟菌·戊唑醇水分散粒剂10～15g、50%异菌脲悬浮剂50g、25%吡唑醚菌酯乳油10g等进行叶面喷雾，间隔7d喷1次，连续喷2～3次。

三、玉米弯孢霉叶斑病

【症状诊断】

玉米弯孢霉叶斑病（*Curvularia* leaf spot）又称螺霉病、黄斑病、拟眼斑病、黑霉病等。主要危害叶片，发病初期病斑呈水渍状褪绿小点，形成的病斑为卵圆形或梭形，病斑外面为淡黄色晕圈，次外层为红褐色圈，中央呈灰白色，似"眼"状。有时有同心轮纹，在病部产生灰黑色霉层，即病原菌的分生孢子梗和分生孢子。在田间空气潮湿的条件下，叶片病斑两面均可产生灰黑色霉层。当病斑数量达到一定程度时连接成片，叶片枯死。根据品种不同，依据病斑大小、颜色、形状及产孢情况将症状分为3种类型。

1. 小斑型　病斑较小，大小为1～2mm，呈椭圆形、圆形或不规则形，中间呈苍白色或淡褐色，边缘有较细的褐色环带或没有明显的环带，最外围有较细的半透明晕圈（图3-14）。

2. 中间斑型 病斑小，大小为 1～2mm，呈圆形、长条形、椭圆形或不规则形，中央呈苍白色或淡褐色，边缘褐色环带窄或宽，最外围有明显的褪绿晕圈（图3-15）。

3. 大斑型 病斑较大，宽1～2mm，长2～5mm，呈圆形、长条形、椭圆形或不规则形，中央呈苍白色或黄褐色，边缘具有较宽的褐色环带，最外围具有较宽的半透明黄色晕圈（图3-16），发生严重时，多个病斑相连成大斑，即形成叶片坏死区。

【病原鉴定】

玉米弯孢霉叶斑病是由无性型真菌弯孢霉属（*Curvularia*）引起的叶斑病，目前报道有7种弯孢霉引起玉米弯孢霉叶斑病，即新月弯孢霉［*C. lunata*（Wakker）Boed.］、苍白弯孢霉（*C. pallescens* Boed.）、不等弯孢霉（*C. inaequais* Boed.）、画眉草弯孢霉［*C. eragrostidis*（P. Henn.）J. A. Meyer］、棒状弯孢霉（*C. clavata* Boed.）、塞河弯孢霉［*C. senegalensis*（Speg.）Subram.］、中隔弯孢霉（*C. intermedia* Boed.）。其中，河西走廊玉米制种田以新月弯孢霉为主。

新月弯孢霉（*C. lunata*）在PDA培养基上菌落呈圆形、平展，周缘整齐；表面棉絮状或绒毛状；边缘菌丝放射状，气生菌丝绒絮状。菌落初为白色，后期背面逐渐转成墨绿色至黑色。产孢细胞内壁芽生，单、复瓶梗式产孢，以单瓶梗居多。分生孢子梗褐色，直或略弯曲，孢痕明显，顶部作屈膝状，合轴式延伸，不分枝，梗基部稍膨大，长为45.5～140μm，宽为1.2～7.5μm，有分隔。分生孢子多呈广梭形、倒卵形，偶见倒三角形，光滑，淡褐色，大多为3个隔膜，4个细胞，分生孢子两端钝圆，从基部数第3个细胞膨大，中部颜色较深，呈暗褐色，顶部和基部颜色呈浅褐色，向一侧弯曲。长为17.4～33.4μm，宽为7.4～14.6μm，平均大小为22.4μm×8.7μm（图3-17）。

【发生规律】

病原菌主要以菌丝体或分生孢子在病株残体中越冬，田间病残体或未腐熟的农家肥中混杂的病残体是玉米弯孢霉叶斑病的主要初侵染源。玉米弯孢霉叶斑病的病原菌寄主范围很广，可寄生在小麦、高粱和田间杂草上，致使这些植物发病。分生孢子可借助气流或者雨水传播，在玉米叶片上，分生孢子在有水的条件下，2h就可以萌发并入侵，潜育期一般为2～5d，潜育期之后植株便开始显症，7～10d即可完成一次侵染循环。在田间，玉米9～13叶期容易感染该病，抽雄后是该病发生流行的高峰期，苗期很少发生，因苗期的抗性高于成株期。一般发病开始于7月底至8月初，空气相对湿度、降水量、连续降水日数与玉米弯孢霉叶斑病发生的时期和危害程度密切相关。玉米种植过密、偏施氮肥、防治失时或不防治、管理粗放、地势低洼积水和连作的地块发病重。

【抗性鉴定】

1. 自然诱发对玉米抗弯孢霉叶斑病的调查方法 参考玉米大斑病的调查方法。

2. 人工接种诱发抗性鉴定技术

（1）接种体繁殖。采用常规组织分离法进行病原菌分离，从发病叶片的病健交界处切取2～3mm组织，用75%酒精表面消毒15～30s，0.1%升汞溶液中消毒1min，无菌水冲洗3次后移至PDA平板培养基上，置于28℃恒温培养箱中培养。待菌丝长出后轻轻挑取并移至新的PDA平板上进行初步培养，菌落长出后进行单胞分离，获得纯培养物。把分离获得的弯孢霉菌株接到灭菌高粱粒（高粱粒的制备方法：高粱粒经煮沸 30～40min 后，捞出并沥干水分，装入三角瓶中 121℃灭菌 1h，冷却后备用）上，置于 25℃恒温培养箱中培养 15d，每隔 2～3d 振摇 1 次，使病原菌在高粱粒上均匀生长。待菌丝长满后，洗去高粱粒上的菌丝，倒在塑料盘中，用纱布覆盖，7d 后即可产生分生孢子，将其制备成孢子悬浮液。用无菌水稀释成浓度为 1×10^6 个/mL 的孢子悬浮液，供接种使用。

（2）鉴定对照材料。每 50～100 份鉴定材料设 1 组已知抗病、感病对照材料，目前常采用的是自交系沈 137（抗）、黄早四（感）。

（3）接种。一般采用针刺和喷雾 2 种接种方法，但常用喷雾接种法。鉴定方法有温室苗期鉴定和田间成株期鉴定 2 种方法。

①温室苗期鉴定。鉴定寄主播种于大小为 0.55m×0.35m×0.15m 的塑料盆中，每盆种 9 个鉴定寄主，每份鉴定材料 4 株，重复 3 次。在玉米 8 叶期进行喷雾接种，每盆喷孢子悬浮液 15mL，以塑料膜相隔离，接种后保湿 48h。

②田间成株期鉴定。田间鉴定选择栽培和隔绝外来菌源条件良好的大田内进行。鉴定寄主播种在环境一致的鉴定圃内，每个品种种 5 行，行长 4.5m，行距 0.7m，每行留苗 15 株。待玉米 13 叶期，应先在叶面喷清水以保湿，若遇干旱，田间及时灌水后再行接种，每 15 株喷孢子悬浮液 30mL。

（4）抗性调查。苗期在接种后 10d 调查发病情况，成株期鉴定调查应在乳熟期进行，选择果穗上方 3 个叶片和下方 3 个叶片调查。病情划分标准与评价标准见表 3-2、表 3-3。

表 3-2　玉米抗弯孢霉叶斑病苗期病情级别划分标准与评价标准

病情级别	发病程度	抗性评价
0	无发病叶片	免疫 I
1	仅下部叶片有少数病斑，发病轻，出现褐色小斑点	高抗 HR
2	病害发生较轻，病斑扩展至下部 3、4 片叶片，病斑小，中间灰白色	抗 R
3	病害具有典型症状，病斑明显，不相连，零散分布	中抗 MR
4	病害具有典型症状，部分病斑连成片，病斑中间白色枯斑较大	感 S
5	病斑布满叶片，病斑大，外侧色深，边缘褐色，中间枯白，大部分病斑连成片	高感 HS

表 3-3　玉米抗弯孢霉叶斑病田间成株期病情级别划分标准与评价标准

病情级别	发病程度	抗性评价
0	无发病叶片	免疫 I
1	叶片上无病斑或仅有穗位下部叶片上有零星病斑，病斑占叶面积≤5%	高抗 HR
2	穗位下部叶片上有少量病斑，病斑占叶面积 5.1%～10%，穗位上部叶片有零星病斑	抗 R
3	穗位下部叶片上病斑较多，占叶面积 10.1%～30%，穗位上部叶片有少量病斑	中抗 MR
4	穗位上部叶片和下部叶片均有大量病斑，病斑相连，占叶面积 30.1%～70%	感 S
5	全株叶片基本被病斑覆盖，叶片枯死	高感 HS

3. 病斑反应型划分标准

（1）R 型。无病斑或病斑初呈黄绿色，此后颜色逐渐变深，最后为淡褐色小斑点。病情分级为 0 级和 1 级。

（2）M 型。病斑典型，灰白色，小，圆形，病斑由内外 3 部分构成：中央灰白色，边缘褐色，周边深绿色。病情分级为 2 级和 3 级。

（3）S 型。病斑灰白色，大，圆形或不规则形，大部分病斑连成片，部分或全部叶片枯死。病情分级为 4 级和 5 级。

【防治方法】

（1）选育和种植抗病品种。广泛收集和引进种质资源，通过杂交、生物技术和抗病基因导入等手段，对收集的种质资源进行严格的抗病性鉴定，培育、筛选抗病的自交系和杂交种，并推广种植。同时，对抗病品种进行合理布局，防止单品种大面积种植。

（2）加强栽培管理，减少初侵染源。加强栽培管理，合理轮作和间作套种，合理密植，施足底肥，及时追肥以防后期脱肥，提高植株抗病能力。玉米收获后及时清理病残体和枯叶，集中深埋或烧毁处理。若进行秸秆直接还田，则应深耕深翻，减少初侵染源。

（3）药剂防治。在玉米大喇叭口期或 9～13 叶期，严密监测弯孢霉叶斑病发生动态，尤其在 7 月连续降水后，更要加强田间调查。当田间病株率达到 10% 时，可选用 75% 百菌清可湿性粉剂、50% 多菌灵悬浮剂、70% 甲基硫菌灵水分散粒剂、70% 代森锰锌可湿性粉剂、80% 福美双·福美锌等药剂进行喷雾防治，间隔 5～7d 喷 1 次，连续用药 2～3 次，能有效控制该病的危害。

四、玉米灰斑病

【症状诊断】

玉米灰斑病（Cray leaf spot）主要危害叶片、叶鞘和苞叶，以叶片受害最重。病斑初期为水渍状淡褐色斑点，有褪绿晕圈，随病情发展，沿叶脉方向扩展为长条形（图 3-18）或呈矩形病斑（图 3-19），灰褐色，后期病斑中间为灰白色，边缘褐色。病斑大小为（0.5～20.0）mm×（0.5～2.9）mm，但连片后叶片枯死。天气潮湿时，病斑上可产生灰黑色霉层，即病菌分生孢子梗和分生孢子。在生产上，感病或高感品种，叶片完全枯死，严重影响玉米产量和种子质量。

【病原鉴定】

该病由无性型真菌尾孢属（*Cercospora*）引起，目前已报道有玉米尾孢菌（*Cercospora zeina* Crous et U. Braun）和玉蜀黍尾孢菌（*Cercospora zeae-maydis* Tehon et Daniels）2 个种。我国玉米灰斑病的病原菌为玉蜀黍尾孢菌，该菌在 PDA 培养基上生长速度较快，菌落灰色至黑色，周缘可见紫红色尾孢菌素产生。病菌分生孢子梗从叶片气孔伸出，橄榄色至中度棕色，直或膝状弯曲，不分枝，在弯曲处有清晰、明显增厚的孢痕。分生孢子多为倒棍棒状，壁薄，无色，顶端钝圆，基部倒圆锥形，平截，脐点有时加厚，颜色变深，脐宽 2～3μm，1～10 个隔膜，大小为（33～105）μm×（5～9）μm，平均大小为 65μm×7μm。

【发生规律】

病菌以菌丝体和分生孢子在玉米秸秆上越冬，成为翌年的初次侵染源，分生孢子借风雨传播。如果春秋季连阴雨、寡日照，特别是在山区和高海拔玉米种植区，低温高湿条件下，更有利于灰斑病的发生和流行。一般 7 月上中旬开始发病，8 月中旬至 9 月上旬为发病高峰期。连作和大面积种植感病品种是玉米灰斑病流行和大发生的重要原因。播种期、种植密度、地势、肥料对玉米灰斑病的影响不大。

【抗性鉴定】

按照王晓鸣等（2010）介绍的自然抗性调查与人工接种诱发抗性鉴定方法进行鉴定。

1. 自然诱发抗玉米灰斑病的田间调查方法　田间调查方法与玉米大斑病相同。

2. 人工接种抗玉米灰斑病的鉴定技术

（1）接种体繁殖。繁殖方法：将保存的培养物接种在马铃薯蔗糖琼脂培养基（PSA）平板上，然后将菌落划碎为直径 2mm 的菌丝块，并将碎菌丝块接种于装有 10～15 颗直径 5mm 玻璃珠和马铃薯蔗糖（PS）液体培养基（100mL）的三角瓶（250mL）中，在 25℃、180r/min 条件下振荡培养 15d，形成菌丝体片段悬液。在玉米叶粉碳酸钙琼脂培养基（MLPCA）平板上（培养基的制作：玉米叶用小型植物粉叶机粉碎成粉，取叶粉 15g 放入 1L 蒸馏水中，加入 2g $CaCO_3$，然后加入 15g 琼脂，121℃灭菌 30min，制成平板备用），加入 0.2mL 菌丝悬浮液/皿，用三角棒涂布均匀，置 25℃下黑暗培养 14d，即可获得大量分生孢子。大量产孢后用含 0.1％Tween 20 的水将分生孢子洗下，用血球计数板计测分生孢子浓度。接种用的分生孢子悬浮液浓度调至 $2.5×10^4$ 个/mL。

（2）鉴定对照材料。每 50～100 份鉴定材料设 1 组已知抗病和感病的对照材料，目前采用的是自交系齐 319（抗）、掖 478（高感）。

（3）接种。玉米灰斑病抗性鉴定接种时期为玉米展 9～11 叶期，接种时间选择在傍晚或阴天。接种采用灌注法，用手提式高压注射器（喷嘴处装有 20mm 注射器针管），从植株喇叭口处平行插入，将病菌孢子悬浮液以 10mL/株的灌注量注入植株心叶中。鉴定接种前应先进行田间浇灌或在雨后进行接种，接种后若遇持续干旱，应及时进行田间深浇灌，保证满足病害发生所需的条件。

（4）调查。接种 30～40d 后在玉米籽粒成熟期进行调查。调查时目测每份鉴定材料群体的发病状况。调查的重点部位为玉米果穗上方叶片和下方 3 叶，根据病害症状描述，对材料进行逐份调查并记载病情级别。

（5）病情分级。田间病情分级、相对应的症状描述见表 3-4。

（6）抗性评价。采用 9 级制方式对玉米的抗性反应进行描述。

表 3-4　玉米抗灰斑病鉴定病情级别划分标准与评价标准

病情级别	发病程度	抗性评价
0	叶片无病斑	免疫 I
1	叶片无病斑或仅有零星病斑，病斑占叶面积≤5％	高抗 HR
3	叶片有少量病斑，病斑占叶面积 5.1％～10％	抗 R
5	叶片病斑较多，病斑占叶面积 10.1％～30％	中抗 MR
7	叶片有大量病斑，多个病斑相连，病斑占叶面积 30.1％～70％	感 S
9	叶片基本被病斑覆盖，叶片枯死	高感 HS

【防治方法】

（1）培育和选用抗病性强的品种。玉米不同品种对玉米灰斑病的抗性有一定差异，但真正抗病性强的品种并不多，缺乏抗性好的品种，选用对玉米灰斑病有较好抗性的品种，特别是兼抗几种玉米叶斑病的优良品种，是防治该病的根本途径。

（2）农业防治。玉米收获后，及时清除田间的秸秆，翻耕灭茬，减少菌源积累；合理施肥，适期追肥，氮、磷、钾肥合理搭配施用，使玉米植株生长健壮，提高抗病能力；合理密植、科学浇水，有利于通风透光，保证植株正常生长，提高玉米的抗倒性和抗病性。

（3）药剂防治。在大喇叭口期或发病初期，及时进行药剂防治。效果较好的药剂有25%苯醚甲环唑乳油、25%丙环唑乳油、25%嘧菌酯悬浮剂、40%氟硅唑乳油等，兑水45～50kg喷雾防治，间隔期10d，连续防治2～3次。开花授粉后发病初期也可采用430g/L戊唑醇悬浮剂2 100倍液，50%多菌灵可湿性粉剂500倍液，或75%百菌清可湿性粉剂500倍液，或80%福美双·福美锌可湿性粉剂800倍液等药剂喷雾。

五、玉米圆斑病

【症状诊断】

玉米圆斑病（Nouthern corn leaf spot）可危害叶片、果穗、苞叶、叶鞘和茎秆等部位。叶片染病时，形成不同的病斑反应类型，可分为针孔状、斑点、长条形和轮纹状病斑。初生水渍状浅绿色至黄白色小斑点（图3-20），散生，后扩展为圆形至卵圆形轮纹斑（图3-21）。病斑中部浅褐色，边缘褐色，外围生黄绿色晕圈。有时形成长条状线形斑，病斑椭圆形至狭长形，多连接成串，中间灰白色，边缘黄褐色，周围晕圈略大，淡黄色，病斑表面也生黑色霉层。叶鞘染病时初生褐色斑点（图3-22），后扩大为不规则大斑，具同心轮纹，表面产生黑色霉层。茎秆染病时，病斑不规则，水渍状，边缘淡褐色，不易扩展。侵染果穗时常从穗顶侵染，再向下扩展，果穗表面和籽粒间长出黑色霉层，呈煤污状，果穗腐烂变质，病粒最终呈干腐状。苞叶染病表现不正形纹枯斑，有时病斑圆形或椭圆形，呈深褐色，一般不形成黑色霉层，病菌从苞叶伸展至果穗内部危害籽粒和果穗。

【病原鉴定】

玉米圆斑病由无性型真菌平脐蠕孢属（*Bipolaris*）引起，玉米生平脐蠕孢菌[*Bipolaris zeicola*（G. L. Stout）Shoemaker]是引起玉米圆斑病的病原菌，异名为*Helminthosporium carbonum* Ullstrup。在PDA和PSA培养基上生长较好，菌落呈圆形，气生菌丝短或稍长，部分菌株菌落中央的菌丝体发达，边缘气生菌丝少，培养1～2d菌丝灰白色，4～5d变为深绿色至黑褐色，有色素分泌于培养基中，25℃培养5d菌落直径可达8.0cm。多单生，少数2～6根丛生，梗短时偶见分枝，灰褐色至黄褐色，顶端色浅，宽为2.73～5.78μm，平均大小为4.24μm，上部屈膝状弯曲，产孢节黑褐色，多粗糙。初期浅黄色或蜜黄色，后期黄褐色至黑褐色，狭椭圆形或近圆柱形，直或弯曲，中部略宽，两端稍细，基细胞钝圆，光滑，暗褐色，顶端和基细胞色浅；3～9个假隔膜，多为6个隔膜，顶细胞和基细胞的隔膜加厚，第1个隔膜在孢子中部或近中部形成，第2个隔膜形成于基细胞中部，第3个隔膜在顶细胞中部或近中部；大小为（65.5～97.5）μm ×（12～15.5）μm，平均大小为82.2μm ×13.3μm；脐部明显，略突出，基部平截。

【发生规律】

病原菌以菌丝体在种子、秸秆、病残体和土壤中越冬，为翌年的传染源，借气流和雨水传播，进行反复侵染。种子带菌常引起苗期发病形成苗枯，也能进行远距离传播。在田间一般先出现少数发病中心，然后由点到面蔓延，严重时扩大到全田。一般情况下主要在喇叭口期至抽雄期始发，灌浆期至乳熟期盛发。首先侵染玉米植株下部叶片，随后扩展到叶鞘和苞叶。通常8月上旬在果穗上开始发病，至8月下旬达发病盛期，果穗受害时从苞叶开始发病，向果穗里蔓延，籽粒和穗轴变黑色、形成穗腐病，最后籽粒黑腐干缩，严重影响种子质量。

品种抗性、气候和栽培条件对病害发生影响较大。品种间抗病性差异较大，自交系母本发病率高于父本，而杂交一代种子发病轻于留种田父母亲本；一般甜质玉米发病重。在16～30℃时，均能发病，最适发病温度为25℃左右；相对湿度75％以上，发病较重；7—8月多雨的年份发病重，而干旱年份则发病较轻。重茬地发病重，倒茬地发病轻；平整地发病轻，低洼地发病重；一般地力强、底肥足、追肥及时的田块发病轻，增施农家肥的地块发病轻，单施化肥的地块发病重；早播发病重，适当推迟播期发病轻。

【防治方法】

（1）培育种植抗病品种。种植抗病品种是最有效的防治措施，但国内种植资源抗性评价不足。筛选抗性材料，拓宽其遗传背景，改变单抗局面，培育耐多种病害的品种。

（2）种子包衣。播种前用种子重量0.3％的15％三唑酮可湿性粉剂拌种或8.1％克·戊·三唑酮悬浮种衣剂包衣，控制种子传播病害。

（3）加强栽培管理。搞好田间卫生，及时处理田间病残体，深埋秸秆，腐熟农家肥；加强玉米品种布局，改变单一品种大面积种植的局面；适当推后种植，避开病害盛发期。

（4）药剂防治。在玉米吐丝盛期，向果穗上喷洒25％三唑酮可湿性粉剂500～600倍液或50％多菌灵悬浮剂等，隔7～10d喷1次，连续防治2次。果穗青尖期喷洒25％三唑酮可湿性粉剂1 000倍液等，隔10～15d喷1次，连续2～3次。

六、玉米黑斑病

【症状诊断】

玉米黑斑病（*Alternaria* leaf spot）又称叶枯病，或称假黑斑病。该病主要危害叶片，也可危害叶鞘，产生卷叶，严重时整株叶片破碎枯死。病部初期呈水渍状小圆斑点，后逐渐扩展为椭圆形或近圆形的病斑，有时沿叶脉纵向扩展呈短条斑，中央灰白色至枯白色，边缘红褐色，病斑外缘有黄色晕环，病组织常撕裂，病健交界明显，病斑大小不等（图3-23）。有时也能侵染叶鞘和苞叶，形成边缘褐色、中央枯白色的较大枯斑（图3-24、图3-25）。后期病斑上可产生黑褐色霉状物，即病原菌的分生孢子梗和分生孢子（图3-26）。

【病原鉴定】

玉米黑斑病由无性型真菌链格孢属（*Alternaria*）引起，常见侵染玉米的链格孢菌有多个种，即极细链格孢菌［*Alternaria tenuissima*（Fr.）Wiltshire］、链格孢菌［*A. alternata*（Fr.）Keissler］和长极链格孢菌（*A. longissima* Deighton et MacGarvie）。

1. 极细链格孢菌（*A. tenuissima*）　　分生孢子梗单生或丛生，橄榄色或褐色，有隔，孢痕明显，大小为（40.3～136.2）$\mu m \times$（4.9～6.5）μm。分生孢子椭圆形或梨形，串生，黄褐色，具纵、横隔膜，隔膜处有缢缩，大小为（15.0～40.0）$\mu m \times$（13.4～19.0）μm。分生孢子具喙，顶细胞色淡，大小为（11.5～19.2）$\mu m \times$（3.0～4.0）μm（图 3-27）。

2. 链格孢菌（*A. alternata*）　　分生孢子梗单生或束生，直或弯曲，不分枝或偶有分枝，具 1～5 个隔膜，淡褐色至褐色，大小为（29.0～78.0）$\mu m \times$（4.0～4.5）μm。分生孢子 3～6 个串生，倒棍棒形、卵形、梨形或近椭圆形，淡褐色至褐色，表面光滑或具瘤，具有 3～8 个横隔膜，1～4 个纵、斜隔膜，大小为（20.4～40.3）$\mu m \times$（7.2～14.6）μm。分生孢子具柱状或锥状喙，淡褐色，大小为（0～20.0）$\mu m \times$（0～6.0）μm。在病组织上分生孢子梗单生或 3～4 根丛生，淡褐色至褐色，顶端细胞色淡或上下色泽均匀，多屈曲状，少数直，不分枝或少分枝。孢痕明显，基细胞膨大，具有 2～8 个分隔。

3. 长极链格孢菌（*A. longissima*）　　分生孢子梗直或弯曲，不分枝或不规则分枝，淡褐色，具有隔膜，大小为（8.5～73.5）$\mu m \times$（3.5～6.0）μm。分生孢子单生，淡褐色至褐色，具有 2～15 个横隔膜，仅有少数孢子具有纵、斜隔膜，分隔处不缢缩或缢缩不明显，大小为（32.0～121.0）$\mu m \times$（3.5～8.0）μm。

【发生规律】

玉米黑斑病菌以菌丝体或分生孢子在病残体上越冬，成为翌年发病的初侵染源。该病菌寄主范围广泛，其他作物或杂草也可带菌成为初侵染源。翌年越冬分生孢子借风和雨水飞溅传播，多从伤口侵入，可进行多次再侵染。潮湿多雨年份发病重。

【防治方法】

（1）清除越冬菌源。深耕灭茬，减少田间的病残组织。

（2）加强田间管理。中耕除草，及时间苗，合理密植，合理施肥。

（3）药剂防治。田间发病严重时，可喷施 50％多菌灵悬浮剂或 80％代森锌、50％甲基硫菌灵可湿性粉剂 500 倍液。

七、玉米褐斑病

【症状诊断】

玉米褐斑病（Brown spot）一般在苗期不表现症状，多在抽穗期至乳熟期显症。主要发生在叶片、叶鞘和茎秆上。前期病斑多发生在叶片上，中后期在叶鞘和茎秆上病斑数量明显增多，以叶鞘和叶片连接处病斑最多，病斑易密集成行。先在顶部叶片尖端发生，最初为黄褐色或红褐色小斑点，病斑为圆形、椭圆形（图 3-28），小病斑融合成大病斑，多个病斑汇合成不规则形。严重时叶片上出现几段甚至全部布满病斑。在叶鞘和叶脉上出现较大褐色斑点（图 3-29），发病后期病斑表皮组织易破裂，叶片细胞组织呈坏死状，散出黄褐色粉末（图 3-30），叶片干枯，叶脉和维管束残存如丝状。茎秆发病多发生在茎节附近，遇风易倒折。

【病原鉴定】

玉米褐斑病由壶菌门（Chytridiomycota）节壶菌属（*Physoderma*）玉蜀黍节壶菌（*Physoderma maydis* Miyabe）引致。该菌是一种专性寄生菌，寄生在薄壁细胞内。休眠孢子囊近圆形至卵圆形或球形，壁厚，黄褐色，膜厚而光滑，大小为（20.0～30.0）μm×（18.0～24.0）μm，一端扁平有盖，萌发时囊盖开放，从囊盖开口处释放出单鞭毛的游动孢子，一般为20～30个，游动孢子大小为（5.0～7.0）μm×（3.0～4.0）μm。外生菌体为长椭圆形或长卵圆形薄壁孢子囊，产生较小的游动孢子。有性繁殖为同型游动配子接合成双倍体的接合子侵入寄主，在寄主细胞内扩展形成膨大的营养体细胞，后产生休眠孢子（囊）（图3-31）。

【发生规律】

以休眠孢子囊在土壤或病残体中越冬，翌年靠气流传播到玉米植株上，当条件适宜时萌发产生大量的游动孢子。孢子在叶片表面的水滴中游动，并形成侵染丝，侵入危害。玉米品种抗病性差是发病重的主要原因之一。据调查，该病在郑单958、京单28、中单28等品种上普遍发生，而且发病程度严重。玉米种植密度大、植株长势弱的田块发病较重，种植密度较小、植株生长健壮的田块发病较轻；地力贫瘠的田块发病较重，肥力高的田块发病较轻。另外，地势低洼、田间积水的田块发病较重。一般玉米抽雄前后多阵雨、气温较高、田间湿度较大，是造成玉米褐斑病在多地发生与蔓延的主要原因。连作使田间积累了大量病原菌，是病害加重发生的重要原因之一。

【抗性鉴定】

按照王晓鸣等（2010）介绍的方法进行抗性鉴定，自然诱发玉米抗褐斑病的田间调查方法如下。

（1）调查时间。在玉米大喇叭口期进行调查。

（2）调查方法。调查时目测每份鉴定材料群体的发病状况。根据病害症状描述，将材料进行逐份调查并记载病情级别。

（3）病情分级。根据田间病情分级、相对应的症状描述，病斑占叶片面积的比值进行分级，参见表3-4。

（4）抗性评价。采用9级制方式对玉米的抗性反应进行描述，玉米抗褐斑病的抗性评价参见表3-4。

【防治方法】

（1）清洁田园，降低菌源基数。玉米收获后，应及时清除田间病残体，或深耕深埋，降低褐斑病菌基数。发病重的地块应将秸秆集中处理，禁止秸秆还田。

（2）轮作倒茬。制种田应与非禾本科作物如瓜类、蔬菜等经济作物轮作倒茬，从而阻断病菌的传播。

（3）合理密植，改善田间通透性。一般每亩种植密度应控制在5 500株，以免密度过大或过小，提高田间通风、透光性。

（4）合理施肥，提高作物抗病性。不用病株作饲料或沤肥，或将带菌粪肥充分腐熟后再施入田间；配方施肥，施足基肥，适时追肥，防止偏施氮肥；合理增施磷、钾肥，追施复合肥，补施微肥，尤其是要施足钾肥，以提高抗病能力。

（5）合理排灌，避免湿度过大。降雨后应及时排水，防止田间积水，降低田间湿度，创造不利于病害发生的环境条件。

（6）药剂防治。在玉米4～5叶期，用25％三唑酮可湿性粉剂1 500倍液或70％甲基硫菌灵可湿性粉剂1 000倍液进行叶面喷雾，可预防玉米褐斑病发生。在玉米7～8叶期褐斑病发病初期，可用 25％三唑酮可湿性粉剂或 10％苯醚甲环唑可湿性粒剂等 1 500 倍液喷雾防治。为提高防效，可在药液中加入磷酸二氢钾或尿素等，促进玉米生长，提高植株抗病能力。

八、玉米眼斑病

【症状诊断】

玉米眼斑病（Eye spot）又称北方炭疽病。该病从玉米苗期至成熟期均可发生，主要危害叶片、叶鞘及苞叶。初期病斑很小，后逐渐扩大，呈圆形、椭圆形或矩圆形，中央乳白色，边缘褐色，外围有鲜黄色的狭窄晕环，大小为（0.5～20）mm×（0.5～1.5）mm，目观如"鸟眼"状（图 3-32），故有眼斑病之称。发生严重时病斑常汇合成片，使叶片局部或全部逐渐枯死。病斑在叶片背面中脉上多为褐色矩圆形，大小为（0.5～1.5）mm×（2～3）mm，多个病斑汇合时使中脉变褐色，而病斑正面中脉为淡褐色。果穗一般不受侵害，只有顶端裸露的籽粒有时可受到侵染，但对产量影响不大。该病造成玉米植株叶肉组织大面积坏死，严重影响光合作用，导致玉米植株过早衰亡，产量及种子质量下降，危害严重时，在一些感病品种上可造成 30％～50％的产量损失。

【病原鉴定】

玉米眼斑病是由子囊菌门（Ascomycota）短梗霉属（Aureobasidium）的黍出芽短梗霉菌［*Aureobasidium zeae*（Narita et Hiratsuka）Dingle］引起的，异名为玉蜀黍球梗孢菌（*Kabatiella zeae* Narita et Hiratsuka）。在 PDA 培养基上生长缓慢、菌落革质，呈放射波纹状，表面有极短的粉末状菌丝，初呈乳白色，随着菌龄增加，颜色逐渐变为粉红色，最后变为灰褐色或黑色。分生孢子盘大多埋生于寄主气孔下，极小，淡褐色，无刚毛。分生孢子梗短棒形，无色或淡褐色，顶端膨大，其上聚生分生孢子。分生孢子单胞，无色，棍棒形，两端微尖，不分隔，大小为（17.5～32.5）μm×（2.5～5.0）μm，平均大小为 3.51μm×25.28μm。

【发生规律】

病残体中的菌丝体是该病害初侵染的主要来源，越冬菌丝体的细胞壁会出现加厚和黑化的现象，使其能存活下来，当其侵入新的寄主或在培养基上培养时，菌丝体会发芽产生分生孢子或继续生长形成新的菌落。此外，该病原菌还能在玉米种子的表面和内部存活。潮湿冷凉的天气有利于玉米眼斑病的发生。一般田块中央发病重，边缘发病较轻，低洼地、坡地、平地或山地发病较严重。

【防治方法】

（1）选育和种植抗病品种。选育种植抗病品种是防治玉米眼斑病的关键。

（2）农业防治。清洁土壤，深埋病残体，减少初侵染源是目前控制该病害发生的最佳手段；与其他作物轮作可以减轻该病害的发生程度。

（3）药剂防治。苯菌灵、甲基硫菌灵和丙环唑等杀菌剂均可有效防治玉米眼斑病的发生，这类内吸性杀菌剂对菌丝生长和分生孢子萌发具有抑制作用，可大幅度减少病原菌的越冬数量。

九、玉米叶点霉叶斑病

【症状诊断】

玉米叶点霉叶斑病（*Phyllosticta zeae* leaf spot）是在甘肃省发生的一种新病害，主要危害叶片、叶鞘和苞叶。侵染叶片，通常最先发病的是植株中上部叶片，多数先从叶缘开始，逐渐向叶基及叶内蔓延，病斑呈圆形，后期长椭圆形或不规则形，中央草黄色、灰白色、黄褐色，边缘呈水渍状浅灰绿色，严重时叶片半边大部分枯死，通常在组织脉络里一排一排成行。叶片干枯易碎，不卷曲（图 3-33）。

【病原鉴定】

叶点霉叶斑病是由无性型真菌叶点霉属（*Phyllosticta*）的玉米叶点霉（*Phyllosticta zeae* Stout）所致。病原菌菌丝在 PDA 培养基上初为白色，后变为灰色至黑色，病原菌在 PDA 培养基上不产生分生孢子器。分生孢子器呈球形至扁球形，埋生在寄主表皮下，孔口外露，圆形，胞壁加厚，暗褐色，叶面散生，后突破表皮孔口外露，直径为 $150\sim181\mu m$，器壁褐色，壁厚 $5.0\sim7.5\mu m$，内壁无色，形成产孢细胞，产孢细胞瓶形，单胞，无色，产孢方式为内壁芽生瓶梗式，大小为 $(5.0\sim6.0)\mu m\times(4.0\sim5.0)\mu m$。分生孢子椭圆形，两端钝圆，无色，单胞，大小为 $(5.8\sim9.2)\mu m\times(2.5\sim4.9)\mu m$，不具油滴。

【发生规律】

病原菌以分生孢子器和分生孢子在玉米、杂草、病残体上越冬，成为翌年的初侵染源。翌年分生孢子器中释放出的分生孢子借风吹送或雨水冲溅传播，进行多次再侵染。

【防治方法】

（1）种植抗病品种。

（2）减少菌源基数。轮作倒茬，清除病株残体，减少初侵染源。

（3）加强田间管理。及时中耕除草，增施磷、钾肥，增强植株抗病力。

（4）药剂防治。在室内离体条件下，50％多菌灵可湿性粉剂、10％苯醚甲环唑微乳剂、80％代森锰锌可湿性粉剂、98％戊唑醇微乳剂、20％丙环唑微乳剂、25％腈菌唑乳油、12.5％烯唑醇可湿性粉剂、95％噁霉灵可湿性粉剂和 96.9％甲基硫菌灵可湿性粉剂对病菌菌丝生长均有一定程度的抑制作用。

十、玉米黄色叶枯病

【症状诊断】

玉米黄色叶枯病（*Phyllosticta maydis* leaf blight）又称斑点病，病原菌可侵染玉米各个生育时期的叶片，早期危害玉米幼株多矮化，叶片变褐枯死，或叶片变枯，似植株缺氮症。主要发生在植株的下部叶片，尤其在叶片外半部，病斑初呈矩形至长椭圆形，大小为 $(15\sim20)mm\times(7\sim10)mm$，平均大小为 $13mm\times3mm$，黄色、乳黄色或褐黄色，周围常褪绿，病斑汇合后引起叶枯（图 3-34），也可产生与叶脉平行的病斑（图 3-35）。侵染叶鞘和苞叶，病斑常与叶脉平行，中央淡黄色，边缘褐色。病斑上着生密密麻麻的小黑点，即病菌的分生孢子器，田间湿度大时从孔口或破裂分生孢子器里散出很多分生孢子。

与叶点霉叶斑病症状的区别在于该病主要危害下部叶片，而叶点霉叶斑病危害中上部叶片。该病病斑以黄色为主，而叶点霉叶斑病病斑以黄褐色为主。相同点是后期在病斑上均可产生黑色小点，即分子孢子器。

【病原鉴定】

玉米黄色叶枯病是由无性型真菌叶点霉属（*Phyllosticta*）的玉蜀黍叶点霉（*Phyllosticta maydis* Arny et Nelson）所致，有性态是玉蜀黍球腔菌（*Mycosphaerella zeae-maydis* Mukunya et Boothroyd）。孢子器近球形，红褐色，直径为 $60\sim150\mu m$；具圆形孔口，并浸在坏死组织里，遇湿从孔口向外溢出卷须状孢子角。分生孢子单胞，无色，多椭圆形或略呈圆筒形，有 2 个油球，大小为 $(3.0\sim7.5)\mu m\times(8\sim20)\mu m$，大部分为 $(4\sim6)\mu m\times(12\sim15)\mu m$，有的孢子微弯，在水中几小时后膨大。

P. zeae 和 *P. maydis* 的主要区别是在孢子形态上，*P. maydis* 的分生孢子比 *P. zeae* 大，且 *P. maydis* 是典型的具双油滴，而 *P. zeae* 分生孢子不具油滴。

【发生规律】

病菌在玉米或杂草病株残体上越冬，成为翌年的初侵染源。子囊座形成于散落的残体上，春天产生子囊孢子。在叶斑上形成的分生孢子器里产生的分生孢子可作重复侵染菌源。在感病植株上，病菌可侵染植株生长的各个阶段。遇冷凉和多湿天气有利于病害的发展。田间遗留病株残体多的地块，玉米幼株发病尤重。玉米品系对该病的抗性受遗传因子和细胞质因子所控制。自交系比杂交种感病，因此制种田发病重。该菌除侵染玉米外，还能侵染狗尾草属和苏丹草。

【防治方法】

参照叶点霉叶斑病的防治方法。

十一、玉米炭疽病

【症状诊断】

玉米炭疽病（Corn anthracnose）在苗期和成株期均可发生，主要危害玉米植株中上部叶片、叶鞘和苞叶，也可侵染茎秆。苗期受害，引起死苗。危害叶片，初期叶片端部产生水渍状卵圆形或圆形病斑，后变为棱形或不规则形病斑，中间淡褐色，边缘深褐色，大小为 $(2\sim4)mm\times(1\sim2)mm$（图 3-36）。严重时多个病斑汇合，形成不规则大型斑块，病部生有黑色小斑点，即病菌分生孢子盘，形成斑枯型症状（图 3-37），故称炭疽病。叶鞘病斑椭圆形，色淡，较大。根、茎受害，常引起茎腐病，使植株折倒。侵染果穗而导致穗腐。

【病原鉴定】

玉米炭疽病是由无性型真菌炭疽菌属（*Colletotrichum*）禾生刺盘孢菌 [*Colletotrichum graminicolum*（Ces.）Wilson] 所致，异名为 *C. andropogonis*、*C. lineolak*、*C. ceraele*、*Colletotrichopsis graminicolum*（Ces.）Wilson。分生孢子盘散生或聚生，寄生于寄主表皮下，成熟后突破表皮外露，黑色。刚毛分散或成行排列于分生孢子盘中，暗褐色，数量较多，略弯或直，顶部尖，具 3～7 个隔膜，大小为 $(64.0\sim128.0)\mu m\times(4.0\sim6.0)\mu m$。分生孢子梗无色，单胞，圆柱形，大小为 $(10.0\sim14.0)\mu m\times(4.0\sim5.0)\mu m$。分生孢子镰刀

形或梭形,两端略尖,无色,单胞,略弯曲,大小为 $(20.6\sim31.7)\mu m\times(3.5\sim5.0)\mu m$。附着胞很多,褐色,边缘极不整齐,大小为 $(17.5\sim20)\mu m\times(12.5\sim14)\mu m$。该菌具有生理分化现象,新的毒力强的炭疽病菌生理小种可能已经出现。

【发生规律】

以菌丝体或分生孢子在病株残体和种子内外带菌越冬,也可在田间侵染马唐草、狼尾草、稗、狗牙根、苏丹草、狗尾草、石茅等,在其上越冬,成为翌年初侵染源。种子带菌,侵染幼苗根部或叶片,形成烂根或死苗。越冬后的菌丝体产生分生孢子,分生孢子可随风吹、雨水飞散,从而造成病害的扩散和传播。在适宜条件下,叶片表面分生孢子萌发产生芽管和附着胞,形成侵染钉和初级侵染菌丝,在寄主细胞间扩展、蔓延,吸取寄主营养,之后初级侵染菌丝萌发形成次级侵染菌丝,病菌迅速在寄主体内扩展表现出症状。遇到适宜发病条件,其病部新产生的分生孢子在田间可进行多次再侵染,造成病害严重发生或流行成灾。

禾生刺盘孢菌的发生受气候因素影响最大,该病发生的温度范围为 20~30℃,凉爽高湿的天气有利于炭疽病的发生,多集中在 6 月中下旬至 7 月上旬。田块中央发病重,边缘发病轻,低洼地以及平地发病重,而坡岗地和山地发病较轻。另外,各种抗病品种的大面积种植,使禾生刺盘孢菌得以保留并大量繁殖,造成玉米种植区该病害发生、流行。

【防治方法】

(1) 1‰硫酸铜或 2‰福尔马林浸种 10min,然后用清水充分冲洗,再进行晾干或催芽播种;或采用 30%多·乙·百种衣剂进行种子包衣。

(2) 压低菌量。玉米收获后,清除病株残体,并进行深耕,减少菌源。

(3) 加强栽培管理。提高施肥水平,防止田间积水和植株生长后期脱肥,并及时清除田间禾本科杂草。

(4) 轮作倒茬。

(5) 药剂防治。在发病期,可用 80%福美双·福美锌可湿性粉剂 500 倍液进行喷雾防治。

十二、玉米斑枯病

【症状诊断】

玉米斑枯病(*Septoria* leaf spot)主要危害叶片,有时也能侵染叶鞘。初生病斑椭圆形,红褐色,后中央变为灰白色、边缘浅褐色的不规则形斑,中间灰白色、黄褐色至灰色,边缘色暗或略淡褐色,微具轮纹,直径为 10.0~16.0mm,常沿叶脉间扩展,后期使叶片局部枯死,产生黑色小点,即分子生孢器。

【病原鉴定】

玉米斑枯病是由无性型真菌壳针孢属(*Septoria*)玉米壳针孢(*Septoria maydis* Schulzer et Sacc.)、玉蜀黍壳针孢(*S. zeina* Stout)和玉蜀黍生壳针孢(*S. zeicola* Stout)3 种病原所致。

1. 玉米壳针孢(*S. maydis*) 分生孢子器初埋生于寄主表皮下,后孔口突破寄主外露,球形或近球形,散生或聚生,直径大小为 $(60.0\sim140.0)\mu m\times(60.0\sim100)\mu m$。分生孢子器壁膜质，褐色，由数层细胞组成，壁厚 5.0～10.0μm，内壁无色，形成产孢细胞。产孢细胞分枝明显，梨形，单胞，无色，（4.0～6.0）μm×（2.0～3.0）μm；分生孢子圆柱形或线形，略弯，基部和顶部钝圆，具 1～4 个隔膜，直或稍弯，无色或淡黄绿色，大小为（12.0～22.0）μm×（2.5～3.0）μm。

2. 玉蜀黍生壳针孢（*S.zeae*） 分生孢子器初埋生于寄主表皮下，后突破寄主表皮，孔口外露，球形、近球形，直径大小为（90.0～130.0）μm×（55.0～100.0）μm。分生孢子器壁膜质，褐色，由数层细胞组成，壁厚 5.0～12.0μm，内壁无色，形成产孢细胞；孔口圆形，暗褐色，胞壁加厚，居中。产孢细胞分枝不明显，梨形，单胞，无色，大小为（4.0～7.5）μm×（2.0～2.5）μm。分生孢子圆柱形、针形，基部钝圆或平截，顶端较尖，无色或淡黄绿色，弯曲，具 5～12 个隔膜，隔膜处略缢缩，大小为（25.0～65.0）μm×（2.5～4.0）μm。

3. 玉蜀黍壳针孢（*S.zeicola*） 分生孢子圆筒形，两端尖至钝圆，无色至淡黄绿色，直或略弯，大小为（18.0～38.0）μm×（2.5～3.0）μm。

S.maydis、*S.zeae* 和 *S.zeicola* 三种病菌的区别在于分生孢子的大小不同。从分生孢子的长度看，*S.zeae* 最长，*S.zeicola* 居中，*S.maydis* 最短；从隔膜的数量看，*S.zeae* 最多，*S.zeicola* 居中，*S.maydis* 最少。

【发生规律】

病菌在病残体或种子上越冬，成为翌年的初侵染源。一般分生孢子器吸水后，器内胶质物溶解，分生孢子逸出，借风雨传播或被雨水反溅到植株上，从气孔侵入，菌丝以吸器穿入细胞内吸取养分，使组织破坏死亡并沿这些组织蔓延扩大，后在病部产生分生孢子器及分生孢子，以扩大危害。病菌发育适宜温度为 22～26℃，相对湿度在 92％以上利于分生孢子释放、萌发和侵入，湿度低则不发病或发病很轻。雨后天晴及土壤缺肥时，植株生长不良，容易发病。

【防治方法】

（1）清洁田间。及时收集病残体，以减少实际侵染来源。

（2）轮作。实行 3 年以上的轮作。

（3）药剂防治。结合防治玉米其他叶斑病，及早喷洒 75％百菌清可湿性粉剂 1 000 倍液＋70％甲基硫菌灵可湿性粉剂 1 000 倍液或 75％百菌清可湿性粉剂 1 000 倍液＋70％代森锰锌可湿性粉剂 1 000 倍液、40％多·硫悬浮剂 500 倍液、50％甲硫·福美双可湿性粉剂 800 倍液，隔 10d 左右喷 1 次，连续防治 1～2 次。

十三、玉米普通锈病

【症状诊断】

玉米普通锈病(Common corn rust)主要危害叶片、叶鞘、苞叶和果穗。发病初期出现针尖般大小的褪绿斑点（图 3-38），斑点渐呈疱疹状隆起形成夏孢子堆。夏孢子堆在叶片两面散生或聚生，初呈乳白色、淡黄色，椭圆形或长椭圆形，隆起，直径为 1mm。夏孢子堆呈黄褐色至红褐色，表皮破裂散出锈粉状夏孢子(图 3-39、图 3-40)。玉米生长后期，在叶片两面散生或聚生，圆形或椭圆形，出现红褐色至深褐色的冬孢子堆（图 3-41）。主要分布于叶片两面，以叶片基部为多，叶片中脉受侵染较少，仅分布在中脉边缘与叶片衔接处。冬孢子堆初期埋生，后突破表皮裸露，直径为 1.0～2.0mm，有时多个冬孢子堆汇合连成片，病斑较大，有时也与夏孢子堆混生，冬孢子堆一般从顶部纵裂，散出棕褐色或近于黑色的粉末，即冬孢子。普通锈病主要减少玉米叶片面积，增加呼吸速率，影响植株高度、重量、穗长、穗粗、籽粒数及千粒重，严重降低玉米种子产量和质量。发病严重时导致玉米授粉不良，形成"花棒"（图 3-42），甚至导致玉米不能授粉结籽（图 3-43）。

【病原鉴定】

玉米普通锈病是由担子菌门（Basidiomycota）柄锈菌属（*Puccinia*）玉米柄锈菌（*Puccinia sorghi* Schw.）引起。夏孢子堆呈半球状隆起，横切面宽度为 116.2～190.4μm，高度为 23.1～32.5μm。在夏孢子柄的顶端着生夏孢子，夏孢子柄柱状，顶端稍宽，向下则缓慢地狭窄，无色，大小为（20.3～68.1）$\mu m \times$（6.9～9.5）μm。夏孢子近球形、椭圆形、长椭圆形或长卵圆形，或为矩形、不规则形等，大小为（19.5～40.0）$\mu m \times$（17.5～29.8）μm（图 3-44）。夏孢子壁薄，淡褐色至金黄色，表面布满短且稠密的细刺，壁厚为 1.5～2.0μm，芽孔 3～4 个，分布不均匀，萌发的芽管多为腰生，少数顶生。休眠夏孢子堆颜色明显比生长季节形成的夏孢子深，呈褐色至绛褐色，孢子壁双层且有明显加厚，厚度为 2.07～2.48μm，休眠夏孢子堆中常掺杂有一定数量的冬孢子。

冬孢子堆椭圆形，短线条状直至并列为长线条或梭形。初拱起呈半球状的封闭斑，铅黑色，成熟后突破表皮，裸露出黑色冬孢子的胶质粉团。冬孢子为长圆形、椭圆形或棍棒形，顶端圆形或近圆形，少数扁平，多为双细胞，隔膜处微缢缩或缢缩较明显。冬孢子顶端呈圆锥形或尖圆锥形，厚度为 3.6～7.1μm。冬孢子呈红褐色至深褐色，下部细胞色淡略显透明，上下细胞各具有 1 个大小为 5.0～7.5μm 的油球。细胞外壁光滑，大小为（26.0～52.5）$\mu m \times$（15.0～28.0）μm。有时冬孢子单细胞，多为长椭圆形，顶端略增厚，圆弧形或为加厚的圆锥形，大小为（15.0～32.5）$\mu m \times$（15.0～22.5）μm。冬孢子着生在冬孢子柄顶端或侧面，通常柄的顶端稍粗，向下逐渐均匀变细，有些冬孢子柄的上下两端几乎等粗，或全长粗细不均匀，个别为上窄下宽，柄无色或色淡，直立或弯曲，大小为（44.8～157.4）$\mu m \times$（4.9～11.3）μm，一般冬孢子柄与冬孢子结合稳固，不易脱落（图 3-45）。玉米柄锈菌（*P. sorghi*）有以下几个生物学特性。

1. 温度对夏孢子萌发的影响 夏孢子在 5～35℃均能萌发，在不同温度条件下孢子萌发率差异显著。适宜萌发温度为 20～30℃，最适萌发温度为 25～28℃，低于 5℃或高于 35℃不利于孢子萌发，其萌发率显著降低。

2. 湿度对孢子萌发的影响 在相对湿度达 80%以上，随湿度增加，夏孢子萌发率逐渐上升，在不同湿度条件下孢子萌发率差异性显著。当相对湿度为 100%时，孢子萌发率最高。相对湿度低于 80%时，夏孢子不能萌发，表明高湿是夏孢子萌发的必要条件。

3. 光照对夏孢子萌发的影响 在全光照、全黑暗、半光照半黑暗条件下，24h 后夏孢子的萌发率差异不显著，分别为 18.1%、17.6%、17.5%，表明光照对夏孢子萌发没有影响。

4. pH 对夏孢子萌发的影响 pH 为 4～11 时，夏孢子均可萌发。pH 为 3 时，夏孢子不能萌发。pH 为 4 时，夏孢子开始萌发。pH 为 7～8 时夏孢子的萌发率最高，达 28.1%～

29.4%。pH 为 10 时，夏孢子的萌发率显著降低。pH 为 11 时，不利于夏孢子萌发，其萌发率只有 1.4%。以上说明偏酸或偏碱条件均不利于夏孢子萌发，其最适 pH 为 7~8。

5. 碳源对夏孢子萌发的影响　夏孢子在供试碳源葡萄糖、果糖、木糖、乳糖、麦芽糖、淀粉等溶液中的萌发率均比清水对照高，其中葡萄糖和果糖最适宜于夏孢子萌发，麦芽糖次之。在木糖、乳糖、淀粉三种溶液中夏孢子的萌发率无显著差异。可见，碳源有利于夏孢子萌发。

6. 氮源对夏孢子萌发的影响　夏孢子在不同氮源溶液中的萌发率存在明显差异。在硫酸铵、氯化铵、硝酸钾等溶液中萌发率显著高于对照，达 18.2%~18.9%，说明这一类型的氮源有利于夏孢子萌发。而在磷酸铵、尿素、甘氨酸、酪氨酸等氮源溶液中，夏孢子的萌发率明显低于清水对照，说明这一类型的氮源不利于夏孢子萌发。

【发生规律】

玉米普通锈菌是专性寄生菌，只能在活的寄主上存活，普通锈病的病原菌先后侵染两种寄主，完成其生活史。病原菌以厚壁冬孢子在土壤中或土壤中残存的玉米叶片上越冬。翌年春天，冬孢子萌发产生担子和担孢子，担孢子侵染转主寄主酢浆草，并在酢浆草上进行有性繁殖，相继产生性孢子和锈孢子，被风传播到玉米叶片上，锈孢子侵染玉米，导致夏孢子的形成。夏孢子不能侵染酢浆草。高湿环境为孢子的形成提供了有利条件，因此也可在叶片喇叭口形成期发生感染，并导致即将出现的叶片横向发生病变。夏孢子导致侵染在整个季节反复循环。因此，玉米普通锈菌一般在田间叶片染病后，病部产生的夏孢子可借气流传播，进行世代重复侵染及蔓延扩展。但在甘肃、陕西、河北、山东等我国北方省份，病原菌则以冬孢子越冬，冬孢子萌发产生的担孢子成为翌年的初侵染接种体，借气流传播侵染致病。在高温高湿条件下，锈病病原菌不存在越冬问题，如在海南玉米产区，病原菌以夏孢子辗转传播，完成玉米锈病周年发生。甘肃省河西走廊 6—9 月的温度完全可以满足玉米普通锈菌夏孢子的萌发和侵入，但当地干旱少雨，主要依靠灌溉从事农业生产，因此高湿成了主要的限制性因素。7 月以后，植株中下部相对隐蔽，通风不良，增加了田间小环境的湿度，有利于锈菌夏孢子的萌发和侵染，因此玉米锈病在当地的发生特点主要表现为中下部叶片受害严重，以及锈菌在玉米植株中下部呈水平扩展。7 月上旬至 8 月下旬，玉米锈病发生较快，历时 2 个月，均为发病高峰期。

玉米锈病发生危害受多方面因素的影响。近年来，感病品种的推广种植、秸秆还田的推广应用、高密度种植、过量施用氮肥、全球气候变暖等因素都直接或间接促成锈病暴发流行。适宜的气候条件是造成玉米锈病流行暴发的主要因素，玉米普通锈病以温暖高湿天气适于发病，气温为 16~23℃ 时有利于病害发生，因为玉米锈菌的孢子萌发与温度、湿度、水滴、光色、pH、碳源、储藏温度、储藏时间等均密切相关。田间栽培管理不当，如播种期不适宜、肥料不足、土壤板结严重、种植密度大、地势低洼、排水不畅、通风透气差、田间湿度过大等，均有利于玉米普通锈病的发生。

【抗性鉴定】

1. 田间自然诱发对玉米抗锈性的调查　按照王晓鸣等（2010）介绍的自然抗性调查进行鉴定。

（1）调查时间。在玉米抽雄前进行第一次调查，以淘汰感病品种；进入乳熟期进行第二次调查。

（2）调查方法。调查时目测每份鉴定材料群体的发病状况。调查重点部位为玉米果穗的上方和下方 3 片叶，根据病害症状描述，对材料进行逐份调查并记载病情级别。

（3）病情分级。按照田间病情分级、相对应的症状描述和病斑所占叶片面积的比例进行分级（表 3-5）。

（4）评价标准。采用 9 级制方式对玉米抗性反应进行评价（表 3-5）。

表 3-5　玉米抗普通锈病鉴定病情级别划分标准与评价标准

病情级别	发病程度	抗性评价
0	叶片上无病斑	免疫 I
1	叶片上无病斑或仅有无孢子堆的过敏性反应	高抗 HR
3	叶片上有少量孢子堆，占叶面积的 25% 以下	中抗 MR
5	叶片上有较多孢子堆，占叶面积的 25.1%～50%	抗 R
7	叶片上有大量孢子堆，占叶面积的 50.1%～75%	感 S
9	叶片上基本被孢子堆覆盖，占叶面积的 75.1%～100%，叶片枯死	高感 HS

2. 人工锈发对玉米抗锈性的鉴定技术

（1）菌种制备。

①菌株采集。夏季用夏孢子收集真空机，从玉米种植区发病的植株上收集柄锈菌的夏孢子，用挑针清除所收集夏孢子粉中的残留植物组织，并装入 9cm×17cm 的玻璃纸袋中，储存于 −20℃ 冰箱里备用。

②菌株培养。选择感病品种先玉 335，将玉米种子播种在 30cm×30cm 的花盆中，每盆播 6 粒种子，共播 10 盆，置于 20～25℃ 温室条件下培养 18～20d，玉米生长到 4～5 叶龄时，将收集的冷冻夏孢子在 2℃ 下解冻后，取 20mg 夏孢子与 1mL 异链烷烃溶剂混合制备成接种物。将接种物涂抹在玉米品种先玉 335 的叶片上，用无菌水均匀喷雾，置于 20～25℃ 温室条件下，黑暗保湿 18～24h，15d 后观察发病情况。从接种后发病的叶片上，选择单独的夏孢子堆，获得分离物，经显微镜形态鉴定，参照玉米普通锈病和南方锈病症状与病原形态特征进行鉴定，确认为 *P. sorghi* 后，将其中的孢子用相同方法再接种到玉米苗上进行扩大繁殖。

③菌株保存。清水喷雾净化空气后，用 75% 酒精对操作台、接种针、手等进行消毒。将带菌玉米叶片剪下，轻轻将其平展在操作台上，用挑针轻轻抖动叶片，使孢子散落在玻璃罩内，移出玉米叶片，轻敲击玻璃罩，将孢子集中装入指形管。根据接种工作的需要，收集的孢子应满足以下要求。

A. 短期保存。菌种在 5～6d 内使用，将装菌种的指形管放入盛有变色硅胶的干燥器内，置于 0～5℃ 冰箱内保存备用。

B. 长期保存。当菌种在第二年使用或更长时间使用时，可采用长期保存法。首先将装菌种的指形管放入盛有变色硅胶的干燥器内，置于 0～5℃ 冰箱中干燥 5d，然后移至安瓿瓶中，抽成真空，封管，置于液氮或 −80℃ 冰箱保存备用。

（2）抗性鉴定圃设置。

①鉴定圃设计。鉴定材料设苗期鉴定和田间鉴定，随机排列或顺序排列，种植于温室或露地，设3次重复。

② 种植要求。鉴定材料的播种时间与大田生产的播种时间相同；鉴定小区行长400～500cm，行距60cm，株距25cm，2行区，每行保苗30～35株，温室苗期鉴定不设保护行，露地周围设置200cm保护行。

（3）抗性测定。

①菌悬液配制。将获得的纯菌株用无菌水稀释，每500mL无菌水中加入1mL的0.5％Tween-20，搅动15min使孢子完全悬浮，然后用无菌水稀释至2.5×10⁵个/mL菌悬液。

②接种。接种时间根据鉴定目的的不同而不同，苗期抗性鉴定在玉米展5～6叶期进行，成株期鉴定在玉米展10～12叶期进行。接种方法也根据鉴定目的的不同而不同，应满足以下要求。

A. 喷雾接种，适宜于苗期接菌。将调制成的2.5×10⁵个/mL孢子悬浮液装入小型手持喷雾器中，均匀喷雾接种于植株叶片上，接种量控制在8～10mL/株，以孢子悬浮液在植株叶片上不流淌为宜。应选择在雨后或阴天的傍晚进行接种。

B. 注射接种，适宜于成株期接菌。用一个带刻度的10mL注射器吸取孢子悬浮液，从玉米心叶与其下方展开叶叶鞘相接处以下1cm的位置注射，或注射到喇叭口，接种量控制在5～6mL/株。要求针头宜向下倾斜刺入，不宜刺穿，以心叶处冒出水珠为准。

③田间管理。人工接种前应先进行田间灌溉，或雨后进行接种，接种后若持续干旱，应及时进行田间浇灌，不使用任何杀菌剂。

（4）病情调查。

①调查时间。接种后14～16d进行抗病性调查。

②调查方法。田间目测调查发病情况，调查被接种部位的上、下叶片，根据病害症状，随机抽取80～100个叶片，进行逐叶调查，记载严重度、普遍率和病情指数。

③病情分级。按照田间病情分级和相对应的症状描述进行分级。

（5）抗性评价。

①有效性判别。当感病对照品种的病情级别达到7级时，该批次鉴定有效。

②抗性评价标准。依据鉴定材料的发病程度（病情级别）确定其抗性水平，标准见自然诱发抗病性田间调查。

【防治方法】

（1）选育抗病品种。筛选抗原和选育抗锈新品种是预防玉米锈病最有效的措施，筛选抗病亲本自交系，组配抗病杂交种。一般筛选亲本或鉴定抗病性时，应注意：不同玉米品种对锈菌的抗性有明显差异，通常早熟品种易感病，甜质型玉米的抗病性较差，而马齿型品种则较抗病。此外，玉米叶色及叶片的多寡与玉米锈病的发生轻重也有一定关系，一般叶色黄、叶片少的品种发病重。

（2）改变耕作制度。根据当地气候条件和以往锈病发生情况，适当调节玉米播种期，使玉米主要发病期错开田间锈菌发生高峰期。合理密植，增加田间通风透光率，改善田间小气候，降低湿度。尽量减少连作，实行轮作。推广间套种模式，减少玉米锈菌的传播危害。

（3）加强田间管理。注意中耕松土，防止土壤过分板结。避免大水漫灌，及时排水。合理施肥，避免偏施氮肥，适量增施磷肥和钾肥，提高植株自身抗病能力。清洁田园，玉米感病初期摘除发病中心植株病叶，带离种植区，玉米收获后及时清除茎叶残株，减少田间菌源。

（4）种子包衣。种子收获期淋雨或贮存期湿度大，均会导致种子带菌量大，若播种时不对其进行药剂处理，则有利于玉米苗期病害的发生。包衣处理可用 25％三唑酮可湿性粉剂 60g 拌种 50kg 或选用 2％戊唑醇可湿性粉剂 10g 拌种 10kg，杀灭种子携带的病原菌，可减少玉米锈病的发生率和降低危害程度。

（5）加强监测。结合田间栽培管理，定时开展田间取样调查，发现锈病危害及时去除病株病叶，病株率达 5％以上时即可用药防治。

（6）药剂防治。发病初期喷施 40％多·硫悬浮剂 600 倍液，25％三唑酮可湿性粉剂 1 500～2 000 倍液，25％丙环唑乳油 3 000 倍液，12.5％烯唑醇可湿性粉剂 4 000～5 000 倍液，50％多菌灵可湿性粉剂 500～1 000 倍液、20％萎锈灵乳油 400 倍液、50％吡啶灵可湿性粉剂 1 500 倍液、85％代森锰锌可湿性粉剂 750 倍液、75％百菌清 800 倍液、70％甲基硫菌灵 500 倍液等，隔 10d 喷 1 次，连续喷 2～3 次。

十四、玉米南方锈病

【症状诊断】

玉米南方锈病（Southern corn rust）的田间症状特点类似于普通锈病（图 3-46、图 3-47），但孢子堆比普通锈病小，颜色浅。夏孢子堆生于叶片正背两面（图 3-48），也有生于叶鞘、茎秆（图 3-49）、苞叶（图 3-50）和雄花梗上。叶片最先出现针尖般大小的褪绿斑点，之后斑点渐呈疱疹状隆起，形成夏孢子堆，起初只在叶片表面分布密集，随着病菌侵染时间的延长，叶片背面也出现少量孢子堆，大多分布于中脉及其附近。夏孢子堆黄褐色，并覆盖着一层灰白色的寄主表皮，表皮破裂后散出粉状夏孢子（图 3-51）。冬孢子堆栗褐色（图 3-52），多生于玉米叶片的下面，叶鞘和中脉附近居多，椭圆形。

【病原鉴定】

玉米南方锈病是由担子菌门（Basidiomycota）柄锈菌属（Puccinia）多堆柄锈菌（Puccinia polysora Underwood）所致。夏孢子单胞，大多为椭圆形或卵形，少数近圆形，大小为 （30～40）$\mu m \times$ （23～28）μm，表面具微刺。夏孢子呈淡黄色至金黄色，上有细突起，膜厚 1.5～2.0μm，赤道附近具 4 个发芽孔（图 3-53）。冬孢子栗褐色，近椭圆形，前端截成钝圆或渐尖，基部钝圆或渐狭，大小为 （18～29）$\mu m \times$ （30～42）μm。冬孢子表面光滑，有一具棱角的细胞，于分隔处缢缩。柄无色或淡色，有时歪生不脱落，其长度显著短于孢子本身。

多堆柄锈菌的夏孢子最适发芽温度为 26℃。夏孢子发芽还必须有水滴和空气。有自然光时，夏孢子发芽率最高，黑色光和蓝色光次之，而在黄色光、红色光和绿色光下，夏孢子的发芽数最少。在适宜条件下，7h 后夏孢子的发芽率可达最高。在−15℃时，夏孢子的存活期不到 5d；在 12～20℃时，鲜病叶上的夏孢子存活期为 10d，风干病叶上的夏孢子存活期为 15～30d。玉米苗期至乳熟期接种该菌，发病率可达 98％～100％。随着生育期推进，发病严重度减轻，病害潜育期延长。

【发生规律】

玉米南方锈病是一种气流传播的大区域发生和流行的病害，主要发生在低纬度地区，但近几年来，甘肃省河西走廊玉米制种田发生普遍。玉米南方锈菌以夏孢子反复传播，完成其病害的周年循环。阮义理等（2001）研究证实，夏孢子在田间存活时间不足 1 个月，不能越冬成为翌年初侵染源，推测该菌在当地不能越冬，夏孢子从南方随气流远距离传播。玉米南方锈病则在高温高湿的环境下发生严重，以 27℃ 为最适发病温度，夏孢子在 24～28℃ 萌发最好，从孢子发芽侵入到产生新的夏孢子经历 7～10d。通常发病气温为 22～30℃，若持续阴雨天气，且相对湿度超过 90%，温度达到 24～28℃ 时，必然会加重病害的发生和流行。偏施或多施氮肥的地块发病重，而且地势低洼、种植密度大、通风透气差的地块发病更加严重。

南繁育种的播种时间也是影响玉米后期锈病发生的重要因素。玉米从苗期到乳熟期都会感病，而且苗期感病最重，常造成死苗。一般在 10 月 20 日以前播种，能有效避开后期的高温高湿天气而不发病；10 月 20 日至 11 月 15 日播种，因后期玉米已基本成熟，即使发病，危害性也不大；11 月 16 日以后播种，后期锈病发生严重且危害大。

【抗性鉴定】

抗病性调查与评价见玉米普通锈病，病情严重度分级见图 3-54。

【防治方法】

（1）培育抗病杂交种。选育抗玉米锈病的自交系，利用现有的农大 108、鲁单 50、京杂 6 号等作抗源材料选育抗病自交系。目前，抗病自交系有齐 319、农大 381、农大 178 等。

（2）合理密植。改善田间小气候，增加通风透光率，降低田间湿度，根据品种特性选择合理的种植密度，一般密植型品种密度应控制在每亩 4 000～4 500 株，中密植型品种密度应控制在每亩 3 500～4000 株。

（3）药剂防治。注意观察田间锈病发生情况，发现锈病后及早施药进行控制。

①拌种。25% 三唑酮可湿性粉剂 60g 拌种 50kg 或 2% 戊唑醇可湿性粉剂 10g 拌种 10kg。拌种时应加少量水，将药剂调成浆状后与种子充分搅拌均匀。

②在孢子高峰期用药，对孢子萌发有抑制作用。可用 97% 敌锈钠 250～300 倍液喷雾。

③在发病初期用药防治。可用 25% 三唑酮可湿性粉剂 1 000～1 500 倍液、12.5% 烯唑醇可湿性粉剂 3 000 倍液、50% 多菌灵可湿性粉剂 500～1 000 倍液、20% 萎锈灵乳油 400 倍液、97% 敌锈钠原药 250 倍液、30% 氟菌唑可湿性粉剂 2 000 倍液、40% 氟硅唑乳油 9 000 倍液和 50% 硫黄悬浮剂 200 倍液喷雾。

十五、玉米霜霉病

【症状诊断】

玉米霜霉病（*Sclerophthora* downy mildew）又称指疫霉病、疯顶病。霜霉病在玉米上均引起系统性症状，从苗期至成株期均可发病。苗期的典型症状是：病原菌侵染玉米幼嫩的叶片组织，造成分蘖增多，一般3～5个，多者达10个。叶色较浅，心叶黄化，上部叶片扭曲，皱缩或卷成筒状，心叶不能展开（图3-55、图3-56、图3-57），成为丛簇叶，重者枯死，造成田间缺苗断垄，也可造成顶叶水渍状症状（图3-58），或顶叶萎蔫、青枯（图3-59）。

成株期的典型症状是：一般受侵染的雄穗全部或局部增生，形成一簇小叶状结构，这些变态叶状花序扭曲、皱缩成一团或小穗成疯顶状，故又称疯顶病。由于植株头重脚轻，后期植株容易倒伏。雌穗受侵染后，表面看起来果穗较正常，剥开苞叶可见果穗粗细不匀，籽粒果皮凹陷，饱满度严重下降。多数病株节间缩短、矮化、果穗畸形，无花丝（图3-60）。重病者不抽穗或每节间抽一果穗，但不结实。也有的植株茎节上丛生分枝。

雄穗受害，一般在发病初期，植株上部顶叶包裹雄穗，致使雄穗难以抽出，顶部呈"弓"字形，即使雄穗抽出，雄穗粗短而畸形。顶部叶片卷曲、扭曲、皱缩不平，叶片较为狭窄，叶下面产生黄色至黄褐色条斑，叶背出现褪绿的条斑。遇到下雨天或潮湿的清晨，在叶片背面的褪绿斑点上可见稀疏的白色霉状物，即病菌的孢囊梗和孢子囊，当太阳照射时，霉状物消失。

【病原鉴定】

玉米霜霉病是由卵菌门（Oomycota）指梗霉属（*Sclerophthora*）玉米霜霉病菌[*Sclerophthora macrospora*（Sacc.）Thirum Shaw et Naras]所致。藏卵器与卵孢子大量聚集在寄主维管束附近，近球形或椭圆形，褐色，壁不等厚，大小为（65.0～95.0）μm×（64.0～78.0）μm，平均大小为72.9μm×69.5μm。雄器紧贴在藏卵器上，侧生，1～4个，淡黄色，大小为（45.0～75.0）μm×（7.5～10.0）μm，平均大小为56.3μm×9.4μm。卵孢子球形或椭圆形，淡黄色至淡褐色，大小为（51.0～75.0）μm×（51.0～75.0）μm，平均61.3μm×58.2μm。卵孢子壁光滑，壁厚7.2μm。卵孢子萌发形成孢子囊，孢子囊椭圆形或卵形，上部有乳头状突起，淡黄色，基部有无色的铲状物，病株上一般不易见到孢子囊。

1. 组织透明染色检验

（1）解剖组织。将畸形雌穗上的籽粒取下，用无菌水浸泡，用刀片将种子分成果皮、皮层、胚三部分，分别放入装有乳酚油的烧杯中（乳酚油的配方：苯酚20mL、甘油40mL、乳酸20mL、蒸馏水20mL），用酒精灯加热煮沸至组织透明，取出后用无菌水冲洗，再用吸水纸吸掉残留的乳酚油。

（2）染色处理。将组织放入凹形载玻片中，滴入棉蓝-藏红染色液（棉蓝-藏红染色液的配方：乳酸8mL、2%棉蓝液1mL、2%藏红液1mL、冰乙酸2mL、95%酒精2mL）4～6滴，染色16h，染色后用95%酒精洗去多余的染液。

（3）镜检。在低倍显微镜下检验果皮，可见皮细胞为浅红色，菌丝管状分枝，有的深入细胞呈球形吸器。另外，在寄主细胞间可见红色，边缘不光滑，卵孢子球形，卵孢子细胞壁与藏卵器细胞壁分离。检验皮层时，只能见到蓝色菌丝体及稀疏的吸器，而未见到卵孢子。检验胚部时，未发现菌丝、吸器和卵孢子。故说明果皮、皮层是带菌的主要部位。

2. 病残组织带菌检验

（1）苞叶及叶片带菌检验。将田间发病果穗上的苞叶和植株顶端的畸形叶片取下，用水冲洗干净，剪成0.2～0.3mm的小块，放入乳酚油中煮沸至透明10～15min，然后进行镜检。也可将叶状物剪成小段放入三角瓶中，加入 $10\%\sim15\%$KOH 溶液 50mL，将三角瓶放在酒精灯火焰上煮沸 20min，使组织透明后取出，用无菌水冲洗掉残液，以蒸馏水或乳酚油作浮载剂镜检。发现在组织中存在无色且分枝管状的菌丝、球形吸器以及黄色、球形、边缘不规则而具皱褶的卵孢子，说明发病叶片、苞叶是带菌的主要部位。

（2）种子带菌检验。将发病果穗上脱离下的种子，随机数出 50 粒，分别放入 10 个三角瓶中，各注入蒸馏水 100mL 和 0.1%肥皂溶液 1mL 或 0.1%磺化二羧酯 1mL，振荡 $5\sim$10min，然后将悬浮液倒入离心管，用 1 500r/min 离心机转动 $5\sim10$min，将上清液倒出，仅留 1mL 悬浮液在管底，然后加 2mL 乳酚油固定或每管加入 1/3 甘油＋2/3 95%酒精混合液 2mL，摇匀，制成临时玻片镜检种子表面是否携带卵孢子。

【发生规律】

发病果穗上的籽粒除皮层内有大量菌丝存在外，种子胚内还可发现卵孢子，种子的胚根鞘、小盾片中带有病原菌丝。因此，以菌丝或卵孢子在玉米病株残体和土壤中越冬，越冬后病残体内的卵孢子萌动率增高是玉米疯顶病的主要初侵染源。病株种子带菌可以远距离传播病原，成为新病区的初侵染源。田间病株杂草也是该病的初侵染源。还有些杂交亲本是该病的高感品种，且杂交种是高肥水品种，偏施氮肥，磷、钾缺失现象严重，有机肥严重不足，致使土壤板结，肥力下降。再加上大面积制种，品种较为单一，种间抗性较差，连作问题严重，追求高密度种植，田间小气候发生变化，导致该病在制种田玉米发病重。一般地势较高，排水良好，土壤湿度较低的田块，发病较轻；地势低洼，土壤湿度大或积水田发病均比较严重。

【抗性鉴定】

采用 Shabani（1982）报道的幼苗接种测定品种抗病性方法。

1. 孢子囊接种 将玉米种子放在培养皿中湿润的滤纸上，在 29℃ 条件下培养 $2\sim3$d 使其萌发，播种于装有消毒土壤的花盆中，于第一片真叶充分展开后，用孢子囊接种，塑料袋遮盖 $2\sim3$d，一般接种后 $6\sim8$d 出现局部病斑症状。

2. 卵孢子接种 玉米幼苗用水浸后涂上卵孢子，定植在装有消毒土壤的花盆中，用塑料袋遮盖，温度保持在 29℃，3d 后移入温室，观察发病情况。接种 7d 后第二片叶显示症状。

3. 抗性评价 根据接菌后玉米幼苗的反应进行评价。

（1）抗病反应。接种叶片上出现小的、清晰的褪绿斑。

（2）中抗反应。不仅接种叶片有褪绿斑，而且在没有接种部分也有狭长的脉间条斑。

（3）感病反应。叶片接种部分完全褪绿，并且褪绿向下伸展为一个宽带状越过叶片没有接种的部分。

【防治方法】

（1）严格加强检疫工作。不从有玉米疯顶病的病区、疫区引种。对从非疫区引进的种子要隔离试种。

（2）加强田间管理。应注意灌溉方式，避免大水淹苗，注意及时排除积水，避免在低洼潮湿地方播种玉米。玉米生长期间及时清除田间杂草和拔除病残体并集中处理，可以减少菌源。

（3）药剂防治。在对玉米种子进行检测时，根据品种抗性，应选择以下药剂进行拌种、浸种或种子包衣，25%甲霜灵、58%甲霜·锰锌、80%三乙膦酸铝、70%乙铝·锰锌、70%代森锰锌和70%霜脲·锰锌，对玉米霜霉病均有一定防治效果。

十六、玉米黑腐病

【症状诊断】

玉米黑腐病（*Acladium* necrotic spot）又称坏死斑病。该病从种子、苗期至成株期均可受害。染病种子播种后影响出苗率，严重的不能出苗。苗期发病，生长缓慢，节间缩短，病株矮化，叶片上有黄绿相间的条纹花叶，或相互连接遍布整叶；重者出苗不久即枯死，死苗上有灰白色霜状霉层。成株期，在雌穗上下主茎1～3节上、叶鞘、腋芽、苞叶基部、穗轴、穗柄等部位产生褐色不规则形坏死斑，上生灰白色霜状霉层。雌穗发病后畸形，籽粒变褐、空瘪，上生灰白色霜状霉层，叶片上只有黄绿相间的条斑，未见霉层，重者后期被寄生穗节以上的主茎枯死，不抽穗或抽穗后大部分不结实。

【病原鉴定】

玉米黑腐病是由无性型真菌丝孢纲（Hyphomycetes）丝孢目（Hyphomycetales）丛梗孢科（Moniliaceae）无枝孢属（*Acladium*）柔弱无枝孢［*Acladium tenellum*（Berk. et Curt.）Subram.］所致。

菌丝体无色透明，无隔多核，表生或胞间生，分生孢子梗突出于气孔之外，孢子梗大小为（231.3～694.9）μm×（3.86～12.85）μm，0～1次分枝，3～4个分隔，顶端1～2个细胞倒棍棒状，上着生刺状小梗，大小为（2.1～7.7）μm×（0.8～4.1）μm，平均3.7μm×1.6μm。每个小梗上着生1个分生孢子，分生孢子无色透明，椭圆形至近卵形，大小为（10.8～19.3）μm×（8.2～12.9）μm，平均15.1μm×10.6μm，有乳突，0.5～0.8μm。

在黑麦培养基上，28℃培养4～5d形成菌落并产孢。在PDA培养基上菌落呈白色至奶油色，棉絮状至绒毛状。

【发生规律】

据分析，玉米黑腐病病原菌以菌丝体或分生孢子在病残体上越冬。潮湿的环境条件是该病发生流行的重要因子。目前对该病害的侵染与发病规律尚缺研究。陈兴全等（2004）报道发病主要品种为8053，发病面积大约70hm^2，病株率为100%，严重发病田块损失率为100%，发病较轻的田块损失率为20%～30%，而且该病有逐年加重的趋势。

【防治方法】

目前该病害尚未见系统的防治方法研究和有效防控措施。陈兴全（2003）的田间药效试验表明，80%醚菌酯可湿性粉剂500倍液，3%多抗霉素可湿性粉剂600倍液，70%甲基硫菌灵可湿性粉剂800倍液，75%百菌清可湿性粉剂500倍液对该病均有一定防治效果。3%多抗霉素可湿性粉剂防治效果最高达55.5%，与对照相比增产最高为12.5%；75%百菌清可湿性粉剂防效最低达31.3%，与对照相比增产5.6%。以上药剂的防治效果均不理想，因此需要在加强发病规律研究的基础上，探索一种有效的化学防治方法是非常有必要的。

十七、玉米平脐蠕孢叶斑病

【症状诊断】

玉米平脐蠕孢叶斑病（*Bipolaris* leaf spot）又称为离蠕孢叶斑病。主要发生在叶片上，发病初期，叶片上产生小而褪绿或黄色小点，斑点逐渐扩大，开始中央灰褐色，边缘红褐色，圆形，直径 2～3mm。

【病原鉴定】

引起玉米平脐蠕孢叶斑病的病原菌是无性型真菌平脐蠕孢属（*Bipolaris*）麦根腐平脐蠕孢菌 [*Bipolaris sorokiniana* （Sacc.） Shoemaker]，异名为 *Helminthosporium sativum* Pammel et al.，有性态为禾旋孢腔菌 [*Cochliobolus sativus* （Ito et Kuribayashi) Drechsler et Dastur]。

该菌分生孢子梗单生或 2～3 根丛生，直立，橄榄色，有隔，无分枝，淡褐色至暗褐色，大小为 （251～293.1)μm×8μm；产孢细胞拟单轴式延伸，分生孢子圆筒形或纺锤形，略弯，淡褐色至褐色，两端钝圆，脐点明显，平截，有 2～10 个隔膜，大小为 (48.7～126.6)μm× (11.5～28.9)μm。菌丝体最低生长温度为 0～2℃，最高为 35～39℃，最适生长温度为 24～28℃。分生孢子萌发的 pH 范围较广，中性偏酸的条件更有利于其萌发。相对湿度低于 98%，分生孢子不能萌发，在饱和湿度下和水滴中萌发最好。

【发生规律】

病原菌潜伏在病残体中越冬，前茬小麦遗留在田间的带根腐病菌的根茬也是重要的初侵染源，是通过气流传播和土壤传播的病害。特别是在小麦收获后直接贴茬播种的玉米田更容易发病。

【防治方法】

（1）减少初侵染源。在有小麦根腐病发生的地区，减少小麦、玉米间套作。

（2）降低田间湿度。玉米播种后，严格控制田间土壤湿度，排除积水，创造不利于病原菌侵染的环境条件。

（3）药剂防治。在病害发生较严重的地区，发病初期应及时喷施 75% 百菌清可湿性粉剂 500～800 倍液、50% 多菌灵可湿性粉剂 500 倍液、80% 代森锰锌可湿性粉剂 500 倍液等杀菌剂。采用含有以上杀菌剂的种衣剂进行种子包衣处理，或在播种前用杀菌剂拌种，药剂用量为种子重量的 0.4%。

十八、玉米附球菌叶斑病

【症状诊断】

玉米附球菌叶斑病（*Epicoccum* leaf spot）的病原附球菌寄生性较弱，常在玉米衰弱组织或发生其他种类叶斑病的部位寄生。如因一些不明生理原因造成叶面出现不规则的枯白色或灰褐色坏死斑时，附球菌很快在这些部位繁殖，产生大量肉眼可见的小黑点状的病原菌，即病菌的分生孢子座和分生孢子梗。附球菌的寄生，常加剧生理性病害的发生。

【病原鉴定】

附球菌叶斑病由无性型真菌黑附球属（*Epicoccum*）黑附球菌（*Epicoccum nigrum* Link.）侵染所致，异名为 *E. tritici*。该菌的分生孢子座垫状，黑色，直径可达 2mm。分生孢子梗紧密排列在子座表面，不分枝或偶有分枝，大小为（5～15）μm×（3～6）μm。分生孢子大小差异很大，成熟的分生孢子一般直径达 15～25μm，有的可达 50μm，黑褐色，多胞，大多为弱寄生菌。

【发生规律】

病菌以分生孢子座在玉米病残体上越冬，翌年侵染玉米叶片受伤部位形成叶斑。玉米附球菌叶斑病为气流传播的病害。

【防治方法】

（1）合理密植，增加田间通风透光，减少侵染概率。

（2）合理施肥，提高植株抗病性。

十九、玉米轮纹斑病

【症状诊断】

玉米轮纹斑病（*Gloeocercospora* leaf spot）又称轮豹纹病，危害叶片，出现大小不等淡红褐色或呈褐色、水渍状病斑，病斑上具有轮纹。病斑长达 2.5～5mm，严重时多个病斑相互连接，形成形似"豹纹状"病斑。潮湿条件下，在叶片背面发病部位出现微细的橙红色黏液，即病原菌的子实体，在坏死组织中形成黑色菌核，直径为 0.1～0.2mm。

【病原鉴定】

玉米轮纹斑病由无性型真菌胶尾孢属（*Gloeocercospora*）高粱胶尾孢菌（*Gloeocercospora sorghi* D. Bain. et Edg.）侵染所致。菌丝形成的分生孢子座，大多埋生在气孔内，菌丝也可在表面生长，分生孢子座在潮湿条件下分泌出橙红色黏液。分生孢子梗密集或单生，短小，无色，0～2 个隔膜，大小为（6～20）μm×（1.5～2.5）μm。分生孢子长形至线形，顶端尖细，无色，有 4～8 个隔膜，大小为（32～112）μm×（3～4）μm。该菌还能寄生苏丹草、阿拉伯高粱、剪股颖和甘蔗等植物。

【发生规律】

病菌以菌核在玉米病叶坏死组织内越冬，也可以在苏丹草、阿拉伯高粱、剪股颖和甘蔗等植物的坏死组织中越冬，成为翌年危害玉米的初侵染源。种子带菌是远距离传播的重要途径。越冬后的菌核遇到翌年萌发的适宜环境条件，产生分生孢子，借气流和雨水冲溅侵染幼苗叶片，不断繁衍扩展。在潮湿条件下产生新的分生孢子进行再侵染，造成病害蔓延扩展。

【防治方法】

（1）清除初侵染源。玉米收获后进行土壤翻耕，销毁菌核，铲除田边杂草，消灭越冬菌源，减少翌年初侵染源。

（2）加强田间管理。及时剥取病叶，作为饲料或集中烧毁，以切断病害发生的中间寄主，防止病害扩大蔓延。在发生严重地区，注意及时开沟排水，降低田间湿度，减轻发病程度。

（3）选择优良抗病的杂交种。品种间抗病性差异很大，选用抗病品种是防治该病经济有效的措施。但目前生产上尚无鉴定选育出优良抗病品种。

（4）药剂防治。5％井冈霉素水剂 750 ～1 050mL/hm²，兑水 1 120～1 500L 喷雾；50％硫菌灵可湿性粉剂或 50％多菌灵可湿性粉剂 1 500g/hm²，兑水 1 120～1 500L 喷雾；或 80％代森锌可湿性粉剂 500 倍液喷雾。

第四章
茎部真菌病害

一、玉米茎基腐病

【症状诊断】

玉米茎基腐病（*Fusarium* stalk rot）是由多种病菌单独或混合侵染造成的根系和茎基部腐烂的一类病害的总称，又称茎腐病或青枯病。该病为全株表现的侵染性病害，从苗期开始出现症状，到大喇叭口期症状加重，灌浆期至蜡熟期进入显症高峰期，玉米乳熟末期至蜡熟期为显症高峰期。典型症状表现可分为三种类型。

1. 茎叶青枯型 发病时多从下部叶片逐渐向上扩展，呈水渍状而青枯，而后全株青枯，有的病株出现急性症状，即在乳熟末期或蜡熟期全株急骤青枯，没有明显的由下而上逐渐发展的过程，这种情况在雨后忽晴天气时比较多见。

2. 茎基腐烂型 植株根系明显发育不良，根少而短，病株茎基部变软，剖茎检查，髓部空松，根茎基部及地面上1～3节间多出现黑色软腐，有的甚至腐烂达第4节，遇风易倒折（图4-1至图4-10），在潮湿时病部初期出现白色，后期为粉红色霉状物（图4-11）。

3. 果穗腐烂型 有的果穗发病后下垂，穗柄变柔软，苞叶青枯，不易剥离，病穗籽粒排列松散，易脱粒，粒色灰暗，无光泽（图4-12）。

【病原鉴定】

玉米茎基腐病病原菌比较复杂，国内外对病原菌的种类及优势小种的报道不尽一致，已报道的病原菌种类有20余种，报道比较一致的病原菌有禾生腐霉菌（*Pythium graminicola* Subram.）、瓜果腐霉菌［*P. aphanidermatum*（Edson）Fitzpatrick］、禾谷镰孢霉（*Fusarium graminearum* Schw.）、串珠镰孢霉（*F. moniliforme* Sheld）等。甘肃省制种玉米田的主要病原菌是禾谷镰孢霉、串珠镰孢霉。

1. 禾谷镰孢霉（*F. graminearum*） 在PSA培养基上，气生菌丝棉絮状，白色、草珠红色、石竹紫色、间有白色、浅黄色的菌丝团，基物表面层石竹紫色，在米饭培养基上黄色至棕色。大型分生孢子在PSA培养基上数量极少至无，在玉米粒培养基上数量多，形状较整齐，镰刀形，顶胞渐尖，基胞足跟明显，3～6个隔膜，多数3～5个隔膜。3～4个隔膜的大小为（24.0～53.0）μm×（3.5～5.5）μm；5～6个隔膜的大小为（31.5～56.0）μm×（3.5～6.0）μm。厚垣孢子球形，产孢细胞单瓶梗。未见有性阶段。

2. 串珠镰孢霉（F. moniliforme） 在 PSA 培养基上，气生菌丝丛卷毛状至毡状，白色、淡粉色。外观呈粉状，基物不变色，在米饭培养基上粉红色至淡橘黄色。产孢细胞单瓶梗，分枝或不分枝，大小为（11.4～27.9）μm×（2.6～3.2）μm，产生 2 种分生孢子。小型分生孢子呈链状串生，卵形，椭圆形，大小为（3.0～14.0）μm×（2.0～4.0）μm。大型分生孢子镰刀形，细长，顶胞渐尖，基胞足跟明显至不明显，隔膜易消解，3～5 个隔膜，3 个隔膜的大小为（25.0～36.0）μm×（3.0～4.5）μm，5 个隔膜的大小为（35.0～55.0）μm×（3.0～5.0）μm。无厚垣孢子，有子座及菌核，呈黄色、褐色或紫色。未见有性阶段。

【发生规律】

玉米茎腐病侵染循环比较复杂，该病属于典型土传病害，常以菌丝和分生孢子在病残体组织内外、土壤和种子上越冬，成为翌年的初侵染源。前茬小麦病残体上的禾谷镰孢霉是初侵染源之一。病残体在适宜的气候条件下可以产生子囊壳，翌年便可释放出子囊孢子，子囊孢子通过气流传播进行初次侵染。分生孢子和菌丝体可以借风雨、昆虫、灌溉和机械进行侵染，是玉米茎基腐病主要的传播方式，气候条件适宜时进行反复再侵染。玉米茎基腐病在其整个生育期均可侵染，病菌可以从自然伤口侵染，也可直接进行侵染，但以苗期侵染为主，病原菌前期侵染之后可潜伏在玉米植物根系组织内，堵塞输导组织，待玉米进入散粉期至灌浆末期后，潜伏的病原菌开始侵染茎基髓部，并逐步向茎部各节传播，造成玉米地上部茎叶由于得不到充足的水分而萎蔫，从而导致叶片枯萎，甚至可侵入到玉米的穗轴，但在田间，该病一般是在茎基部显症，茎基组织缢缩腐烂，果穗倒挂，最后整个植株枯萎死亡。因此，侵染过程可分为发病前期、根系显症期、病害快速上升期、植株地上部显症期四个阶段。

玉米茎基腐病的发生与流行，受气候条件、品种自身的抗性和栽培管理等多种因素的影响。发病程度决定于玉米在生育阶段的田间湿度、雨量和温度等气候条件，如连续降水量在 50mm 以上，雨日多，降雨前后的温差为 4～8℃，尤其大雨过后太阳暴晒，有利于病害发生流行；一般早播和早熟品种发病重，这是因为土壤中适宜的温湿度使病菌孢子易萌发，与玉米的适宜生育期相吻合，导致发病率增高。一般平展株型比紧凑株型发病重，高大植株比矮小植株发病重；连作年限越长，土壤中积累的病菌越多，发病越严重，而生茬地菌量少发病轻；一般平地发病较轻，而岗地和洼地发病重；土壤肥沃，有机质丰富，排灌条件良好，玉米生长健壮的田块发病轻，沙质土壤瘠薄，排水条件差，玉米生长弱而发病重。春玉米茎基腐病发生于 8 月中旬，夏玉米则发生于 9 月上中旬，麦田套种玉米，其发病时间介于 8 月中旬至 9 月上中旬。

【抗性鉴定】

1. 自然诱发对玉米抗茎基腐病的田间调查 参照王晓鸣等（2010）介绍的方法进行抗性鉴定。

（1）调查时间。在玉米进入乳熟后期进行调查。

（2）调查方法。每份材料进行逐株调查，调查重点部位为茎基部节位，茎节明显变褐或用手指捏近地表茎节感到变软的植株，即为发病株。分别记录调查总株数、发病株数，计算并记录病株率。

（3）病情分级与抗性评价。按照病株率大小进行分级，采用 9 级制方式对玉米抗性反应进行评价，评价标准见表 4-1。

表 4-1 玉米抗茎腐病鉴定病情级别划分标准与评价标准

病情级别	发病程度	抗性评价
0	无发病	免疫 I
1	病株率 0～5.0%	高抗 HR
3	病株率 5.1%～10.0%	抗 R
5	病株率 10.1%～30.0%	中抗 MR
7	病株率 30.1%～40.0%	感 S
9	病株率 40.1%～100.0%	高感 HS

2. 人工接种诱发对玉米抗茎腐病的鉴定技术

（1）病原菌的分离。在玉米蜡熟期前，选择采集全株叶片青枯率达 50%～60%，茎秆基部 1～2 节间有明显的水渍状病斑，但尚未发软的病株。选取病株的茎节段，经消毒后，用消过毒的刀劈开茎节部，取小块病组织分别放在含硫酸链霉素的 PDA（镰孢霉）和 CMA（腐霉菌）培养基上，置于 26～28℃恒温箱中培养 1～4d，并进行单菌丝尖端或单胞分离纯化。其中，挑取腐霉菌菌丝尖端，移于 CMA 平皿培养基上，再加几根灭菌的玉米根，培养 3～4d。把上述幼菌丝移入盛有 petri 氏液的凹玻内，在 25℃下保湿培养，16h 后即可镜检到孢子囊、泄管和泡囊及释放的游动孢子。培养 3～4d 后，就能镜检到雄器和藏卵器的着生关系及形态，即可确定腐霉菌种类。切取镰孢霉菌丝尖端或挑取单个分生孢子接于 PDA 培养基上培养，获取纯培养物。分别将腐霉菌、镰孢霉纯培养物接种到玉米上，进行致病性测定。

（2）接种体准备。将分离获得的腐霉菌、镰孢霉纯培养物进行扩大培养，获得接种体。将腐霉菌接种于经高压灭菌的玉米粒（玉米粒培养基制备方法：玉米粒浸泡一夜，煮 30～40min 后，捞出沥干水分，装入三角瓶中 121℃灭菌 1h，冷却后备用）上，将镰孢霉接种于经灭菌的麦粒上（麦粒培养基制备方法：麦粒煮 20min 后，捞出沥干水分，装入三角瓶中 121℃灭菌 1h，冷却后备用），将接菌的玉米粒和小麦粒置于 25℃条件下黑暗培养 5～7d，待菌丝布满玉米粒、小麦粒后即可用于接种。

（3）接种。接种时期为玉米展 13 叶至抽雄初期，也可提前至 10 叶期。接种采用的方法一般有 4 种，即土壤埋菌法、打孔接种法、牙签接种法和注射接种法。常用土壤埋菌法和注射接种法。

①土壤埋菌法。玉米吐丝前后，在距玉米茎 5～10cm 处开沟约 10cm，接入培养好的带菌玉米粒和小麦粒各 20～30g，覆土盖好，浇水保湿。

②注射接种法。将纯化好的致病菌，用无菌水稀释或从培养基上洗涤，充分摇动后用纱布过滤，做成菌悬液，浓度为在 400 倍显微镜下每个视野中有菌丝段 50 个，在玉米茎基第 2 节中间用无菌注射器注射菌悬液 1～3mL，接种后当天灌水保温。

（4）病情调查。土壤埋菌法接种在玉米乳熟期末进行田间调查，注射接种后 2～3 周进行剖茎检查，并记录病株率和病情指数，进行抗病性评价。

【防治方法】

（1）选育和种植抗（耐）病优良品种。近几年选育的抗病自交系有获白、吉815、吉870、吉337、冀524、保102、沈219、承191、京系01等。杂交种和杂交组合有中单11、陕单9号、沈单7号、掖单4号和掖单13、农60、吉单（141、122和188）、唐玉1号和津唐1号等。应依据当地的光热、水肥等自然资源条件，选择生育期适宜的品种，尽量避免使用抗逆性差的品种。

（2）清除田间病株残体。制种玉米抽雄期及时拔除发病雌、雄株，玉米收获后彻底清除发病株，集中处理或结合深翻土地进行深埋。

（3）合理轮作。实行玉米与其他非寄主作物轮作，防止病原菌在土壤中积累，发病重的地块可与马铃薯、蔬菜作物轮作2～3年。

（4）适期晚播。北方春玉米区，4月下旬至5月上旬播种，能防治茎基腐病的发生。套种玉米在5月下旬至6月上旬播种发病轻，夏玉米在6月15日左右播种发病轻。

（5）合理施肥。在施足基肥的基础上，于玉米拔节期或孕穗期增施钾肥或磷氮肥配合使用，严重缺钾地块，一般施硫酸钾100～150kg/hm²，一般缺钾地块施硫酸钾70～105kg/hm²。在玉米播种和抽雄时，将硫酸锌、尿素、三元复合肥按22.5～30.0kg/hm²、225.0kg/hm²、225.0kg/hm²施入土壤，提高植株抗病性。

（6）生物防治。利用增产内生芽孢杆菌按种子重量的0.2%拌种，对玉米茎基腐病有一定控制作用。采用每克风干土中接种$1×10^6$个孢子/mL浓度的哈茨木霉或绿色木霉孢子悬浮液，对镰孢霉的厚垣孢子萌发有显著抑制作用，或在土壤中接种木霉菌的同时每克土壤微量加入4～6μg三唑酮，其防治效果比单独使用更显著。在种子包衣之前，采用玉米生物种衣剂（ZSB）按1∶40的比例进行拌种，或用诱抗剂浸种，或用种衣剂包衣等，对玉米茎基腐病均有一定抑制作用，防治效果比较明显。

（7）种子包衣。对玉米茎基腐病发生较为严重的基地及品种，采用27%苯醚·咯·噻虫种子处理悬浮剂200mL＋47%丁硫克百威种子处理乳剂100mL＋0.132%赤·吲乙·芸薹12g＋适量警戒色，包衣种子100kg；40%苯甲·醚菌酯悬浮剂＋47%丁硫克百威种子处理乳剂100mL＋0.132%赤·吲乙·芸薹12g＋适量警戒色，包衣种子100kg（仅适用于当年种植，包衣种子不宜存放），可提高种子出苗率和整齐度，苗期根腐病及苗枯病很少发生，提高了玉米苗期的抗病性。

（8）药剂防治。

①小喇叭口期。7～10叶期是穗分化的关键时期，叶面喷施含硅50g/L中量元素肥料500倍液，氨基酸微量元素≥100g/L、锰·锌≥100g/L的氨基酸水溶肥500倍液，植物生长平衡调节剂赤·吲乙·芸薹7 500倍液，以促进玉米根系发育，增强苗期长势，保证玉米雌穗分化整齐度及完全分化，并提高玉米的抗病性，为丰产打下良好基础。

②大喇叭口期。是玉米病虫害发生的第一个高峰期，可用植物刺激素赤·吲乙·芸薹7 500倍液＋30%苯甲·丙环唑悬浮剂2 000～3 000倍液，可提高玉米长势，增强植株抗性，减轻病害发生程度。

③授粉后。玉米由营养生长转向生殖生长，植株抗性下降，去雄后，叶片数量减少，植株合成养分的能力也下降。此时采用植物刺激素70g/L中量元素肥料500倍液＋40%苯甲·醚菌酯悬浮剂1 500倍液，可达到延缓叶片衰老，提高叶片光合作用和植株抗性的目的。

二、玉米青枯病

【症状诊断】

玉米青枯病（*Pythium* stalk rot）发病后，多数叶片由下而上表现青枯症状，发病速度快，往往在1～2d内全株迅速失水枯萎，似开水烫过，叶片突然出现青灰色、枯萎现象，呈青枯状（图4-13）。乳熟期至蜡熟期为发病高峰期。发病初期，植株叶片突起，出现青灰色干枯，似霜害，后期叶片干枯死亡（图4-14）；根系和茎基部呈现出水渍状腐烂，茎基部2～3节由青绿色逐渐变成黄褐色，节间中空，茎节变成浅褐色，髓部维管束变色，致使整株倒伏（图4-15），在潮湿环境下可看到白色霉状物。果穗下垂，穗柄柔韧，不易掰下。籽粒干瘪、无光泽，千粒重下降。

【病原鉴定】

玉米青枯病主要是由卵菌门（Oomycota）腐霉属（*Pythium*）侵染引起。目前，报道引起玉米青枯病的腐霉菌有肿囊腐霉（*Pythium inflatum* Matth.）、禾生腐霉（*P. graminicola* Subram）、强雄腐霉（*P. arrhenomanes* Drechsler）、棘腐霉（*P. acanthicum* Drechsler）、瓜果腐霉［*P. aphanidermatum*（Edson）Fitzpatrick］、寡雄腐霉（*P. oligandrum* Drechsler）6种。禾生腐霉和肿囊腐霉引起典型的青枯症状，致病力最强。瓜果腐霉和强雄腐霉引起根腐和中部茎基节腐烂，寡雄腐霉虽寄生在玉米上，但对玉米成株无致病力。

1. 禾生腐霉（*P. graminicola*） 菌落在CMA培养基上无色，菌丝无隔，宽2～8μm，不规则分枝，菌丝受伤或老化时，出现隔膜。孢子囊也呈大拇指状膨大的丝状、裂片状或不规则形，顶生或间生，萌发产生15～49个游动孢子，呈肾形，双鞭毛，大小为(14.8～17.2)μm×(9.8～14.8)μm。休止孢子直径为12.0～17.0μm。藏卵器球形，壁光滑，顶生或间生，平均直径24.3μm，每个藏卵器有1～6个雄器，棍棒形、卵形或亚球形，多为同丝生，柄长短不等，大小为(8.6～12.0)μm×(6.0～7.0)μm。卵孢子球形，无色或淡褐色，直径为18～35μm，壁厚1.7～3.1μm。菌丝在28℃时生长最快。

2. 瓜果腐霉（*P. aphanidermatum*） 菌落在CMA培养基上呈放射状，气生菌丝棉絮状。菌丝发达，不分隔，生长旺盛时呈白色，粗4.2～9.8μm。孢子囊丝状体不规则膨大，小裂瓣状，分枝简单或复杂，顶生或间生。孢子囊大小为(87～297)μm×(7～21)μm。泄管长短不一，大小为(104～319)μm×(7～13)μm。泡囊直径为18～67μm，球形或近球形，内含7～24个游动孢子。游动孢子肾形，侧生双鞭毛，大小为(13.7～17.2)μm×(12.0～17.0)μm，鞭毛长13～27μm。休止孢子球形，直径为11～12μm，萌发生出芽管。藏卵器球形，顶生或间生，平滑，柄较直，直径为17～26μm。雄器多为异生，很少同丝，袋状、棍棒形、近圆形、玉米粒形，间生或顶生，大小为(10.5～16.9)μm×(7～13)μm。卵孢子壁平滑，不满器，球形，大小为(14～19)μm×(22～25)μm，壁厚1.1～3.5μm。菌丝在32～36℃生长最快。

3. 肿囊腐霉（*P. inflatum*） 菌丝体在CMA培养基上纤细，粗2.5～4.3μm，由裂片状或不规则形或球形的菌丝状结构共同组成，大小为(34～74)μm×(7～30)μm。藏卵器球形，平滑，顶生或间生，直径13～24μm。雄器异丝生，大小为(10.3～13.8)μm×(3.4～6.9)μm，每个藏卵器有0～4个雄器。卵孢子球形，平滑，满器或几乎满器，直径为 12～24μm。生长最适温度为 30℃。

4. 强雄腐霉（*P. arrhenomanes*） 菌落白色，棉絮状、丝状，不稠密。菌丝无色，分枝，粗 3～6μm。孢子囊丝状，单生或多枝，裂片状，粗 15～30μm。萌发产生 15～40 个或更多的游动孢子。泄管粗 3～4μm，最长可达 80μm。游动孢子双鞭毛。休止孢子球形，直径约 12μm。藏卵器球形、扁球形，平滑，顶生或间生，直径为 16～55μm，平均 29.5μm。雄器曲颈状，顶生，异丝生，大小为（10～25）μm×（5～10）μm。每一雄器柄常形成 10～20 枚或更多的分枝。每个藏卵器上贴着 3～8 个雄器。卵孢子球形，平滑满器，直径为 15～55μm，平均 27.5μm。壁厚 1.5～2.0μm。

【发生规律】

腐霉菌以卵孢子在土壤和植株病残体组织中存活越冬，成为翌年初侵染源。在苗期腐霉菌主要侵染须根和根毛皮层，初期形成淡黄褐色水渍状斑点，很快变为淡褐色，并环绕根毛致使根毛腐坏脱落。病菌很快进入维管束并沿着皮层向上扩展蔓延，使植株地上部枯死，或严重矮化。茎基部发病后，皮层出现褐色坏死斑，水渍状，有的出现开裂或变软，病菌随植株地上部向各茎节发展，甚至进入穗部、穗轴，造成穗腐，使果穗下垂，籽粒瘪瘦。发病程度除与品种特性有关外，温度条件是引起发病的关键，尤其是雨后暴晴和土壤积水，温度过高，均有利于腐霉菌的生存和致病，发病迅速加重。连作年限长，偏施氮肥，也有利于病害发生。

【防治方法】

（1）加强栽培管理，合理灌溉。6 月干旱时严禁大水漫灌，7—8 月及时关注当地天气预报。连降暴雨要及时排水，防止湿气滞留而引起该病严重发生危害。分期培土，及时中耕松土，避免各种损伤，青枯病发病时可及时将茎基部四周的培土扒开，降低湿度，减少侵染，待发病盛期过后再将土培好。

（2）药剂防治。采用甲霜灵和克菌丹、克菌丹加噻菌灵或三乙膦酸铝对玉米种子进行拌种处理，防效较好。也可在玉米大喇叭口期采用 25％甲霜灵粉剂 600 倍液或 58％甲霜·锰锌粉剂 600 倍液喷雾，能有效预防玉米青枯病的发生。

（3）其他方法。参考玉米茎基腐病的防治方法。

三、玉米黑束病

【症状诊断】

玉米黑束病（Black bundle disease）一般在灌浆期开始表现症状，常见的症状类型有两种。

1. 淡紫红枯死型 发病初期顶叶尖端出现淡紫红色，并稍有纵向皱折而直立，2～5d 由上向下迅速扩展，7～10d 顶叶枯死，病株叶鞘、叶片中脉从茎部向上呈鲜红色变色（图 4-16、图 4-17、图 4-18）。绝大多数品种（系）如 Sc704、Sc773、Sc717、户单 1 号、Mo17、中单 2 号等在田间常表现此症状。

2. 黄枯型 在黄早四品种上表现顶叶枯黄色，略纵向皱折直立，易与自然黄枯混淆。采用剖茎检查，叶部出现症状的，往往维管束或节部也发生病变，也有个别病株维管束变褐而外部仍保持正常状态，根据品种和茎、维管束颜色变化，归纳为以下两种类型。

（1）黑束型。病株轻微发病时，维管束出现淡黄色至褐色病点，多分散。发病重的，病点连成一片，维管束及髓部出现大片褐色病变（图4-19）。

（2）褐节型。有些病株主要以节部变为黑褐色为主（图4-20）。一般病株果穗的1/3～1/2不结实或籽粒不饱满，发生程度与品种特性和发病早晚有关。

【病原鉴定】

玉米黑束病主要是由无性型真菌枝顶孢属（*Acremonium*）引起，其致病种是直枝顶孢霉（*Acremonium strictum* W. Gams.），异名为 *Cephalosporium strictum* 、*C. acremonium* Corda.。

该菌在PDA培养基上，初期菌丝白色，菌落中部隆起，边缘平展，菌丝致密呈羊毛状。7d后，菌落由白色渐渐变成淡粉红色，气生菌丝变稀薄，菌落中部下陷。14d后，气生菌丝逐渐消失，整个菌部平匐，呈粉红色，最后形成平匐粉红色至砖红色菌膜，培养基不着色。菌丝纤细，无色，分隔，可数根及数十根联合形成菌索。分生孢子梗直立、单生，长一般为48.0～160.0μm，多为25.6～84.3μm，基部稍粗，一般有1个分隔，上部渐细，有时也可见分生孢子梗二叉或偶见三叉分枝现象，二叉分枝发生在离孢子梗基部14.5～23.3μm处。分生孢子无色、单胞，椭圆形至长椭圆形，在孢子梗顶端黏合成头状。分生孢子大小为（1.5～9.7)μm×（1.3～3.7)μm。分生孢子萌发多产生芽管。

菌丝生长所需适宜温度范围为25～35℃，以30℃生长最适，40℃以上或10℃以下不能生长。分生孢子在10～35℃均可萌发，20～33℃为最适温度范围，28℃萌发率最高。但孢子萌发需要氧气，如加盖玻片后，即使温度适宜，孢子只在盖玻片边缘四周出现萌发，萌发率降低2/3以上。致死温度为50℃（10min）。菌丝生长对pH的适应性广泛，pH在3～10菌丝均能生长，但适宜pH为4～9，以pH为6最适宜。菌丝在不同光照处理下均能生长，其中紫外线照射与黑暗、光照与黑暗12h交替处理对菌丝生长最为有利，经96h培养，菌落直径较常规培养依次增大2.7mm和0.7mm，较连续光照增大9.6mm和7.8mm，日生长量较连续光照分别大2.45mm和1.95mm。因此，连续光照下生长量最差。

【发生规律】

玉米黑束病是由土壤、病残体、种子带菌传播，幼苗根部侵染，系统发生的病害。田间调查发现，耕作措施与病害发生关系十分密切。凡潮湿积水、土壤干旱或盐碱地，植株生长势弱，发病严重。地膜覆盖显著加重了病害的发生程度。氮肥用量过大，发病率和病情指数均有显著增加趋势，1hm²施尿素675kg，发病率较对照提高10.0%，病情指数增加11.8。播种期与病害发生无明显相关性。

【防治方法】

（1）培育和种植抗病品种。种植抗病品种是最经济有效的措施，而且能从源头上控制病害的发生与蔓延。1984年，甘肃省临泽县玉米黑束病严重发生时，采取以中单2号为主，户单1号和丰单1号为搭配品种，淘汰感病的Sc704、Sc773、Sc717等品种（系）的防治措施，有效阻止了病害的蔓延。目前，抗病的杂交种有中单2号、户单1号、丰单1号、郑单958、沈单16、沈单10、陕单8410、酒单2号、豫玉22、丹育13等。

（2）合理施肥。促进玉米生长，提高抗病能力，降低发病率，减轻发病程度。有研究表明，1hm²单施磷酸二铵22～450kg、钾肥75 kg或氮、磷、钾配合施肥，发病率能控制在 2.7%～3.1%，病情指数为 0.9～4.5。但从玉米吸收利用肥料的特性、促进玉米增产和提高综合抗逆能力考虑，1hm² 配合施尿素（375kg）＋磷酸二铵（225kg）＋氯化钾（75 kg），效果更好。

（3）合理灌溉。防止田间积水和土壤干旱，能促进植株生长。

（4）及时拔除田间病株。田间出现病株，尤其是制种田母本发病时，务必连根拔除并带到田外销毁，防止土壤病原菌积累和带菌种子远距离传播。

四、玉米纹枯病

【症状诊断】

玉米纹枯病（Banded leaf and sheath blight）从苗期至生长后期均可发病，但主要发生在抽雄至灌浆期，苗期和生长后期很少发生，喇叭口期至抽雄期开始发病，抽雄期病害开始扩展蔓延，扬花至成熟期发展速度逐渐增快，灌浆至成熟期病情垂直发展最快。主要侵害叶鞘，其次是叶片、果穗及苞叶，发病严重时，能侵入坚实的茎秆，一般不引起倒伏。玉米感染纹枯病时，最初多由近地面的 1～2 节叶鞘感病，后侵染叶片及向上蔓延。发病初期，先出现水渍状的圆形、椭圆形或不规则形病斑，病斑中央先由灰绿色逐渐变成白色至淡黄色，后期变成灰褐色，边缘深褐色，常多个病斑扩大汇合成云纹状斑块，包围整个叶鞘，使叶鞘腐败，并引起叶枯。雌穗受到危害，苞叶颜色由浓绿色变为灰白色，最后干枯变成枯黄色（图 4-21），不能正常吐丝和授粉，穗轴逐渐干枯，籽粒、穗轴均变成褐色腐烂，在发病中期可以看到一层白色粉状物。茎秆被危害，病斑褐色，形状不规则，后期露出纤维（图 4-22 至图 4-25）。在潮湿环境下，病斑上常会出现很多白霉，即菌丝体。植株生长后期，在病部组织内或叶鞘与茎秆间产生褐色颗粒状菌核，菌核周围有少量菌丝和寄主相连，成熟的菌核灰褐色，大小不等，形状各异，多为扁圆形，极易脱离寄主而遗落田间（图 4-26）。当环境条件适宜时，病斑迅速扩大，叶片萎蔫，植株似开水烫过一样呈绿色腐烂而枯死。

【病原鉴定】

玉米纹枯病是由无性型真菌丝核菌属（Rhizoctonia）引起，目前报道的玉米纹枯病菌有立枯丝核菌（R. solani kühn）、玉蜀黍丝核菌（R. zeae Voorhees）和禾谷丝核菌（R. cerealis Vauder）三种。其中，禾谷丝核菌主要侵害小麦，玉蜀黍丝核菌常危害果穗导致穗腐，而引起玉米纹枯病的主要病原菌则是立枯丝核菌。

立枯丝核菌在 PDA 培养基上，菌落呈淡黄色，菌丝初无色，较细，分隔距离较长，直径为 4.4～10.1μm。随菌龄增长，菌丝细胞渐变粗短，呈棕紫色至褐色。菌丝分枝呈直角、近直角或锐角，近分枝处有隔膜，分枝处多缢缩。菌丝多核，一般 3～10 个，多为 4～6 个。菌核初为白色，后变为褐色，形状各不相同，表面粗糙，大小为（0.5～6.4）mm×（0.5～4.0）mm。

菌丝生长温度是 7～40℃，最适温度为 26～32℃，低于 7℃或高于 39℃，停止生长。菌核的形成温度是 11～37℃，最适温度为 22℃，属高温型。在 14℃时菌核形成的速度最低，需要 11d 才能形成，30℃时 2d 即可形成。pH 为 2.2～10.6 时，菌丝均能生长，以 pH 为 5.4～7.3 生长最快。阳光直射对菌丝体有明显抑制作用，紫外线对菌丝有强烈的杀伤作用，菌核对紫外线有极强的抗性，阳光直接照射对菌核形成有刺激作用，菌核形成明显快于散光和黑暗条件。

【发生规律】

病原菌以菌丝和菌核在病残体或土壤中越冬，翌年当温度、湿度条件适宜时，越冬菌核开始萌发产生菌丝，首先从玉米基部的叶鞘缝隙侵入叶鞘内侧，从而引起发病，发病部位长出气生菌丝，向病组织周围扩展，通过叶片接触向邻近植株蔓延，从而引起再侵染，病部形成的菌核落入土壤，可通过雨水的反溅引起再侵染。

影响玉米纹枯病发生流行的因素包括气候因素、玉米品种抗性程度、耕作栽培措施等。气候因素对纹枯病的扩展有重要影响，病害发生期，雨日多，湿度高，病情发展快，气温 25～30℃、相对湿度 90% 以上是玉米纹枯病发生发展的适宜气候条件。在玉米连茬种植的田块，土壤中积累了大量菌源，发病重。在高肥水条件下，特别是偏施氮肥的地块，玉米生长旺盛，加之种植密度过大，增加了田间湿度，透风透光不良，容易诱发病害。地势低洼、排水不良的田块发病重。田间杂草丛生，造成玉米底层（基部）湿度增加，易于发病。生育期长的品种较生育期短的品种发病重。玉米倒伏，使病、健植株接触，为病害传染扩散创造了有利条件，加重病情。纹枯病在田间动态发生规律为：从 5 月下旬至 6 月中旬病害开始发生，7 月为水平扩展高峰期，病株率迅速增加，病原菌主要在叶鞘传染危害，不侵入或少侵入茎秆；8 月中下旬为病原菌侵染茎秆的高峰期，造成茎秆腐烂，影响养分和水分输送；9 月上中旬在玉米叶鞘和茎秆上形成菌核。因此，玉米纹枯病的发生消长规律分为三个阶段，即缓慢增长阶段、急剧增长阶段和平稳减缓阶段。

【抗性鉴定】

按照王晓鸣等（2010）介绍的自然抗性调查与人工接种诱发抗性鉴定方法进行抗性鉴定。

1. 自然诱发对玉米抗性的田间调查

（1）调查时间。普通玉米在进入蜡熟期进行调查，鲜食玉米在鲜果穗采收前 1～2d 调查。

（2）调查方法。调查时目测每份鉴定材料群体的发病情况，重点调查部位为果穗以下茎节，记录病情级别。

（3）病情分级。按照对应的症状描述进行病情分级（表 4-2）。

表 4-2 玉米抗纹枯病鉴定病情级别划分标准与评价标准

病情级别	发病程度	抗性评价
0	无发病症状	免疫 I
1	果穗下第 4 叶鞘及以下叶鞘发病	高抗 HR
3	果穗下第 3 叶鞘及以下叶鞘发病	抗 R
5	果穗下第 2 叶鞘及以下叶鞘发病	中抗 MR
7	果穗下第 1 叶鞘及以下叶鞘发病	感 S
9	果穗及以上叶鞘发病	高感 HS

2. 人工接种诱发对玉米抗性鉴定技术

（1）接种体准备。将 PDA 培养基上培养的丝核菌接种于经高压灭菌的小麦粒（麦粒培养基制备方法：小麦粒煮沸约 20min 后捞出沥干水分，装入三角瓶中 121℃灭菌 1h，冷却后备用）上，25℃黑暗培养 5～7d 后，待菌丝布满小麦粒后即可用于接种。

（2）对照材料鉴定。每 50～100 份鉴定材料设 1 组已知抗病和感病对照材料，目前常采用的是自交系昌 7-2（中抗）和掖 478（高感）。

（3）接种。纹枯病抗性鉴定接种时期为玉米拔节后期，植株接种采用下部叶鞘带菌麦粒接种法。将菌麦粒以 2 粒/株的用量于大喇叭口至抽雄期前接种在基部叶鞘内侧，接种前应先进行田间浇灌，或雨后进行接种，接种后若遇持续干旱，应及时进行田间浇灌，保证病害发生所需条件的满足。

（4）病情调查。调查时期为玉米蜡熟期。对每份鉴定材料进行逐株调查，并记录病情级别，然后根据公式计算每份材料的病情指数，根据病情指数评价材料的抗性水平（表4-3）。

表 4-3　玉米抗纹枯病鉴定病情级别划分标准与评价标准

病情级别	发病程度	抗性评价
0	成株期无发病症状	免疫 I
1	成株期病情指数 0～20.0	高抗 HR
3	成株期病情指数 20.1～40.0	抗 R
5	成株期病情指数 40.1～60.0	中抗 MR
7	成株期病情指数 60.1～80.0	感 S
9	成株期病情指数 80.1～100.0	高感 HS

【防治方法】

（1）培育和种植抗病品种。玉米品种对纹枯病的抗性存在着较大差异。目前，在生产上还没有对玉米纹枯病免疫的品种，对纹枯病高抗的品种也较少，其中 178、丹 340、黄 C、昌 7-2、豫玉 12 等是中抗亲本，在生产上选用四单 48、四单 16、吉单 149、掖单 14 等早熟、耐病、高产的玉米品种。

（2）人工剥叶。分别在玉米心叶期和心叶末期摘除病叶，从而切断纹枯病的次侵染源，近期防治效果能达 10%，1 个月后仍达 70%以上，能有效控制玉米生长后期发生的病害。

（3）加强栽培管理。要注意及时清除遗留在田间的病残体，并进行深翻土地，将带有菌核和病残组织的表土层翻压在活土以下，减少菌源的数量。创造不利于纹枯病发生的条件，如注意均衡施肥，防止后期脱肥，避免偏施氮肥，适量增施钾肥。加强田间管理，低洼地及时排水，合理密植，改变种植模式等，均可有效防控玉米纹枯病的发生。

（4）药剂防治。

①把握防治时期。掌握在发病初期即抽雄前 7～10d 用药防治，对连作田和感病品种，在灌浆初期再施药 1 次。

②感病品种种子供应商应做好种子包衣处理。

③应选择合适的施药部位，发病初期主要在基部 1～2 基节叶鞘上喷施药剂，能起到较好的防治效果。发病初期主要喷洒以下药剂：10％井冈霉素水剂 0.5 kg 兑水 200kg，或 50％甲基硫菌灵可湿性粉剂 500 倍液、50％多菌灵可湿性粉剂 600 倍液、50％苯菌灵可湿性粉剂 1 500 倍液，也可施用 40％菌核净可湿性粉剂 1 000 倍液或 50％腐霉利可湿性粉剂 1 000～2 000 倍液。

五、玉米顶腐病

【症状诊断】

玉米顶腐病（Top rot）苗期至成株期均可发生，以 4 叶期至玉米抽穗前发病症状最为明显，并具多症状特点。玉米顶腐病主要有以下几种症状类型。

1. 畸形或枯死苗型　出苗期，病株生长缓慢，叶片边缘失绿，出现黄色条斑，叶片皱缩、扭曲，叶缘出现刀切状缺刻，严重时幼苗基部变灰、变黄、变黑，形成枯死苗（图 4-27）。

2. 叶缘缺刻型　玉米抽穗前，玉米植株上部叶片基部或边缘出现缺刻状，其上下叶缘呈黄亮色条斑，严重时 1～2 片叶沿中脉半边或全叶脱落，仅剩中脉及中脉上残留的少量叶肉组织（图 4-28）。

3. 断叶状或枯死型　玉米抽穗前，植株上部叶片尖端呈黄褐色斑块，有时撕裂或呈断叶状，严重时顶端 4～5 叶叶尖端或全叶枯死（图 4-29）。

4. 扭曲卷裹型　玉米抽穗前，植株顶端叶片扭曲卷缩呈鞭状直立或倾斜，有的形成鞭状时将新抽叶片卷裹不能伸展形成弓状，或缩成一团，缠结的叶片撕裂、皱缩（图 4-30）。

5. 弯头型　玉米抽穗前，穗位节叶基和叶鞘发病变黄，叶基部缺刻状或撕裂，茎秆组织变黄软化，并向一侧倾斜，形成弯头（图 4-31）。

6. 顶叶丛生型　玉米抽穗前，植株顶端叶片丛生、直立。

7. 叶片基部腐烂型　玉米抽穗后，在穗位节上下叶片边缘产生灰褐色腐烂，并逐步向中脉扩展，叶基部出现不均匀褪绿，严重时叶肉组织全部腐烂或脱落，只留中脉（图 4-32）。

8. 叶鞘、茎秆腐烂型　玉米抽穗后，穗位节叶片基部变褐腐烂，叶鞘和茎秆髓部也出现腐烂状，叶鞘内侧和紧靠茎秆皮层处呈铁锈色腐烂，剖开茎部，维管束和茎节出现淡褐色或红褐色病点或呈片状腐烂，严重时从茎秆基部至穗位节呈黑褐色腐烂，茎秆中空，内生灰白色霉状物，刮风时容易折倒（图 4-33、图 4-34）。

9. 空秆畸形型　玉米抽穗后，植株生长低矮、扭曲。雌、雄穗败育畸形或空秆，叶片皱缩扭曲，能抽穗结实的，雌穗短小，籽粒少而不实。

【病原鉴定】

玉米顶腐病是由无性型真菌镰孢霉属（*Fusarium*）引起，主要致病种是串珠镰孢霉亚黏团变种（*Fusarium moniliforme* var. *subglutinans* Wr. et Reink.）。

该菌在 PSA 培养基上培养 6d 的菌落呈粉白色，气生菌丝棉絮状至粉状，中部淡紫色，背面菌落淡黄色，略呈蓝紫色或淡紫色放射状。产孢细胞内壁芽生，单或复瓶梗式产孢，小型分生孢子长椭圆形或纺锤形，较小，产生数量很多，无隔膜或具 1 个隔膜，大小

为 $(5.7\sim13.5)\mu m\times(2.3\sim5.1)\mu m$，呈假头状（不呈串珠状）着生。大型分生孢子产生很少，镰刀形，较直而细长，脚胞足跟不十分明显，顶端渐尖，2～5 个隔膜，以 3 个隔膜居多。大型分生孢子的大小因隔膜数不一样而存在较大差异，2 个隔膜者平均大小为 $18.9\mu m\times3.9\mu m$，3 个隔膜者平均大小为 $33.1\mu m\times4.8\mu m$，4 个隔膜者平均大小为 $48.9\mu m\times4.9\mu m$，5 个隔膜者平均大小为 $52.7\mu m\times5.3\mu m$。

菌丝生长的适宜温度为 20～25℃，小型分生孢子和大型分生孢子的萌发适宜温度均为 25～30℃；菌丝生长的最适 pH 为 5～12，孢子萌发的最适 pH 为 7～9，产生孢子的最适 pH 为 6～8。光照处理对菌丝生长无影响，其中在 12h 光照/12h 黑暗交替条件下产孢量最大，全光照条件下孢子萌发率达 100%。菌丝和分生孢子能较好利用木糖、葡萄糖、D-半乳糖、甘露醇、麦芽糖、蔗糖等碳源以及氯化铵、草酸铵等氮源。

【发生规律】

玉米顶腐病是以系统侵染为主、再侵染为辅的病害，病原菌以菌丝或厚垣孢子在种子、土壤和病残体上越冬，成为翌年的初侵染源。病株较健株的果穗带菌率略高，在高海拔、潮湿多雨的区域，亲本种子带菌率偏高，种子带菌部位多集中在表皮，而种胚带菌较少。土壤带菌主要以病残体集中在土壤表层和 10cm 耕作层，是病害发生的主要原因。大面积集中种植感病品种是病害严重发生的主要原因。多年连作，造成土壤中病原菌大量积累，发病较重。春、秋耕翻灭茬不及时，耕翻深度达不到要求，遗留在田间的病残体不能充分腐熟，造成土壤中病原菌的积累，使侵染概率提高，发病严重。偏施氮肥和钙元素缺失，使植株抗病性降低，发病较重。整地不平，田间低洼积水均能造成严重发病。低温高湿的土壤环境有利于玉米顶腐病的发生，播期过早，土壤温度低而出苗迟，病原菌侵染严重，发病率高。

玉米顶腐病在甘肃河西走廊田间发病时间比较集中，多在 5 月中旬植株 4 叶期开始出现症状，6—7 月为发病高峰期，发病植株在田间随机分布，没有明显发病中心。顶腐病田间出现较为明显的再侵染，主要发生在抽穗前后感病品种幼嫩的顶叶或新叶上，而且一般发病率在 50% 以上。

【防治方法】

(1) 选育和推广抗病品种。选育和推广抗病品种是最经济有效的措施，能从源头上控制病害的发生和蔓延。目前，抗病杂交种有豫玉 22、高油 115、天利 21、陕单 902、聊玉 20、农大 3138、浚单 22、鄂玉 10、丹玉 13、丹黄 25、华单 208、四密 21、农大 368、中单 2 号、吉丹 252、掖丹 13 等。

(2) 合理施肥。增施磷、钾肥或氮、磷、钾肥配合施用，能将发病率控制在 10% 以下。另外，增施过磷酸钙或硫酸钙等含钙元素的肥料，补充土壤钙元素，也能降低发病程度。

(3) 秋翻灭茬，精耕细作，促进病残体分解。秋收后及时深翻灭茬，翻耕深度最好不低于 20cm，并及时冬灌，土壤经过冻融交替，结构改善，可提高蓄水保墒和供水保肥能力，有利于促进病残体分解，减少初侵染菌源，降低发病率。

(4) 轮作。甘肃河西走廊作为全国最大的国家级玉米种子生产基地，切实存在倒茬难的问题，如果不能和其他作物进行轮作倒茬，可利用品种轮换，特别是要选择不同遗传背景的感病品种与抗病品种进行异地轮作，也能减轻发病程度。

（5）种子包衣。可采用药剂与种衣剂复配，如50％多菌灵可湿性粉剂20g＋20％克·福种衣剂、50％多菌灵可湿性粉剂20g＋12.5％烯唑醇可湿性粉剂1.5g＋20％克·福种衣剂，或直接选用25g/L咯菌腈悬浮种衣剂、60g/L戊唑醇悬浮种衣剂，也可选用18％克·福种衣剂＋2％戊唑醇、20％克·福种衣剂＋2％戊唑醇、15％克·福种衣剂进行种子包衣，能提高防治效果。

（6）药剂防治。在玉米4～8叶期和8～12叶期分别选择50％多菌灵可湿性粉剂20g＋有机硅5mL、50％多菌灵可湿性粉剂25g＋12.5％烯唑醇可湿性粉剂5g＋有机硅7mL进行叶面喷雾，也可选用5％氨基寡糖素水剂1 000倍液、50％氯溴异氰尿酸可溶性粉剂1 000倍液进行叶面喷雾防治。

六、玉米鞘腐病

【症状诊断】

玉米鞘腐病（Sheath rot）主要发生于叶鞘部位，形成不规则圆形病斑，受害叶鞘呈灰褐色至黑褐色病斑或水渍状腐烂，根据其发生部位，故称鞘腐病。主要在玉米生长后期至籽粒成熟期发生于叶鞘部位，病斑初为褐色、黑色或黄色小点，后逐渐扩展为圆形、椭圆形或不规则形斑点，多个病斑汇合形成黄色或黑褐色不规则形斑块，蔓延至整个叶鞘，致叶鞘干枯（图4-35至图4-41）。叶鞘内侧的褐变程度重于叶鞘外侧。田间偶尔可见病斑中心部位产生粉白色霉层，即病原菌的菌丝体和分生孢子。玉米鞘腐病造成叶片光合效率降低，有机物质积累减少，千粒重下降，进而影响产量。

翟晖（2010）报道，根据不同品种、不同环境等因素，玉米鞘腐病病斑分为四种类型。类型Ⅰ：病斑中央黄褐色，有明显的黑褐色边缘，形状不规则；类型Ⅱ：病斑大，黑褐色，形状不规则；类型Ⅲ：病斑红褐色，初为椭圆形或圆形斑点，后多个病斑汇合成红褐色不规则、边缘不清晰的病斑；类型Ⅳ：水渍状病斑。

【病原鉴定】

玉米鞘腐病是由无性型真菌镰孢霉属（*Fusarium*）引起，据报道，引起鞘腐病的病原菌主要有层出镰孢霉［*F. proliferatum*（Matsushima）Nirenberg］、木贼镰孢霉［*F. equiseti*（Corda.）Sacc.］、禾谷镰孢霉（*F. graminearum* Schw.）、串珠镰孢霉（*F. moniliforme* Sheld.）和细菌等，致病菌以层出镰孢霉为优势种。

层出镰孢霉在PDA培养基上产生白色、丛卷毛状菌丝，菌丝颜色随培养时间渐变成灰紫色。培养基内的色素由无色、灰黄色至灰紫色、深紫色和黑色。大型分生孢子镰刀形，较直，顶胞渐尖，足胞较明显，1～5个分隔，以3～4个隔膜居多，大小为（27.1～38.3）μm×（3.7～4.9）μm，平均大小为33.6μm×4.5μm。大型分生孢子的大小因隔膜数不等而存在较大差异，通常隔膜数越多孢子越大。其中，1个隔膜者大小为（14.0～25.5）μm×（2.8～5.0）μm，2个隔膜者大小为（18.6～30.4）μm×（3.0～5.2）μm，3个隔膜者大小为（24.2～44.6）μm×（3.5～5.4）μm，4个隔膜者大小为（42.1～51.0）μm×（4.8～5.4）μm，5个隔膜者大小为（43.3～56.1）μm×（4.8～5.9）μm。产孢细胞为内壁芽生瓶梗式产孢，单、复瓶梗并存，以单瓶梗居多。小型分生孢子串生和假头状着生，长卵形或椭圆形，无隔膜或具1个隔膜，大小为（7.6～10.7）μm×（3.6～4.3）μm，

平均大小为 $8.7\mu m \times 3.9\mu m$。

研究表明，在不同培养基上培养的菌落，其颜色和菌丝疏密程度差异明显。一般菌落颜色从白色、灰白色、乳黄色至淡紫色不等。病原菌生长的适宜温度为 $25\sim30℃$，最适温度为 $28℃$，大型分生孢子和小型分生孢子的萌发适温均为 $25\sim30℃$；病菌生长的适宜 pH 为 $5\sim6$。病原菌在 PSA 培养基上培养 $10\sim12d$ 后可产生厚垣孢子。病原菌能利用多种碳源，以蔗糖、葡萄糖、木糖、半乳糖和乳糖为最佳，淀粉和山梨糖次之；牛肉膏、酵母膏、蛋白胨、氯化铵、硫酸铵、硝酸钾为病原菌生长的良好氮源，但病原菌对氮源的利用远不及碳源。

【发生规律】

玉米鞘腐病病原菌在土壤或病残体上越冬，翌年靠风雨、农具、种子、人畜等传播到玉米植株上进行侵染危害。鞘腐病侵染规律比较复杂，尹海峰（2015）证实，层出镰孢霉菌丝体附着在寄主表面，从气孔或直接侵入，但以气孔侵入为主。在人工刺伤条件下，玉米鞘腐病的发病程度比不刺伤的处理严重，说明伤口的存在加速了病原菌的侵入；同时接种镰孢霉和蚜虫的处理，鞘腐病的发病程度显著高于只接种层出镰孢霉的处理，表明蚜虫造成的伤口增加了鞘腐病病原菌侵入的机会，因而发病程度加重。另外，还证实了蚜虫不携带传播层出镰孢霉，但蚜虫排泄的蜜露能够促进层出镰孢霉的生长。

玉米抗鞘腐病病原菌侵染的机制较复杂。徐鹏（2013）研究表明，玉米对鞘腐病的抗性与防御酶活性、木质素含量及其抗病相关基因的表达量呈正相关。高抗品种接种层出镰孢霉后，苯丙氨酸解氨酶、过氧化物酶、超氧化物歧化酶、多酚氧化酶、过氧化氢酶等活性均上升，木质素含量增加，PR-1、MPI、GAPc 和 PR-2a 等抗病相关基因的表达呈上升趋势。

病害发生程度与土壤带菌量、生育时期、气候条件等关系密切。近年来，生产中大面积秸秆还田，造成土壤中病残组织逐渐累积，菌量增加。此外，感病品种的大面积种植也使该病逐年加重。一般在玉米开花初期发病较重，进入灌浆期和乳熟期发病率降低。高温、高湿、多雨天气有利于病原菌的萌发和侵染，造成玉米鞘腐病流行。一般玉米鞘腐病发生严重的地块，其他病害和虫害发生较为严重，虫害以蚜虫为主。鞘腐病的发病部位若在玉米雌穗附近，可诱发蚜虫、玉米螟等害虫对雌穗的危害；若发病部位在雄穗附近且发病严重时，可导致雄穗脱落。玉米鞘腐病的发生，降低了玉米茎秆的抗倒伏能力，且病害越严重影响越大，对玉米自交系的影响大于杂交种，对玉米果穗秃尖长度影响更明显，也降低了出籽率。玉米受鞘腐病危害后，郑单958和郑58的行粒数随着病情级别的升高有减少的趋势，玉米秃尖长随着病情级别的升高有增长的趋势。

【防治方法】

（1）培育和种植抗病品种。玉米产区主推的玉米杂交种对鞘腐病均有较好的抗性，免疫品种有永玉8号、衡单6272和锐步1号，多数品种表现高抗。目前，自交系抗病能力低于杂交种，杂交种鞘腐病发生率及病情指数正在逐年上升，还需进行长期抗病能力监测。

（2）减少菌源基数。实行轮作倒茬，清理田间病株残体并烧毁，深翻灭茬，以减少菌源基数。

（3）药剂防治。田间防治玉米鞘腐病的最佳时期为开花初期，采用50%多菌灵可湿性粉剂、25％戊唑醇可湿性粉剂、25％烯唑醇可湿性粉剂、400g/L氟硅唑乳油及80％多菌灵·戊唑醇可湿性粉剂进行喷雾，重点对叶鞘进行施药，7～10d喷1次，连续喷施2～3次。

七、玉米干腐病

【症状诊断】

玉米干腐病（Stalk rot and ear rot）在各生育时期均可危害，但以生长后期危害最严重。主要危害玉米种子、幼苗、叶片、叶鞘、茎秆和果穗。受害严重的种子不能萌发，即便能萌发也有部分种芽萎缩干枯或霉烂，不能出土成活。幼苗受害后，幼芽和根部长有白色菌丝层，并产生褐色干缩的病斑，后期病斑上有黑色小点，即为病原菌的分生孢子器，种子与幼苗易分离。3叶期前，病株矮小瘦弱，根系较少，且根部呈浅褐色；叶片受害时，在背面产生褐色不规则的长形病斑，大小为2～5cm，叶部病斑上一般很少产生小黑点状的分生孢子器。叶鞘感病时，在其背面出现紫红色斑块，病斑中心枯死，一般不产生小黑点，但病穗部位的叶鞘受其穗部影响，在叶鞘的背面可产生小黑点。果穗受害后僵化变轻，下部或全穗籽粒皱缩，呈暗褐色或污浊状，失去光泽，籽粒之间常有紧密的灰白色菌丝体。茎秆发病时，在基部4～5节处或果穗节的节部、穗梗及苞叶上产生褐色、紫红色或黑褐色大型病斑，叶鞘和茎秆之间常有白色菌丝体，后期产生大量小黑点状分生孢子器，分生孢子器先于节部出现，然后在下部的节间发生（图4-42），但在叶鞘上不产生分生孢子器。受害严重时，籽粒基部甚至全粒有少量的白色菌丝体，并散生许多呈小黑点状分生孢子器，劈开穗轴，其内侧和护颖上也常有许多小黑点状分生孢子器。病果穗和苞叶之间布满白色菌丝体，使果穗和苞叶黏在一起，不易剥离。病穗一般成熟较早，产量、品质及籽粒发芽率均显著下降。

田间症状诊断，应在玉米果穗膨大的中后期至收获前期进行，此时病状已趋于稳定，田间植株青、枯分明，易于辨认。特别是选择雨过天晴，分生孢子器形成后最佳。病穗鉴别：绝大多数病果穗在田间就可出现小黑点状分生孢子器，但也有部分病果穗在田间不出现分生孢子器，如果将其苞叶恢复原状，在自然条件培养一段时间后观察，如果分生孢子器密度很大，常聚生成片状，其籽粒受害症状呈暗污色，造成的僵穗多，危害严重，可诊断为干腐病。

【病原鉴定】

玉米干腐病是由无性型真菌色二孢属（*Diplodia*）侵染引起，主要致病种有玉米色二孢菌 [*D. zeae*（Schw.）Lev.]、大色二孢菌（*D. macrospora* Earle.）和干腐色二孢菌（*D. frumenti* Ell et Ev.），其中玉米色二孢菌是优势种。

1. 玉米色二孢菌（*D. zeae*） 在寄主表皮下产生的分生孢子器较密，褐色，球形、扁球形、梨形或不规则形，有咀状孔口突出于寄主表皮外，直径为192～352μm。产生2种分生孢子：一种为圆柱形或长椭圆形，褐色，直或略弯曲，两端钝圆，一般有1个隔膜，少数分生孢子有2～3个隔膜，孢子大小为（15.0～33.0）μm×（3.0～7.0）μm，具1个隔膜的器孢子，其内2个细胞通常相等；另一种分生孢子为无隔膜的线形孢子，细长，无色，孢子大小为（18.0～27.0）μm×1μm，有的分生孢子器中仅有线状器孢子，有的分生孢子器中则同时存在 2 种器孢子。未发现该菌有性世代。

2. 大色二孢菌（*D. macrospora*） 该菌分生孢器内也产生 2 种分生孢子：一种分生孢子较大，圆柱形或棍棒形，浅褐色，多数为 1 个隔膜，少数有 2～3 个隔膜，大小为 $(35.0～95.0)\mu m×(4.9～13.0)\mu m$；另一种分生孢子为单胞、无色、线形，大小为 $(18.4～33.4)\mu m×1.5\mu m$。

3. 干腐色二孢菌（*D. frumenti*） 分生孢子器中只有 1 种分生孢子，单胞或双胞，深褐色，椭圆形，大小为 $(19.0～31.0)\mu m×(11.0～15.0)\mu m$。

病原检验：在症状不明显或与其他病害混淆时，可取样进行常规组织分离检验，也可用肉眼和手持放大镜仔细检查种子样品，对生有白色菌丝体或黑色小粒点的种子，进一步镜检确定病原菌。对可疑种子可进行分离检验，将待检种子表面用 7％次氯酸钠溶液消毒 1min，经无菌水洗涤后，置于 PDA 培养基或 MA 培养基上培养 2d，待长出菌丝后轻轻挑取并移植到玉米粉琼脂培养基上继续培养 14d 后，检查分生孢子器。

【发生规律】

玉米干腐病病原菌以菌丝及分生孢子器在病株残体和种子上越冬，成为翌年主要初侵染源。种子带菌是该病害远距离传播的主要途径。在受害重且早并枯死的病株上，当年就能产生分生孢子器，在适宜条件下释放的分生孢子是再侵染源。据报道，病株上的分生孢子器经过 3 年以后仍能产生分生孢子。降雨后，分生孢子器释放出大量分生孢子，随气流进行传播。病原菌的分生孢子随花粉落入叶鞘内，萌发后从叶鞘侵入，也可从茎秆基部、不定芽、花丝、穗梗或果穗的苞叶间直接侵入。

玉米干腐病的发生与气候条件、品种抗性、茬口、种子带菌等因素密切相关。不同玉米品种对干腐病病原菌的抵抗能力不同，在病原菌大量积累的情况下，如果种植抗、耐病品种，病害发生一般不会严重。目前，可推广的高抗品种较少，加之玉米制种时亲本材料单一、面积相对集中，为玉米干腐病的暴发埋下了隐患。高温多雨有利于病原菌的入侵和危害，玉米播种后如遇长时间的低温、多雨、寡照等恶劣天气，种子发芽及出苗速度缓慢，幼苗长势弱，其抗病能力降低，有利于干腐病病原菌侵染或重复侵染玉米幼苗，不良的气候因素导致玉米干腐病严重发生。玉米连作，大量病残体遗留在田间，土壤中积累了大量病原菌，为病害的重发生提供了基础条件。玉米干腐病是以种子带菌传播为主的病害，种子带菌率高，又未采取必要的消毒措施，是玉米干腐病重发生的主要原因。

【防治方法】

（1）加强检疫。病区要及时淘汰病田收获的有病籽粒，选用无病种子；无病区严禁从病区调运种子和调运带病籽粒及茎秆加工的饲料，防止病区扩大。

（2）推广抗、耐病品种。不同玉米品种对干腐病的抗、耐性有显著差异，种植抗病品种是控制玉米干腐病的主要措施。目前，可推广比较抗玉米干腐病的品种有桂顶 1 号、临奥 1 号、中单 2 号等。

（3）选用无病种子，做好种子消毒。做好种子消毒是防治玉米苗期病害的有效措施。使用包衣种子，可以直接播种。使用非包衣种子，播种前用 50％多菌灵可湿性粉剂或 50％甲基硫菌灵可湿性粉剂 1 000 倍液浸种 12h，用清水冲洗后即可播种。

（4）清洁田园。在玉米播种前，清除田间病株残体，在播种覆土后用 50％敌磺钠可溶性粉剂 1 000 倍液，结合浇水或施肥进行土壤消毒，降低菌源基数，是减轻玉米干腐病发生的一项重要措施。玉米收获后，及时彻底将玉米秸秆、玉米芯、穗轴、苞叶等带出田外沤制有机肥或作为沼气原料和燃料，以减少侵染菌源。

（5）加强栽培管理。通过科学的田间栽培管理，可以降低玉米干腐病的危害。

①合理轮作，实行与非寄主作物轮作，可以减少土壤中干腐病病原菌的残留量，减轻病害的发生。

②适时播种，玉米播种期应尽可能避开倒春寒，在适宜播种期内，选择晴好的天气播种，有利于快速出苗，减少病原菌侵染的机会。

③增施有机肥，每亩施复合肥 20kg、腐熟的农家肥 1 000kg 作底肥，改善土壤肥力，促进幼苗健壮生长，以提高植株抗病性。

④减少田间积水，降低土壤湿度，以提高玉米的抗病能力。

（6）药剂防治。3 叶期以前，玉米幼苗最易感病，也是用药保苗的关键时期。对已发病的田块，选用 50％甲基硫菌灵或 50％多菌灵可湿性粉剂 600 倍液喷雾，或从玉米基部进行浇灌，可有效防治玉米干腐病。如遇长时间低温阴雨天气，则在天气转好后及时施药控制该病害。

第五章
根部真菌病害

一、玉米烂籽病

【症状诊断】

玉米烂籽病（Seed rot）又称种子腐烂病，主要发生在干旱地区玉米种子播种至出苗阶段，危害种子、胚芽和幼苗。种子受害后发生霉变，不发芽。在土壤先湿后干的条件下，种子粉化，易碎，表皮可见有白色或粉红色霉状物。有些种子发芽后腐烂，一般在土壤湿度大和播种过深的情况下，种子表皮破裂露白，在表皮、裂口、胚芽上可见霉状物。有的种子松软，用手挤压容易破裂或可见多汁流出。有的种子发芽后，胚芽顶端黄褐色，缢缩。胚芽鞘伸长时如遇低温、高温或药害，胚芽鞘上可见水渍状病斑，随之扩大造成腐烂而不出苗。有的胚芽、胚芽鞘正常伸长，子叶出土时，子叶叶尖水渍状病斑，基部褐色，形成弱苗或烂苗。

【病原鉴定】

玉米烂籽病是由多种病原菌复合侵染和多种环境因素共同导致的结果，需要在生产实际中根据具体情况进行判断。

1. 病原菌侵染所致　引起玉米烂籽病的致病菌主要以串珠镰孢霉（*Fusarium moniliforme* Sheld.）和禾谷镰孢霉（*F. graminearum* Schw.）为主。在潮湿地区以腐霉菌（*Pythium* spp.）和玉蜀黍丝核菌（*Rhizoctonia zeae* Voorhees）等为主。其他常见的病原菌还有青霉菌（*Penicillium* spp.）、曲霉菌（*Aspergillus* spp.）、根霉菌（*Rhizopus* spp.）、木霉菌（*Trichoderma* spp.）和链格孢菌（*Alternaia* spp.）等。

2. 土壤低温所致　土壤持续低温对玉米种子的发芽势和发芽率均有一定程度影响。低温造成的影响主要是延迟玉米出苗，在低温条件下，由于发芽率的显著降低，制种田出苗率明显降低。有研究表明，在平均10℃的低温情况下，种子发芽势比对照温度（15℃）降低9.4%，发芽率比对照温度降低6.7%。由此可见，播期不当，因抢墒而过早播种，常遇春寒低温，造成发芽缓慢，引起种子发霉或烂芽。

3. 土壤高湿所致　播种后遇到连续雨天，土壤含水量过大，种子长期处于水淹状态，造成粉籽或烂籽。

4. 播种深度不当所致　整地粗放或田间土壤湿度过大时，播种过深，种子由于缺氧而引起闷种死芽，即使长出幼苗也因地中茎的伸长，胚乳养分消耗过多而生长瘦弱，不易成活。在土壤干旱、土温较高、光照充足的情况下，播种过浅，种子也因吸收不到充足的水分而导致发芽受阻，出苗迟缓或出土即干死。有时，种子虽能在地表发芽，但因根系不能深扎，形成弱苗，造成缺苗断垄，直接影响产量。

5. 土壤结构不良所致　土翻板结、易结块，盐碱严重，整地质量差，土壤中玉米根茬数量多，致使种子因吸水困难而发芽受阻，芽鞘不能穿破土层，造成种子发芽障碍或不出苗。

6. 肥害所致　长期使用磷酸二铵、尿素等单一化肥，播种时种子与肥料距离太近，播种后又遇雨使种子萌发时被挥发的肥料侵蚀，造成粉籽、烂籽。施肥量过大会造成烂芽、畸形苗和烂根。

7. 药害所致　种衣剂包衣种类不当，或浓度过高，或遇低温，造成烂芽和烂种。使用除草剂不当，如浓度过高，或残效期过长，或遇低温、降雨，使萌发的种芽因发生药害而抑制生长，造成烂芽。

8. 地下害虫危害所致　播种后由于地老虎、蝼蛄和金针虫等地下害虫啃食种子、胚芽和幼茎，造成烂芽和烂苗。

【发病规律】

1. 种子带菌是造成发病的主要条件　种子在收获前发生穗粒腐病，或贮藏时霉变，是种子带菌的主要原因。另外，种子成熟度差，发芽率低，遭虫蛀、机械损伤或遗传性爆裂、丝裂等均会加重该病的发生。

2. 土壤带菌是造成发病的重要条件　近年来，由于玉米制种田土壤连作障碍较为突出，土壤中秸秆、根茬等病残体数量多，为菌丝和厚垣孢子越冬提供场所，特别是田间地膜包裹病残体，导致分生孢子也能越冬。另外，土壤中病原菌的种类和数量增加，在适宜环境条件下，侵染率增加，造成烂芽和烂苗现象加重。

3. 环境条件是造成发病的诱因　致病菌的种类受气候、环境、土壤类型、土壤温湿度、通气情况、种植模式、耕作方式、地下害虫等诸多因素的影响，为病菌侵染、蔓延创造了条件，是引起种子或芽腐烂的诱导因素。

【防治方法】

1. 及时清除病残体，提高耕地质量　及时将玉米制种田的父本割除，收获时及时收割秸秆，减少田间病残组织。入冬前及时深翻耕，做好冬灌。春播时耙匀土壤，清除田间塑料残膜、秸秆和根茬，整平耕地。

2. 精选种子，做好种子包衣处理　选种时，剔除病粒和不饱满的种子，选择优质种子。根据主要致病菌的不同，选择合适的药剂进行种子包衣，如精甲霜灵等对腐霉菌防治效果较好；精甲霜灵种衣剂、萎锈·福美双种衣剂、克菌·戊唑醇种衣剂等对镰孢霉防治效果较好；丝核净或含井冈霉素、多菌灵等药剂成分的拌种剂对丝核菌防治效果较好；地下害虫严重的地块，要选择氯氰菊酯悬浮种衣剂，或含丁硫克百威、辛硫磷等杀虫成分的拌种剂，能有效控制因地下害虫危害所致的玉米烂籽病。

3. 加强田间管理

（1）适期播种。根据不同品种组合，结合土壤墒情和土壤温度等选择播种时间。一般土层温度在10℃以上为佳，应根据天气预报，避免遭遇低温冷害和冻害。

（2）标准播种。实行覆膜播种，采取膜下滴灌技术。播种深度要一致，应根据本地的土壤条件和播种方式灵活掌握操作，以3～5cm为宜，干旱时可适当加深。要掌握适宜播种量，确保苗全、苗壮。

（3）合理施肥。避免使用单一肥料，尽量选择腐植酸类型的有机肥作底肥，但底肥要深施，避免烧种。

（4）及时查苗、放苗。播种后5d左右，在田间检查出苗情况，对播种孔与出苗孔不一致的，要及时剪破地膜放苗，保证苗全、苗壮。

二、玉米根腐病

【症状诊断】

玉米根腐病（Root rot）因根部发病而导致地上部死亡，故称其为根腐病。典型症状特点是玉米幼苗根尖、根毛、中胚轴发病褐变，或出现淡黄褐色、褐色病斑，病斑不断扩展至根系全部变褐，或形成水渍状腐烂（图5-1），并向上发展，造成根颈出现褐色病变（图5-2）。染病后根系发育不良，根毛枯死脱落。若发病严重，根部坏死，髓部中空（图5-3、图5-4），植株地上部出现叶片枯黄或全株青枯、黄枯现象。发病轻的植株矮化、瘦弱，叶片色淡或生育期延长。

不同病原菌在不同环境条件下，侵染部位不同而表现的病状不同。接种试验表明，接种立枯丝核菌3～4d后表现症状，在须根、中胚轴上产生褐色病斑，沿中胚轴扩展，环剥胚轴造成胚轴缢缩、干枯，毁坏整个根系，继而危害茎基部，并使叶片出现云纹斑。在干旱条件下，禾谷镰孢霉主要危害胚根，使根尖端幼嫩部分深褐色腐烂，组织逐渐坏死，地上部植株矮化，与籽粒相连的部位发生褐变直至腐烂，植株的叶片尖端逐渐变黄。腐皮镰孢霉侵染根部变深褐色，病部出现紫色或黄色霉状物。在低温潮湿条件下，腐霉菌引起的根腐病发病早，且发病严重，主要表现为中胚轴和整个根系逐渐变褐、变软腐烂，根系生长严重受阻，植株矮小，叶片发黄，幼苗死亡。

【病原鉴定】

玉米根腐病是多种病原复合侵染的病害。已报道侵染玉米并引起根腐病的病原菌主要有藤仓赤霉菌［*Fusarium fujikuroi*，*Gibberella fujikuroi*（Saw.）Wollenw.］、禾谷镰孢霉（*Fusarium graminearum* Schw.）、串珠镰孢霉（*F. moniliforme* Sheld.）、腐皮镰孢霉［*F. solani*（Mart.）App. et Wr.］、拟轮枝镰孢霉［*F. verticillioides*（Sacc.）Nirenberg］、肿囊腐霉（*Pythium inflatum* Matth.）、禾生腐霉（*P. graminicola* Subram.）、终极腐霉（*P. ultimum* Trow.）、德利腐霉（*P. deliense* Meurs）、立枯丝核菌（*Rhizoctonia solani* Kühn）、麦根腐平脐蠕孢菌［*Bipolaris sorokiniana*（Sacc.）Shoemaker］等。但不同生态区域的优势致病菌种类存在差别，如河北玉米产区以藤仓赤霉复合种为主（无性态为串珠镰孢霉，有性态是赤霉菌），东北玉米主产区、甘肃省河西走廊玉米制种区以禾谷镰孢霉和串珠镰孢霉为主，黄淮海夏玉米主产区以拟轮枝镰孢霉为优势种。

病原菌检验分常规形态学鉴定和分子鉴定2种。其中，以常规的形态学鉴定应用最为广泛，具体方法是：将分离菌纯化后的病原菌，采用单胞菌株分别转入PDA和CLA培养基平板上，在25℃黑暗条件下培养5d后观察菌落形态，15d后观察大型分生孢子、小型分生孢子、厚垣孢子和分生孢子梗等形态特征。综合以上观察的病原形态特征，参考 Gerlach 等和 Leslie 等镰孢霉分类方法，将分离菌株初步鉴定到种。

近年来，越来越多采用分子水平对病原菌进行鉴定，主要是利用特异性 PCR 扩增，使用特异性引物 Fg16F/R、VER1/2 和 PRO1/2，进行 TEF-1α 基因序列分析，分别在 NCBI 数据库及镰孢霉数据库特征 FUSARIUMID 中对序列进行 BLAST 比对，这项分子技术已经被普遍应用于辅助鉴定镰孢霉种。

【发生规律】

玉米根腐病菌以菌丝体、无性孢子或子囊壳在土壤病残体上越冬，或黏附在种子外部或侵入种皮及胚部成为主要的初侵染源，带病玉米秸秆的堆集、未充分腐熟的肥料也能成为初侵染源，越冬菌源可通过土壤、种子、雨水等途径传播。自然条件下，在玉米种子萌发形成幼芽和初生根时，土壤中的越冬病原菌常造成兼性病原体侵染，种子周围常有一些附生微生物群落，引起种芽发病，感染根部引发根腐病，造成幼苗根系衰弱，地上部幼苗表现矮化，叶片浅绿色或白色。玉米连作地发病重。有研究报道，玉米根腐病的发生与缺肥关系密切，通常玉米缺氮、磷、钾时则停留在 7 叶期上下，易被病原菌感染而引发根腐病，随后整株逐渐死亡。土壤中速效钾含量在 100mg/kg 以下，玉米根腐病中等程度至严重发生。

【防治方法】

(1) 种子包衣。选用药剂 2% 戊唑醇、4.8% 苯醚·咯菌腈、3% 苯醚甲环唑、3.5% 精甲霜灵、2.5% 咯菌腈、6.25% 精甲·咯菌腈和 3% 苯醚甲环唑＋2% 戊唑醇组合、10% 咯菌腈等包衣种子，对玉米根腐病的防治效果较好。

(2) 加强肥水管理，促壮苗。增施硫酸钾、氯化钾或含钾复合肥，每亩用纯钾 6～7kg 作基肥。用钾肥灌根防治玉米根腐病，病株率在 10% 以上的，每亩用氯化钾 3～5kg 或草木灰 50kg；病株率在 10%～20% 的，每亩用氯化钾 8～10kg 或草木灰 80～100kg；病株率在 30% 以上的，每亩用氯化钾 10～15kg 或草木灰 100～150kg。施用时，将氯化钾溶水灌埯，草木灰宜单独施用，切忌与化肥和水粪一起施用。也可选用多元复合微肥加磷酸二氢钾进行叶面喷雾。

(3) 药剂防治。可用 40% 敌磺钠 600 倍液、50% 多菌灵＋40% 三乙膦酸铝 1 000 倍液、70% 甲基硫菌灵＋40% 三乙膦酸铝 1 000 倍液，每株用 100g 药液灌根。

三、玉米全蚀病

【症状诊断】

玉米全蚀病（Take-all）在苗期和成株期均可发病，而且幼苗发病地上部不表现症状，病菌自苗期侵入胚根，不断向次生根延伸，从次生根根尖或根皮侵入，根毛变黄褐色至黑褐色，种子根变褐色，根皮坏死腐烂。

玉米抽穗至灌浆期地上部开始显症。从下部叶片开始变黄，逐渐向上发展，初期叶尖和边缘变黄并向叶片中央至茎部扩展，叶身呈现黄绿条纹，最后全叶变黄褐色干枯。严重时茎秆松软，根茎腐烂，易折断倒伏。近一半的根系变黄褐色时，植株地上叶片枯死到中部。

收获后，褐色菌丝在根组织内发展并集结，使根皮变黑发亮，并向根茎延伸，形成"黑膏药"和"黑脚"症状。剥开茎基部，表皮内侧可见有多数小黑点，即为病原菌有性阶段产生的子囊壳（图 5-5）。

【病原鉴定】

玉米全蚀病是由子囊菌门顶囊壳属（*Gaeumanomyces*）真菌引起的，已报道的全蚀病菌 [*G. graminis*（Sacc.）V. Arx. et Livier] 有 4 个变种，即小麦变种（*G. graminis* var. *tritici* J. Walker）、水稻变种（*G. graminis* var. *graminis* Trans.）、燕麦变种 [*G. graminis* var. *avenae*（Turner）Dennis] 和玉米变种（*G. graminis* var. *maydis* Yao，Wang et Zhu）。其中，玉米变种危害玉米根系引起早衰，致病性最强，产毒量多，毒性强，因此玉米全蚀病的致病优势种以玉米变种为主。

玉米变种（*G. graminis* var. *maydis*）：在 PDA 培养基上，菌落初为白色，绒毛状，培养后期菌落变灰黑色，有细而无色的侵染丝，粗壮的匍匐菌丝，菌丝集结形成黑色的菌丝束和菌丝结，菌丝分枝多呈锐角，分枝处主枝与侧枝各生 1 个隔膜，连成"∧"形。在自然条件下，子囊壳产生于茎基部表皮内侧，黑褐色，梨形，直径 $200\sim450\mu m$，周围生有暗褐色绒毛状菌丝，子囊壳有颈，顶部有孔口，基部埋生于组织中，颈部穿透表皮外露，直或向一侧略弯。子囊壳内有多个子囊，子囊棍棒形，内有 8 个子囊孢子，呈束状排列，大小为（$60.0\sim100.0$）$\mu m\times$（$9.0\sim12.0$）μm。子囊孢子无色透明，线形，稍弯，一端略尖，一端钝圆，成熟时的子囊孢子有 $3\sim8$ 个分隔，有多个油球，大小为（$55.5\sim85.0$）$\mu m\times$（$2.5\sim4.0$）μm。

病原菌的检验方法主要有组织透明检验法、常规组织分离检验法和子囊壳检验法。

1. 组织透明检验法　取病根皮层组织经乳酚油透明，镜检菌丝暗褐色，锐角状分枝，分枝处各生 1 个隔膜，呈"∧"形，这是诊断该病和病原菌的重要依据之一。

2. 常规组织分离检验法　发病初期未形成子囊壳前，为确定病原种类，可进行组织分离培养，以确定病原种类。取发病根组织，在病健交界部分剪取 $2\sim5mm$ 的小段，经消毒后用无菌水冲洗 $2\sim3$ 次，接入 PDA 培养基上，置 25℃培养箱中培养，并获得全蚀病菌的纯培养物，观察其菌落、菌丝、子囊壳及子囊孢子的形态以确诊。

3. 子囊壳检验法　挑取发病茎基节表皮内侧小黑点，自制水浸片，用显微镜观察，注意子囊壳形态特征，然后用针轻压盖玻片使子囊壳破裂，待子囊和子囊孢子溢出，观察其形态，并确诊。

【发生规律】

玉米全蚀病菌是较严格的土壤寄居菌，以休眠菌丝体潜伏在土壤中的病根茬组织内越冬，菌丝可存活 3 年，病节上的子囊壳可存活 1 年左右，是该病越冬传播的主要来源。在夏玉米产区，如果前茬作物为冬小麦，则其成为玉米全蚀病的中间寄主，具有较高的带菌率，成为翌年的侵染源。玉米收获后，部分病菌侵染冬小麦，在小麦根部蔓延、扩展、寄生生长，有的也与小麦全蚀病病菌共同对小麦造成一定危害，小麦收获前后播种玉米，病菌又随即侵染玉米幼苗种子根，对玉米造成一定危害。此外，其他禾本科作物和杂草可作为转主寄主，其病根茬以及用小麦、玉米等病根茬沤制的未腐熟粪肥，均可导致该病害的传播。

在适宜条件下，玉米播后 5d 全蚀病病菌即能侵染。自苗期种子根、种脐、根尖、根段侵入至灌浆乳熟期均能侵染。初期侵染菌丝和匍匐菌丝体缠绕在根表面，形成灰黑色条斑，然后侵染菌丝侵入皮层，在皮层内迅速蔓延，可观察到大量菌丝体与根的纵轴作平行方向延伸，并且有少量的圆球形附着枝形成。侵染菌丝进一步侵入内皮层，在寄主组织内形成侵染垫，一直到达中柱鞘，同时寄主组织内部形成木质管鞘，是阻碍菌丝向深层侵染的抗性结构。玉米灌浆乳熟前，根受害后还可以再生，对养分的吸收与运输影响较小，玉米地上部显症很慢，但之后随着病菌的不断侵染，植株地上部表现出一定症状，轻者基部叶片变黄枯，重者全株叶片枯死，甚至导致整个植株的早衰死亡。

玉米全蚀病的发生与品种、土壤质地、施肥、中间寄主、温湿度和降水量、耕作和栽培管理水平等密切相关。种植感病品种（系）是造成玉米全蚀病发生危害的重要原因，而且品种的感病程度与其亲本的感病程度有明显的遗传关系。掖单 4 号、掖单 13 号、东岳 20 号等感病较轻，其亲本自交系 5003、8112、340、岱 6 也感病较轻；鲁玉 10 号、中单 2 号、鲁玉 3 号、东岳 19 号等发病较重，其自交系黄早四、478 等发病也比较严重；丹玉 13、烟单 14、掖单 2 号发病最为严重，其自交系 Mo17、107、H21 等发病也最重。沙土地和壤土地，玉米全蚀病的发生重于黏土地，随土壤含沙量的增加，玉米全蚀病的发生呈加重趋势。有机肥越多的地块，发病越轻；白茬地和施低量有机肥的地块，发病严重。采用夏玉米—冬小麦—夏玉米的种植模式，则小麦全蚀病发生严重的地块，玉米全蚀病的发生也很严重。温湿度对玉米全蚀病的发生影响较大。病菌生长的适宜温度是 20～30℃，最适温度是 25℃，但在 30℃时仍具有较快的生长速度；田间持水量为 80％时，病害的发生重于持水量为 40％、60％时。因此，该病菌喜温耐高湿。由此可见，土壤湿度是决定发病程度的重要条件，时旱时雨，病情严重，其原因是干旱导致玉米的蒸腾作用增加，呼吸强度增大，长势受阻，次生根发育不良，导致病害发生严重；而骤然降雨或浇水恰好满足了病菌发育侵染的需要，特别是 7—8 月多雨过后，天气放晴对病害发展极为有利。耕作粗放不利于加速病根茬的分解，病害发生较为严重；栽培管理水平高，土壤肥力充足，氮、磷、钾施用合理，增施微量元素等，有利于玉米生长，增强植株抗病能力，可有效降低病害的发生程度。

【防治方法】

（1）培育和种植抗（耐）病品种。目前，较为抗病的品种有掖单 4 号、掖单 13、东岳 20、沈单 7 号、铁单 8 号、复单 2 号等，应注意品种搭配种植和轮换使用。

（2）科学合理施肥。每亩在施有机肥 2 500kg 的基础上，合理施用氮、磷、钾肥，推广使用多元复合肥。增施优质有机肥，不仅能为玉米提供足够的全素营养，还可促进土壤中拮抗菌的繁育，达到防病目的。

（3）加强栽培管理。翻耕灭茬，减少菌源基数；适期播种，提高播种质量；实行与豆类、薯类、棉花等非禾本科作物轮作。

（4）药剂防治。选用烯唑醇可湿性粉剂以种子量的 0.2％～0.3％拌种，25％三唑醇干拌种剂按种子量的 0.3％拌种，50％多菌灵可湿性粉剂按种子量的 0.5％拌种，可有效防治玉米全蚀病；每亩也可选用 0.01％～0.02％烯唑醇颗粒剂 3kg 进行穴施，或每亩选用 3％三唑酮颗粒剂、3％三唑醇颗粒剂、5％多菌灵颗粒剂、5％三唑酮·多菌灵颗粒剂等 1.5kg 进行穴施；10％三唑酮种衣剂按 1∶100 进行种子包衣，均能有效防治该病的发生。

第六章
穗部真菌病害

一、玉米黑粉病

【症状诊断】

玉米黑粉病（Common smut）又称瘤黑粉病、黑穗病、灰包。在玉米整个生育期均可发生，从幼苗到成株期各个器官都能感染引起发病，凡具有分生能力的任何地上部幼嫩组织，包括幼苗、气生根、叶片、茎秆、雄穗、雌穗等都可以被侵染发病。受害部位表现出共同的典型症状是病部均可见大小不等的病瘤，外被薄膜，初期薄膜白色，后为粉红色，以后变为灰白色或灰黑色，薄膜破裂后，散出黑褐色的粉末，即为厚垣孢子（冬孢子），因此而得名瘤黑粉病。但各部位又表现出不同的特征，常见有8种症状类型。

1. 幼苗瘤　幼苗长至3～4片叶或4～5片叶即可显症，叶片扭曲皱缩，叶鞘及心叶破裂，严重的会出现早枯。受害幼苗茎基部生有小的病瘤，病瘤可进一步增大，有的病瘤沿幼茎串生。病株生长受阻，矮缩不长，扭曲，叶片紊乱而呈畸形。

2. 茎瘤　在田间最早出现病瘤是3～4片叶时，此时株高20～30cm，常呈茎叶扭曲畸形，矮缩。病株多不变形，有的弯曲，生长受阻，常成空秆。受害株多数只生1个病瘤，有的则生1个以上。病瘤多数生于茎节上，但亦可生于茎的其他部位。病瘤近球形或不规则形，初期被有白色薄膜，软而多汁。感病部位的寄主组织细胞增生，体积过度增大，形成1个大的病瘤，突出寄主体外。后期病瘤干缩变硬而破碎，薄膜破裂后散出黑粉（图6-1、图6-2）。一般茎节部位的病瘤常大于茎上其他部位所形成的病瘤。

3. 叶瘤　玉米拔节前后，叶片开始出现病瘤，多发生在叶片中肋两侧或叶鞘上。病叶或叶鞘上的病瘤较小，密集成串，形成串珠状疱状突起的小瘤，初期呈紫色，后破裂散出少量黑粉，病叶背面凹陷。发病轻的，叶不变形；发病重的，则叶扭曲（图6-3、图6-4、图6-5）。叶片上的病瘤经防治后收缩并变紫红色（图6-6）。

4. 腋芽瘤　玉米抽穗前后，腋芽受害，过度增生而呈畸形，病瘤突出叶鞘外，棒状，初期被有白色薄膜，柔软，后期薄膜破裂，散出冬孢子。腋芽受害的植株仍保持正常株型，但株型显矮，常成空秆。

5. 雌穗瘤　被病菌寄生危害的雌穗，有的仅部分小花受害，其余部分仍正常结籽粒，受害果穗尚未抽出时，病瘤突破苞叶外露。仅部分小花受害的，局部穗粒肿大成瘤，病瘤较大，常突破苞叶外露，在受害部分形成长角形或不规则的病瘤，病瘤大小不等，侵染果穗还有部分籽粒正常形成，雌穗上的病瘤多生于雌穗顶端（图6-7、图6-8）；有的雌穗全部小花均受害，各个小花均形成一病瘤，多数病瘤群聚一穗上，构成形似花瓣状的头状病瘤，整个果穗形成黑粉，仅顶部外露，不能结粒，或虽结粒，粒小而干瘪，并被病瘤冬孢子所污染而变黑，不仅直接影响玉米产量，而且也损伤玉米籽粒的品质（图6-9、图6-10、图6-11）。

6. 雄穗瘤　雄穗多半是部分小花受害，形成囊状或牛角状的病瘤，1个或数个聚集成堆，病瘤较其他部位小。花轴及其以下的节也常受害，并形成病瘤，由于病瘤生于一侧，致使穗轴向另外一侧弯曲，有时易折。有的雄花还出现雌穗或雌雄两性花等症状。雄花受害后，严重影响花粉的形成，不仅直接受害的小花不能形成花粉，而且未直接受害的其余小花也常败育，因而雄花受害后便直接影响玉米的授粉，对制种玉米的影响尤甚，这也是造成玉米减产的直接原因（图6-12）。

7. 根瘤　通常气生根受害后，吸根的局部膨大而形成病瘤，病瘤呈馒头形，表面光滑，被白膜，后破裂，散出黑粉。被病菌寄生的气生根生长严重受阻，生长很慢，或不再继续生长，根的全部或大部分形成1个病瘤，未形成病瘤的部分变紫色（图6-13）。

8. 混生瘤　玉米瘤黑粉病的病瘤混生于丝黑穗病所危害的雄花上，病瘤呈角状，外具白膜，后破裂并散出黑粉。整个果穗形成病瘤时，要注意与丝黑穗病加以区分，黑粉病的病瘤在成熟前切开，轻轻挤压有汁液流出，而丝黑穗病的果穗一般不呈瘤状，切开挤压很少有汁液流出，病部掺杂有大量寄主维管束残余组织形成的丝状物。

【病原鉴定】

玉米黑粉病是由担子菌门（Basidoimycota）黑粉菌属（*Ustilago*）真菌所致，致病菌为玉蜀黍黑粉菌［*Ustilago maydis*（DC.）Corda］，异名为 *Ustilago zeae*（Beckm.）Unger。

玉米发病组织中散出的黑粉即为黑粉病病菌的冬孢子，冬孢子球形或椭圆形，黄褐色至深褐色，壁表有细刺，大小为（7.0～13.0）μm×（5.5～11.5）μm（图6-14）。冬孢子萌发产生管状先菌丝，先菌丝一般分4隔，每隔里都有1个细胞核，后芽殖产生担孢子，担孢子萌发形成侵入丝或以芽殖方式生出次生担孢子，次生担孢子也能萌发形成侵入丝，侵入寄主。玉米黑粉病菌属于异宗配合的真菌，在其生活史中，有2种不同形态的细胞，即单倍体细胞（担孢子）和双核菌丝体。单倍体细胞没有致病性，虽可侵染玉米，但不能形成病瘤，只表现为小斑点；只有不同遗传型的单倍体细胞融合形成的双核菌丝，才能在寄主体内迅速发育形成肿瘤，然后通过细胞核融合，产生双倍体的冬孢子。

病原菌在 PDA 培养基上培养时，菌落颜色由浅变深，培养3～10d，期间菌落由黄白色颗粒状变为黄色、黑褐色或紫色，革质状，表面黏稠不光滑。玉米瘤黑粉病菌的冬孢子在10～40℃均可萌发，最低温度为5～10℃，最高温度为35～38℃，最适温度为25～30℃；病菌能较好利用蔗糖和硝态氮等碳源和氮源；pH 为1～11，病菌均可以生长和产孢，但以 pH 为5～9时生长较快，pH 为5～7时产孢量较多，尤其是在 pH 为7时产孢量最多，在过碱或过酸的环境下产孢较少。

【发生规律】

玉米黑粉病病菌是局部侵染的代表类型。菌丝自侵染点向外可作一定距离的弥散，其发病部位就是在病菌侵入点周围。该病菌冬孢子在田间土壤、地表和病残体上以及混在粪肥中越冬，这些带菌的土壤和病残体均可成为初侵染源。种子表面带菌对该病的远距离传播有一定作用。冬孢子越冬后在适宜条件下萌发产生担孢子和次生担孢子，经风雨传播至玉米的幼嫩器官上萌发并直接穿透寄主表皮或经由伤口侵入，菌丝在寄主组织中生长发育，并产生一种类似生长素的物质，刺激寄主局部组织的细胞旺盛分裂，逐渐肿大形成瘤状物，并在病瘤中产生大量冬孢子。病瘤成熟后破裂，冬孢子散出随风传播，进行再侵染，在玉米的整个生育期均可进行多次再侵染，使病害进一步蔓延、加重发生，损失较大。在抽穗期前后一个月内为玉米黑粉病的盛发期，如遇干旱，且不能及时灌溉，造成生理缺水，抗病力减弱，有利于病害发生，直至玉米成熟后停止侵染。除担孢子和次生担孢子萌发产生侵入丝侵入寄主外，冬孢子也可萌发产生芽管侵入寄主。冬孢子萌发的最适温度为 26～30℃，高温高湿有利于发病。不过玉米黑粉病不一定是在多雨年份才发生严重，相反，在干旱年份黑粉病也常发生较重，并不是因干旱对病菌孢子萌发有利，而是由于干旱引起植株对黑粉病病菌的抗性降低。因此，玉米获得充足的水分则可提高对黑粉病病菌的抵抗力。干旱过后，如遇下雨，或灌溉，能促进黑粉病的发生。昼夜干湿变化大，对病害的发生也有促进作用。在甘肃河西走廊，6 月下旬玉米处在拔节后期至抽雄前期，土壤、肥料和重茬地中病株残体上的冬孢子可引起初侵染，零星发病。进入 7 月后，玉米生长亦进入抽雄至杂交期，特别是制种玉米，这个阶段农事操作频繁，易造成伤口，增加了病菌的传播和侵染，病瘤数目增长快。

玉米黑粉病的发生与品种、栽培管理、气候条件等因素密切相关。玉米品种间发病差异很大，一般马齿型品种较硬粒型品种抗病，早熟品种较晚熟品种发病轻，甜玉米易感病，果穗苞叶紧密、苞叶长而厚的品种较抗病，而苞叶短小、包裹不严的品种则感病，而且春播比夏播易感病；温湿度影响玉米黑粉病病菌的侵染，玉米植株在抽雄之前遇到干旱的气候条件，则会明显降低植株的抵抗能力，若再发生降水，则病原菌就会侵染植株，造成病害的严重发生。一般山区和丘陵地带比平原地区发病重、发病早、病瘤大；玉米田间的密度较大，则通风透气性不好，容易发病；过量施入氮肥，玉米植物长势过旺，组织比较幼嫩，发生病害的概率也较高；有的田间虫害发生严重，经过防治后未取得较好效果，造成玉米植株上有很多伤口，易感染病菌，从而造成严重发病。

【抗性鉴定】

1. 自然诱发对玉米抗黑粉病的田间调查

（1）调查时间。在玉米进入乳熟后期进行调查。

（2）调查方法。对每份材料进行逐株调查，分别记录调查总株数、病株数，计算和记录病株率。

（3）病情分级。

（4）按照植株发病率进行分级，分级标准如表 6-1 所示。

表 6-1　玉米抗黑粉病病情级别划分标准与抗性评价标准

病情级别	发病程度	抗性评价
0	无发病	免疫 I
1	病株率 0～1.0%	高抗 HR

（续）

病情级别	发病程度	抗性评价
2	病株率 1.1%～5.0%	抗病 R
3	病株率 5.1%～10.0%	中抗 MR
4	病株率 10.1%～40.0%	感病 S
5	病株率 40.1%～100.0%	高感 HS

2. 人工接种诱发对玉米抗黑粉病的鉴定技术

（1）接种体准备。在田间采集玉米黑粉病植株上未破裂的病瘤，将采集的瘤体在通风处阴干，并在干燥条件下保存备用。接种前，将保存的瘤体破碎，并将厚垣孢子团充分捻碎，用 50 目*细箩过筛，使病原菌成为均一的菌粉。在直径为 90mm 的培养皿中放置2～3 层滤纸并充分浸湿，均匀撒入菌粉 0.2g/皿，25℃下保湿 72h（保证滤纸湿润）。保湿完成后，每皿的菌粉洗入 1L 水中，即配制成浓度约为 $1×10^6$ 个/mL 的菌悬液作为接种液，并在接种液中加入葡萄糖 0.5g/L 备用。

（2）鉴定对照材料。常采用的是自交系齐 319（高抗）、掖 478（高感）。

（3）接种。可采用温室苗期接种、田间注射接种、菌土接种 3 种方法，这 3 种方法均适用于黑粉病病菌的接种，视鉴定目的、接种时间、鉴定条件等确定接种方法。

①温室苗期接种。将鉴定材料进行播种育苗，苗期温室接种在播种后 10～18d，即玉米 2～5 叶期进行。用滴管吸取上述准备好的菌悬液滴在幼苗喇叭口中，连续 3d，每天滴 1 次。

②田间注射接种。采用可定量的联动注射器吸取事先准备好的菌悬液进行注射接种。将配制好的菌液装入 250mL 的矿泉水瓶中，瓶盖扎一个小孔，将注射器的吸液针插入瓶中并连接好软管，接种过程不断晃动菌液瓶，以保证均匀的孢子悬浮。玉米 6～8 叶期时进行接种，在植株中部接近生长点的部位从外向内斜刺入至心叶内，注射菌液 2mL/株。隔 7d 后进行第二次接种，可提高发病率。接种后进行正常的田间管理。

③菌土接种。在发病株上采集病瘤，经鉴定为致病菌种时，装入布袋，置于干燥通风处保存，翌年播种前将菌瘿上的厚垣孢子粉用 40 目过筛，细土与菌粉按 10:1 比例混合配成菌土备用。播种时先播下种子，覆盖菌土 100g，上面再覆一层田间土壤。

（4）病情调查。在抽雄后 10d 左右或乳熟期进行调查，统计发病株数，并计算病株率，按照病株率进行抗性评价。目前普遍采用病株率进行鉴定。

【防治方法】

（1）选育和种植抗病杂交种。使用抗病品种是防治玉米瘤黑粉病最经济有效的方法。一般杂交种比其亲本自交系或一般品种抗病力强，果穗苞叶厚而包裹紧实的品种较为抗病，耐旱品种较抗病，马齿型玉米品种抗病性较强，早熟自交系比晚熟自交系发病略轻。目前，比较抗病的杂交种有坊杂 2 号、春杂 2 号、双跃 2 号、吉双 107、吉单 101、掖单 12、中单 2 号、豫玉 25、龙单 18、沈单 10 号、邢抗 2 号、农大 60 等。玉米生产单位与育种单位紧密结合，尽快培育抗病品种，减少感病品种的种植面积。

---

* 目为非法定计量单位，表示孔径的大小，50 目不锈钢网眼孔径为 0.36mm。——编者注

（2）种子包衣。采用悬浮种衣剂进行种子包衣处理，对玉米黑粉病有较好的预防效果。可选择以下几种种衣剂及其复配剂：灭菌唑＋溴酰·噻虫嗪、噻呋酰胺＋溴酰·噻虫嗪、苯醚甲环唑＋溴酰·噻虫嗪、苯醚甲环唑＋噻呋酰胺＋溴酰·噻虫嗪。

（3）控制菌源基数。秋季深翻整地，把地面上的菌源深埋，减少初侵染源。在玉米生长苗期、拔节期至乳熟期，及时割除病瘤，带到田外深埋或焚烧，切忌随意丢弃在田间地头。避免用病株沤肥，粪肥要充分腐熟，防止人为传播病菌。适当采用石灰消毒土壤，可减少初侵染菌源。

（4）合理轮作倒茬。一般实行 1～2 年轮作，重病区至少要实行 3～4 年轮作倒茬，同一品种实行轮作的最好选择前茬发病较轻的地块。

（5）加强栽培管理。在不违背农时的条件下，适当早播，可减轻被害程度；播前选种、晒种可提高种子发芽势；精细整地，适当浅播，足墒下种；采用地膜覆盖和扒土晒根技术，在幼苗 1 叶 1 心期至 2 叶 1 心期将苗周围的土扒开，使幼苗地下茎暴晒在阳光下，10～15d 后将土复原，可减轻病害发生；及时中耕除草，合理蹲苗促壮苗；合理密植，氮、磷、钾肥合理搭配，不偏施氮肥。在缺少磷、钾肥的土壤中，增施磷、钾肥，施用含锌和含硼的微量元素对该病有明显的防治效果；及时防除玉米螟等害虫，可减轻病害的发生。

（6）药剂防治。在玉米 8 叶期，选择 3％苯醚甲环唑、32.5％苯甲·嘧菌酯、11％精甲·咯·嘧菌、4.8％苯醚·咯菌腈、43％戊唑醇、24％噻呋酰胺等药剂，按照浓度 1 250～2 500mg/L 进行叶面和茎秆喷雾，隔 10d 喷施 1 次，连续喷 3 次。

二、玉米丝黑穗病

【症状诊断】

玉米丝黑穗病（Head smut）是苗期侵入的系统性病害，自幼苗 4～5 叶时即可表现症状，主要危害果穗，雌穗和雄穗均可受害。

1. 苗期症状　从第 4、5 叶开始出现与叶脉平行的黄白色条纹 1～4 条。也有的症状是植株茎秆下粗上细，叶片较密集。植株大多矮化，病株高度只有健株的 1/3～2/5。因品种和环境条件不同，可产生 6 种不同症状类型。

（1）笋状型。茎扁，下宽上尖，呈竹笋状。

（2）矮缩丛生型。植株矮、丛生、分蘖多。

（3）黄条型。叶上有纵形黄条。

（4）茎畸形。植株畸形，茎呈扭曲状。

（5）叶片异常型。叶片变得硬、挺、厚、皱，叶色暗而深绿。

（6）顶叶扭卷型。雄穗难以抽出，顶叶扭曲。

2. 果穗症状　穗期出现典型症状，病株雌穗短小，基部大而顶端小，不吐花丝，除苞叶外整个果穗变成一个大黑包。苞叶通常不易破裂，黑粉不外漏，后期有些苞叶破裂散出黑粉，即病原菌的冬孢子（图 6-15）。黑粉一般黏结成块，内部夹杂丝状的寄主维管束组织（图 6-16、图 6-17、图 6-18）。丝状物在黑粉飞散后才显露，故称丝黑穗病。

3. 雄穗症状　雄穗被感染，造成花器变形，颖片增多，不形成雄蕊，花的基部膨大。

雄穗的个别小穗受害后，表现为枝状，整个雄穗受害时形成叶状（图 6-19、图 6-20）。玉米丝黑穗病苗期带菌检验的具体方法如下。

（1）观察。根据田间症状表现，区分丝黑穗病和黑粉病。一般在玉米长出 4～5 片叶时拔出玉米苗，洗净根部泥土，剪去根系，截取植株下部 50～66.7mm 的组织，细心剥出生长锥（以见到最中心的心叶为度），用刀片切去尖细的心叶，然后切取长 3mm 的生长锥作为检验样段。

（2）染色。将样段置于称量瓶中，加入 2/3 容积的棉兰乳酚油溶液（苯酚 94mL、乳酸 83mL、甘油 160mL、蒸馏水 100mL、0.05％～0.1％棉兰 1mL），置于酒精灯或加热器上煮沸 30～40min，冷却后倒出染色液。

（3）镜检。将染色组织置于滴有乳酚油的载玻片上，在低倍镜下可见植物组织和细胞（除维管束外）都已崩解失去原形，甚至胶化为匀质状，整个视野呈现为天蓝色，而玉米丝黑穗病病菌菌丝呈深蓝色无规则分枝的节结状。

【病原鉴定】

玉米丝黑穗病是由担子菌门（Basidoimycota）孢堆黑粉菌属（*Sporisorium*）真菌所致，其致病菌为孢堆黑粉菌 [*Sporisorium reilianum*（Kühn.）Langdon et Full.]，异名为 *Sphacelotheca reiliana*（Kühn.）Clinton。

受侵染组织中的冬孢子常常会集合成孢子球，不易散落，成熟后释放出黑粉，即为病原菌的冬孢子。冬孢子球形、近球形、卵圆形、近椭圆形，褐色或黑褐色，表面具细刺，大小为 $(8.0～15.0)\mu m \times (7.5～13.0)\mu m$。冬孢子萌发形成担子，担子上侧生担孢子，萌发的最适温度为 25～30℃，温度低于 17℃或高于 30℃时，冬孢子则不能萌发。在中性或偏酸性环境下容易萌发，利用木糖、蔗糖、玉米植株汁液、土壤浸出液、抗坏血酸等培养时冬孢子较易萌发。

此外，该菌存在明显的生理分化现象，据报道，丝黑穗病病菌存在 2 个明显的生理专化型，一个为玉米专化型，另一个为高粱专化型，侵染玉米的以玉米专化型为主。

玉米丝黑穗病菌检验技术，常用检验方法有 2 种。

1. 种子带菌检验

（1）洗涤处理。将玉米杂交种和亲本样品随机各取 1 份，每份试样定量取 50 粒，分别放在无菌三角瓶中，每个三角瓶加入无菌水 1 000mL，加塞后在摇床上振荡 5min，立即将悬浮液注入 10～15mL 的离心管中，以 1 000r/min 的速度离心 5min，将上清液全部倒出，最后加入数滴席尔氏液，然后取此液和离心沉淀的混合物制片。

（2）镜检。用席尔氏液作浮载剂制片观察，冬孢子黄褐色至暗紫色，球形或近球形，直径 9～14μm，表面有细刺，即为孢堆黑粉菌（*S. reilianum*）。

（3）计数。计算出每粒种子的孢子负荷量，为种子处理提供理论依据。一般将离心沉淀物用 0.5mL 蒸馏水稀释成悬浮液，然后用滴管吸一滴于载玻片中央，加盖玻片制成临时玻片进行观察。先测量出盖玻片面积，再利用显微测微尺测出显微镜视野的面积，求每一盖玻片所含视野数 S（盖玻片面积/视野面积）。求出所用滴管 0.5mL 液量水滴平均数 D 和每一视野孢子平均数 U，按公式计算出每粒种子的孢子负荷量 X，即 $X = (U \times S \times D) \times 50$。

席尔氏液的配制：将 2％乙酸钾溶于 300mL 麦克凡氏缓冲液（pH＝8）、120mL 甘油和 180mL 乙醇中。

麦克凡氏缓冲液的配制：配制 0.1g 柠檬酸（即 1L 中 21.008g），溶化 21.008g 结晶柠檬酸，在 500mL 蒸馏水中加纯净的中性甲醇，总量达 1 000mL，小心混合。配制 0.2g 磷酸氢二钠（即 1L 中 28.4g），溶化 28.4g 磷酸氢二钠在 500mL 蒸馏水中，加甲醇，总容量为 1 000mL。取 0.1g 柠檬酸 0.555mL，与 0.2g 磷酸氢二钠 19.45mL 混合，即得麦克凡氏缓冲液（pH＝8），甲醇可用蒸馏水代替。

2. 冬孢子萌发检验

（1）冬孢子洗涤培养。将待检验的玉米种子用无菌水洗涤，配制成孢子悬浮液移植于 3‰琼脂培养基平板上，置于 25℃有光照的条件下进行培养。

（2）镜检。在低倍显微镜下直接观察琼脂培养基上孢子的萌发情况，用挑针挑取萌发的冬孢子观察，冬孢子萌发产生分隔的担子，侧生担孢子，担孢子无色，单胞，椭圆形，即为 *S. reilianum*。

【发生规律】

该病原菌以冬孢子在土壤中、依附于种子表面或在粪肥中越冬，成为翌年的初侵染源，其中土壤带菌在侵染循环中最为重要。冬孢子在土壤中可存活 2～3 年，结块的冬孢子存活时间更长。冬孢子经过牲畜肠胃不经高温发酵仍然能传播而引起田间发病。带菌种子是远距离传播的重要途径，但种子带菌量低，在田间引起发病的作用不大。玉米幼芽期为病原菌冬孢子最易侵染的时期，从玉米种子萌发至 7 叶期，玉米胚芽、幼根或胚轴会感染该病菌，并以胚芽感染为主。玉米 7 叶期以后，该病原菌不再侵染玉米幼苗，而侵染成功的高峰期发生在玉米 3 叶期。

该病害的发生与土壤连作、气候条件、品种抗性等因素关系密切。一般多年连续耕作导致土壤中的养分减少，丝黑穗病病原菌大量积累，是造成田间发病的基础。播种后的土壤温湿度是决定病害发生的主要因素。低洼冷凉地块，发病重；沙壤地和旱地墒情好的地块，发病轻。玉米不同品种对丝黑穗病病原菌的抗性有明显差异。抗病性主要表现为胚根侵染时间短，且能抵抗菌丝的侵染。

【抗性鉴定】

品种抗病性鉴定参考玉米黑粉病的鉴定方法。

【防治方法】

（1）选育和种植抗病品种。种植抗病品种是防治玉米丝黑穗的关键措施。玉米对丝黑穗病的抗性遗传属数量性状，受显性核基因或受非等位基因互作控制，表现为多种遗传方式。在甘肃玉米制种基地，高抗玉米丝黑穗病的资源较少，至今尚未发现免疫材料，据报道，兴达 1106 为高抗材料。在生产上尽量选择种植抗病和中抗品种，据报道，抗病品种有陇单 10、818、平玉 8 号、玉源 209、敦玉 2100、正德 306 等；中抗品种有敦玉 1747、豫丰 96-68、方玉 30、甘农 1610、金凯 3150 等。

（2）减少初侵染源。禁止从病区调运种子；有机肥充分腐熟，减少病原菌数量；发现病株应及时将其拔除，并彻底清除病株残体；合理实行轮作。

（3）种子处理。目前，生产上主要推广使用的拌种剂有萎锈灵、三唑酮、戊唑醇、烯唑醇等，对玉米丝黑穗病的防治效果明显。

（4）加强栽培管理。适期播种，整地保墒，播种深度适宜，提高播种质量，促进种子早发芽、加快种子出土和生长速度，减少其在土壤中留存的时间，减少与病菌的接触时间，以减少侵染概率。

三、玉米穗腐病

【症状诊断】

玉米穗腐病（Ear rot）是吐丝期、抽雄期、灌浆期、成熟期、贮藏期发生的重要病害，主要特点是发病范围广、病原菌种类多、侵染方式复杂。可侵染花丝、苞叶、果穗、籽粒，在玉米制种田会造成多种不同的症状类型。

1. 花丝腐烂　在玉米抽穗吐丝期，受高温高湿的环境条件影响，花丝被病原菌侵染而腐烂，造成果穗不结实。

2. 苞叶变色、坏死　在玉米雌穗灌浆期，苞叶受病菌感染后，受害部位逐渐褪绿，呈青枯状，之后变白干枯，苞叶上病斑不规则，呈云纹状。发生严重时，苞叶内常长满密集的白色菌丝，与果穗黏结在一起不易剥离。

3. 果穗腐烂　一般果穗受侵染后多从顶端开始发病，逐渐向下蔓延，造成整个果穗受害，果穗顶部或中部受害最重。剥离苞叶常常可见籽粒和穗轴上长满粉红色、白色、橘色、绿色、淡灰色、黑色等颜色的霉状物，穗轴与籽粒基部变色呈紫红色。严重时，果穗松软，穗轴黑褐色，髓部霉烂变软易折断（图 6-21 至图 6-32）。

4. 籽粒腐烂　籽粒受病菌感染，从胚部开始逐渐蔓延到顶部发病，病粒皱缩瘪小，表面光泽暗淡不饱满。严重时整个籽粒内充满菌丝体，腐烂霉变，种皮易破裂，失去种子价值。

5. 贮藏种子霉变　种子脱粒后进入仓储阶段，籽粒外长出白色、粉红色、黑色等霉状物，在种子堆内伴有发霉的气味，部分籽粒质脆，易烂而破碎。

【病原鉴定】

据报道，引起玉米穗腐病的病原菌种类较复杂，主要有镰孢霉（*Fusarium* spp.）、木霉菌（*Trichoderma* spp.）、青霉菌（*Penicillium* spp.）、曲霉菌（*Aspergillus* spp.）、根霉菌（*Rhizopus* spp.）（图 6-33）和平脐蠕孢菌（*Bipolaris* spp.）等，已鉴定出的有40 多种，不同地区的优势病原菌也不完全相同，较为一致的种有以下几种。

1. 串珠镰孢霉亚黏团变种（*F. moniliforme* var. *subglutinans*）　由该种病原菌引起的穗腐病，常在受害果穗个别籽粒顶部出现粉红色或白色霉状物，籽粒间可产生白色絮状菌丝体，籽粒易碎。在 PDA 培养基上，菌落初期无色，后期灰白色或浅粉红色，气生菌丝棉絮状至粉状，菌落背面淡紫色或深紫色。产孢细胞内壁芽生，单、复瓶梗式产孢。小型分生孢子长椭圆形或拟纺锤形，较小，产生数量很多，无隔膜或 0～1 个隔膜，大小为$(5.7～13.5)\mu m×(2.3～5.1)\mu m$，呈假头状（不呈串珠状）着生。大型分生孢子产生很少，镰刀形，较直而细长，脚胞足跟不十分明显，顶端渐尖，2～5 个隔膜，以 3 个隔膜居多。2 个隔膜的孢子大小为 $18.9\mu m×3.9\mu m$，3 个隔膜的大小为 $33.1\mu m×4.8\mu m$，4个隔膜的大小为 $48.9\mu m×4.9\mu m$，5 个隔膜的大小为 $52.7\mu m×5.3\mu m$。

2. 禾谷镰孢霉（*F. graminearum*）　由该种病原菌引起的穗腐病，常造成苞叶与果穗黏结，不易剥离，剥离后可见果穗与苞叶间长出一层淡紫色至浅粉红色霉层，果穗顶端呈腐烂状，受害果穗顶部呈粉红色，籽粒间有粉红色或灰白色菌丝。在 PDA 培养基上，菌落初期无色，后期中央深红色，边缘红色，菌落背面深红色，气生菌丝初期白色，后期淡红色或紫色。在 PDA 培养基上不易产生小型分生孢子和厚垣孢子。大型分生孢子呈镰刀形，顶端弯曲，基部足跟明显，3～5 个隔膜，大小为 （17.4～47.6）μm×（3.5～5.2）μm。

3. 拟轮枝镰孢霉（*F. verticillioides*）　由该种病原菌引起的穗腐病，常见果穗顶部白色霉层向果穗中下部蔓延，初期霉层稀疏，后期霉层变为灰白色或浅褐色，致密，籽粒表面或籽粒间产生白色菌丝体，籽粒失水皱缩，个别籽粒腐烂而破碎。在 PDA 培养基上，菌落初期白色，后期淡紫色，菌落背面由无色逐渐转变为浅橙色、浅紫色至深紫色。气生菌丝生长茂盛，白色卷毛状。在 PDA 培养基上不易产生大型分生孢子，大型分生孢子呈细镰刀状，顶端弯曲较小，呈细锥形，3～5 个隔膜，大小为 （31～43）μm×（2.7～4.1）μm。小型分生孢子锥形或椭圆形，链状生长，分生孢子链长且容易破散，破散的分生孢子聚集在一起呈假头状，单瓶梗上着生，无分隔，大小为 （5.73～9.9）μm×（1.98～6.69）μm，厚垣孢子缺乏。病原菌在 15～35℃ 均可生长，菌丝最适宜扩展温度、产孢温度及致死温度分别为 28℃、35℃ 和 70℃ （10min）。菌丝最适扩展的 pH 为 8.0，产孢最适 pH 为 7.0。在 12h 光暗交替条件下，产孢量最高。

4. 层出镰孢霉（*F. proliferatum*）　由该种病原菌引起的穗腐病，在玉米穗梢部产生稀疏的白色霉层，后期穗梢和籽粒褐变，导致玉米籽粒干瘪。有虫蛀痕迹的果穗，籽粒表面产生大量白色菌丝，在潮湿环境下霉层布满整个果穗，被侵染的籽粒变为深褐色。在 PDA 培养基上，菌落圆形，呈毛絮状，初期为白色，后期淡紫色，菌落背面紫色。大型分生孢子呈镰刀形或纺锤形，无色透明，具 2～5 个隔膜，大小为 （20.6～49.0）μm×（2.3～4.9）μm，平均大小为 34.5μm×3.5μm。小型分生孢子长卵形、梨形或肾形，无色透明，大小为 （5.7～13.9）μm×（2.4～4.8）μm，平均大小为 8.5μm×3.3μm。该菌生长温度为 13～34℃，最适温度为 28℃，低于 10℃ 或高于 37℃ 菌丝停止生长。营养生长对 pH 要求不严格，但在偏酸性环境中的生长量更大，在 pH 为 5.0 和 6.0 时各有 1 个生长高峰。碳源对该菌营养生长的影响较为稳定，生长较好的碳源为 D-果糖和蔗糖，其次为葡萄糖、甘露醇、麦芽糖、L-山梨糖和半乳糖。而氮源对其营养生长影响的变幅较大，生长较好的氮源为硝酸钠、甘氨酸和 L-组氨酸，其次为磷酸二氢铵和脲。

5. 草酸青霉菌（*P. oxalicum*）　由该种病原菌引起的穗腐，常在穗的尖端发生，籽粒间布满灰绿色或青绿色霉状物，病粒味苦，带菌籽粒通常呈漂白色，表面皱缩。在 PDA 培养基上，菌落均匀平展，灰绿或青绿色，背面为淡黄色或略带粉色。分生孢子梗膨大成扫帚状，末端通常产生 6～9 个小梗，大小为 （9.0～15.0） μm×（3.0～3.5）μm。分生孢子球形或椭圆形，颜色偏淡，呈淡蓝色、淡绿色，光滑，大小为 （4.0～6.0）μm×（2.0～4.0）μm（图 6-34）。

6. 绿色木霉（*T. viride*）　由该种病原菌引起的穗腐，受害果穗上苞叶内外生有绿色霉状物，常造成整个果穗腐烂，剥开苞叶，受害籽粒呈褐色腐烂，密生绿色霉层，籽粒发青。在 PDA 培养基上，菌落初期为白色，致密，圆形，后从菌落中央产生绿色孢子，最后整个菌落全部变成绿色。气生菌丝呈散乱绒毛状，新鲜菌丝白色，老菌丝浅绿色至暗绿色。分生孢子梗的主枝较粗，上部延伸形成直的产孢枝，瓶梗金字塔形，对生或单生于孢子梗上，中间膨大，底部缢缩。分生孢子球形或椭圆形，无色或绿色，大小为 (2.5～4.5)μm×(2.0～4.0)μm。

7. 曲霉属（Aspergillus）　由该种病原菌引起的穗腐，多出现在果穗顶端，或有虫蛀孔道果穗受害较重，籽粒表面生有黑色、黄绿色或黄褐色霉层，呈半绒毛状霉状物。寄生玉米籽粒最常见的曲霉菌是黑曲霉（A. niger）和黄曲霉（A. flavus）。

（1）黑曲霉（A. niger）。在 PDA 培养基上，菌落蔓延迅速，初期为白色，后变成鲜黄色至黑色厚绒状，背面无色或中央略带黄褐色。分生孢子梗无色或顶部黄色至褐色，顶部膨大呈球形至近球形，无色或黄褐色。顶端着生 2 层小梗，顶层小梗的大小为 (6.0～10.0)μm×(2.0～3.0)μm。分生孢子成熟时为球形，初期表面光滑，后变粗糙或有微刺，直径为 2.5～4.0μm（图 6-35）。

（2）黄曲霉（A. flavus）。在 PDA 培养基上，菌落边缘土黄色，中央呈黄绿色绒毛状，背面淡色或浅黄色。分生孢子自基质伸出，壁厚，表面粗糙或具小而密的微刺。顶囊球形或烧瓶形，产孢结构 2 层，梗基大小为 (6.0～15.0)μm×(3.5～7.6)μm，瓶梗大小为 (6.0～12.0)μm×(2.5～5.0)μm。分生孢子球形、近球形或椭圆形，表面粗糙或具小刺，大小为 (3.0～5.5)μm×(2.5～4.5)μm。

8. 玉米生平脐蠕孢菌（B. zeicola）　由该种病原菌引起的穗腐，常危害雌穗苞叶的内外层，病斑黄褐色或边缘呈紫褐色，椭圆形或纺锤形，生灰黑色稀疏霉层。危害籽粒，造成籽粒黑腐，籽粒行间常有灰褐色菌丝体。在 PDA 培养基上，菌落灰黑色，气生菌丝由灰白色变成深绿色或黑褐色，分生孢子黄褐色，中间颜色深，两端颜色浅，圆柱形，两端钝圆，中间有隔膜，大小为 70.2μm×12.5μm。

9. 玉蜀黍根霉菌（R. maydis）　由该种病原菌引起的穗腐，受害果穗顶端或籽粒上布满灰黑色霉状物。在 PDA 培养基上，菌落生长迅速，初期为白色，后期为灰色至灰黑色，气生菌丝、基内菌丝、孢子囊发达。孢囊梗单生，或 2～3 根丛生，大小为 (330.0～660.0)μm×(14.5～16.0)μm。孢子囊直径为 110.0～165.0μm，囊轴 75.0μm×82.0μm。孢囊孢子椭圆形，黄色至黄褐色，表面光滑，大小为 (4.5～7.0)μm×(5.5～8.3)μm。

【发生规律】

玉米穗腐病是由多种病原菌复合侵染所致，病原菌主要以菌丝、分生孢子、子囊孢子、厚垣孢子等潜伏在田间土壤、种子、病残体等场所，成为玉米下一个生长时期的初侵染源。病原菌可通过气流和雨水传播，侵染果穗花丝，经花丝通道侵染雌穗；经虫伤、机械损伤等造成的伤口侵染玉米果穗；种子或土壤病原菌先侵染玉米根部，然后沿维管束系统通过茎到达穗部，造成系统侵染。

玉米穗腐病的发病程度受气候、虫害、品种抗性、栽培管理等多种因素影响。

1. 品种抗病性　品种抗病性是影响穗腐病发生的关键因素，不同玉米品种之间对穗腐病的抗性存在较大差异。研究表明，玉米对穗腐病的抗性机制主要分为物理抗性和生化抗性两种类型，物理抗性体现在玉米自身组织结构上，如果穗苞叶的松紧度、果穗直立程度、果皮和蜡质层的厚度、玉米籽粒粉质、籽粒灌浆速度等与玉米植株抗病性直接相关。生化抗性主要体现在植株体内的逆境响应蛋白、病程相关蛋白、几丁质酶等生化物质方面，玉米籽粒中的 β-1,3-葡萄糖苷酶、几丁质酶能够有效阻止黄曲霉在玉米籽粒中生长，玉米中的长链烷烃、羟基肉桂酸、阿魏酸脱氢二聚体、α-淀粉酶抑制物、核糖体惰性蛋白、绿原酸等物质能有效抑制病原菌生长，玉米籽粒中的阿魏酸和 α-生育酚等抗氧化物质、羟脯氨酸的糖蛋白等能抑制病原菌的生长和积累，从而增加抗病性。

2. 气候因素的影响 湿度是影响玉米穗腐病发生的关键因子，玉米生长季节或生长后期，田间温度、空气湿度是影响发病的重要因素，尤其是在玉米灌浆至成熟期湿度条件最为关键。因持续降雨，使田间湿度持续偏高，有利于禾谷镰孢霉、串珠镰孢霉等病原菌的快速繁殖，穗腐病发生率高。

3. 虫害的影响 穗部玉米螟、棉铃虫等害虫田间发生重，造成伤口多而大，为病原菌滋生提供了有利场所，穗腐率高且发病重。

4. 栽培管理的影响 同一地块长时间连作也是引起玉米穗腐病发生的重要原因，玉米连作会引起土壤中的带菌量每年增加 5~10 倍。小麦与玉米秸秆还田技术的大范围推广，也是玉米穗腐病不断加重的原因。玉米植株密度过大，叶片多而密，会导致田间郁闭，通风情况变差，使玉米穗腐病发生加重。土壤出现板结、肥力不足，产生药害和水涝等逆境条件会使植株抗病性降低，增加被病原菌侵染的机会。

【抗性鉴定】

1. 自然诱发对玉米抗穗腐病的田间调查 参照王晓鸣等（2010）介绍的方法。

（1）调查时间。在玉米成熟后进行调查。

（2）调查方法。每份鉴定材料选取 30 个果穗，剥去苞叶，逐个调查，并记录果穗病情级别，计算平均发病级别。

（3）病情分级。按照果穗发病面积、病情指数、病粒占比进行分级。

2. 人工接种诱发对玉米抗穗腐病的鉴定技术

（1）接种体准备。因该病害为多种病菌复合侵染所致，不同类型的病菌、不同的接种方法，接种体的准备也有所差别。

①牙签法准备接种体。将牙签煮沸 2 次，每次 1h，煮后用水冲洗，然后灭菌。在无菌条件下，将消毒灭菌的牙签斜插入培养基，然后将保存的镰孢霉培养物接种到 PDA 培养基上。25℃黑暗培养 10~15d，使病原菌从培养基向牙签上蔓延生长，当病原菌覆盖牙签 1/2 时即可用于接种。

②注射法准备接种体。首先制备绿豆汤液体培养基，称取绿豆 40g，加水 1 000mL，煮沸 10min，纱布过滤后 121℃高压灭菌 25min 即可；或选用 KH_2P_4 2.0g，KNO_3 2.0g，KCl 11.0g，$MgSO_4$ 1.0g，$FeSO_4$、$FeCl_3$、$MnSO_4$、$ZnSO_4$ 各 0.000 2g，葡萄糖 1.0g，蒸馏水 1L，配制后灭菌即可。2 种液体培养基均作为禾谷镰孢霉扩大繁殖的培养基。将纯化培养的禾谷镰孢霉接种在灭菌液体培养基上，在 25℃间隔 4h，振荡 1h 培养 7~14d，然后 4℃保存。当准备接种时，液体经双层纱布过滤后，用无菌水配制成 $2×10^6$ 个/mL 的菌悬液用于接种。

（2）鉴定对照材料。目前常采用的是自交系 X178（高抗）和 B73（感）。

（3）接种。接种方法有花丝喷雾法、牙签法、苞叶内注射法、针刺果穗法、花丝通道注射法等。接种时间为果穗吐丝后 14~21d，即花丝萎蔫。

①双牙签法。接种时，选择适宜果穗，在果穗中部先用大号注射针头或尖锐的铁钎子穿洞，深度达果穗穗轴部，然后将 2 根带菌牙签并排插入洞中直达籽粒。

②花丝通道注射法。接种时，可选用连动注射器，从果穗花丝通道一侧插入，即花丝

吐出下方至果穗轴顶部裹有苞叶的部位一侧插入，每穗注射 2～3mL 接种液。接种后对果穗表面喷水，并套袋保湿。

（4）病情调查。调查时期为玉米成熟期。依据果穗发病面积、病籽粒数、病情指数进行抗性评价。国内目前有 2 种分级指标和评价标准。马秉元等（1999）报道的方法是采用 5 级制分级标准，通过病籽粒数所占比例测定病情，可操作性强（表 6-2 和表 6-3）。王晓鸣等（2010）介绍的方法是 9 级制分级标准，在果穗上发病面积界定清楚，但在实际调查中操作性还有局限性，如面积计算有点麻烦，同时在发病面积统计中籽粒发病还不集中，或籽粒表面正常，但脱粒统计时，籽粒与穗轴接触处有病变、穗轴部分在成熟期发病就难以计算（表 6-4 和表 6-5）。因此，在对病害调查中，根据实际需要，选择不同的分级标准和抗性评价标准。

表 6-2　玉米抗穗腐病鉴定病情级别划分标准与评价标准

病情级别	发病程度	抗性评价
0	无病籽粒	免疫 I
1	病籽粒在 10 粒以下	高抗 HR
2	病籽粒在 11 粒至 1/4 果穗发病	抗 R
3	1/4～1/2 果穗发病	中抗 MR
4	1/2～3/4 果穗发病	感 S
5	3/4 以上果穗发病	高感 HS

表 6-3　玉米抗穗腐病鉴定病情指数指标与评价标准

病情级别	病情指数	抗性评价
0	0	免疫 I
1	≤10	高抗 HR
2	10.1～30.0	抗 R
3	30.1～50.0	感 S
4	≥50.1	高感 HS

表 6-4　玉米抗穗腐病鉴定病情级别划分标准与评价标准

病情级别	发病程度	抗性评价
0	无发病	免疫 I
1	发病面积占果穗面积 0～1.0%	高抗 HR
3	发病面积占果穗面积 1.1%～10.0%	抗 R
5	发病面积占果穗面积 10.1%～25.0%	中抗 MR
7	发病面积占果穗面积 25.1%～50.0%	感 S
9	发病面积占果穗面积 50.1%～100.0%	高感 HS

表 6-5　玉米抗穗腐病鉴定病情指数指标与评价标准

病情级别	病情指数	抗性评价
0	0	免疫 I
1	≤1.5	高抗 HR
3	1.6～3.5	抗 R
5	3.6～5.5	中抗 MR
7	5.6～7.5	感 S
9	7.6～8.0	高感 HS

【防治方法】

（1）选育和种植抗病品种。选育抗病品种仍然是防治玉米穗腐病最经济有效的措施之一，应从地方品种中筛选优良的玉米种质资源，深入挖掘抗病基因源，重视玉米种质创新，立足于传统育种与现代育种技术相结合的策略，整合有效抗病基因，从而培育出稳定的玉米抗穗腐病新品种。

（2）加强田间管理。可与其他非寄主作物合理轮作。根据不同水肥、品种特性合理密植。及时清理田间病残组织。应用土壤改良剂，防止土壤板结。合理施用氮、磷、钾肥，推广应用腐植酸生物有机肥。

（3）健康栽培技术。在穗腐病发生严重时，可采用栽培技术与物理技术相结合的方法。

①剪苞叶，将果穗里的水分蒸发通道打开，降低苞内湿度，授粉结束后砍除父本以利通风透光。

②在籽粒乳熟末期，及早扒皮晾晒并把花丝扯掉。

③收获后立即剥苞叶晾晒，对发病的果穗进行严格挑选，切除发病部分，挖掉发病籽粒单独晾存。

（4）化学防治。首先筛选有效种衣剂，如 35g/L 咯菌·精甲霜、11％精甲·咯·嘧菌、戊唑醇等。在玉米拔节后期，田间喷施化学药剂，如苯醚甲环唑、甲基硫菌灵、氯虫苯甲酰胺等。

（5）生物防治。发病初期往穗部喷洒酵母菌胞壁多糖和木霉菌、生物控制剂蜡状芽孢杆菌 B25、井冈霉素水剂等，均可有效防治玉米穗腐病。

四、玉米裂轴病

【症状诊断】

玉米裂轴病（*Nigrospora* ear axis cut）又称黑孢菌裂轴病。在制种玉米田苗期、拔节期、抽雄期、穗期、收获期、贮藏期均可见症状表现，主要症状有 5 种。

1. 果穗发霉　在收获期危害果穗，苞叶叶尖枯死，苞叶发黄枯死，在果穗和贴近果穗的苞叶内侧可见黑色粉末，从外表看，似乎是丝黑穗病，但剥开苞叶，可见果穗籽粒上或籽粒行间有白色丝状物，即病菌的菌丝体。在潮湿条件下，果穗发软，能闻到发霉气味。个别果穗内有积水时，有臭味（图 6-36）。

2. 穗轴发霉　在收获脱粒期调查发现，脱去籽粒的穗轴发软，用刀切可见穗轴内侧表面出现黑色霉状物，镜检时可见病菌菌丝体和分生孢子。

3. 籽粒秕瘦　在果穗收获期调查发现，个别果穗上形成的籽粒较少，且籽粒较小，种子表皮有皱缩，籽粒表现无光泽，甚至个别籽粒仅有表皮，形成糠粒，果穗开裂。

4. 籽粒粉化　在收获果穗上调查发现，果穗开裂的籽粒及其籽粒行间可见细密粉末状的物质，用手轻轻搓籽粒时，籽粒成粉末状。镜检时可见黑色分生孢子（图 6-37）。

5. 叶片污斑　危害叶片，在叶片正反面可见黑色煤污状的斑点，随斑点扩大，病斑边缘出现黄色晕圈，多出现在果穗附近叶片或中下部叶片。

【病原鉴定】

玉米裂轴病主要由无性型真菌黑孢属（*Nigrospora*）引起，主要致病种为稻黑孢菌［*Nigrospora oryzae*（Berk. et Br.）Petch.］。

在 PDA 培养基上，菌落呈絮状，初期灰绿色，后期暗绿色至黑色。气生菌丝分枝，有隔。分生孢子梗与菌丝分化不明显，孢梗短，无分枝，单生，具隔膜，顶端略膨大，孢梗粗 $4.1\sim7.9\mu m$。分生孢子顶生，圆形或近圆形，初黄褐色，后深褐色，呈黑色单胞，分生孢子大小为 $13.4\sim17.8\mu m$。该菌在甘肃省河西制种玉米田和收获种子上以无性阶段寄生为主，在人工培养和自然条件下，均未出现有性阶段产孢结构。

【发生规律】

该病菌主要以分生孢子越冬，主要越冬场所在果穗、种子和病残体上。该病主要通过果穗和种子传播，田间通过气流传播。土壤瘠薄的地块发病重，受干旱或霜冻的果穗发病严重，田间虫蛀果穗多的发病重。

【防治方法】

（1）种植抗病品种。种植具有多抗性或适应性强的品种。

（2）加强田间管理。合理密植，科学施肥，增强植株的抗病性。

（3）加强收获期与贮藏期管理。收获期对发病果穗单独收获、晾晒，降低水分含量。对贮藏期发病的果穗要及时处理，防止传染，扩大危害。

五、玉米疯顶病

【症状诊断】

玉米疯顶病（Crazy top downy mildew）又称丛顶病、霜霉病。主要危害叶片、雄穗、雌穗和苞叶，因地区不同、品种不同、年份不同，发病后所表现的症状也有所不同。一般在幼苗期不易发病，6～8 叶期初显症状，抽雄后症状较为典型。主要症状类型有10 种。

1. 苗期根蘖型　由根部生出多个分蘖植株，一般 3～5 个，多者可达 10 个，呈丛生状。

2. 苗期丛叶型　植株矮化，节间缩短，叶片浓绿、变厚，上部叶片簇生，部分叶片呈半边叶，叶鞘呈柄状。

3. 苗期花叶型　叶片浅绿色，心叶黄化，叶片沿叶脉形成黄绿相间的条纹，似玉米矮花叶病的症状。

4. 苗期皱叶型 植株严重矮化，叶片浓绿，变厚、变脆，上部叶片皱缩、扭曲，卷成筒状或牛尾状，心叶不能展开，叶鞘表面疣凸状，重者枯死。

5. 雄穗叶化 雄穗局部异常增生，花序全部或部分成为变态的小叶，小叶叶柄较长、簇生，使变态小叶缠拧在一起呈龙头状。

6. 雄穗绣球状 雄穗上部正常，下部大量增生呈团状，似绣球，不能产生正常雄花。

7. 雌穗畸形 果穗表面看较正常，但果穗粗长，不抽花丝，穗轴粗细不均匀，多节茎状，整个果穗呈竹笋状，发病较轻的雌穗可产生少量秕瘦的籽粒，严重时果穗内部全为苞叶，不结实。

8. 雌穗丛生 一个雌穗上分化出多个小雌穗，呈丛生状，不结实。

9. 苞叶丛生 雌穗上苞叶尖端变态为小叶，呈45°丛生，似炸弹状。

10. 病株疯长 植株高大，不分化雄穗和雌穗，节间缩短，叶片对生，植株贪青，头重脚轻，易倒伏、折断（图6-38）。

【病原鉴定】

玉米疯顶病主要由卵菌门（Oomycota）指疫霉属（*Sclerophthora*）引起，主要致病菌为大孢指疫霉玉蜀黍变种［*S.macrospora*（Sacc.）Thirumalachar, Shaw et Narasimsha var. *maydis* Liu et Zhang］。

菌丝体在寄主细胞间隙生长，以吸器进入细胞内。玉米拔节以前，在病叶组织中可见到短鹿茸状的无隔菌丝体，分布在维管束的两侧，叶肉细胞间未见吸器，玉米抽雄后病组织中很少见到菌丝体。一般在田间很少见到霉状物出现，但将玉米病叶漂浮或部分浸在水中保温培养时可见霉状物。孢囊梗从寄主气孔伸出，单生、短，少数有分枝，长4.8～30μm，顶端着生孢子囊。孢子囊椭圆形、倒卵形、洋梨形、柠檬形，有紫褐色或淡黄色乳突，成熟时释放多个无色、半球形或肾形的双鞭毛游动孢子。藏卵器球形或椭圆形，淡黄褐色或茶褐色，壁表面不太光滑，壁不等厚，壁厚3～5μm，大小为（42.5～105）μm×（37.5～82.5）μm，平均大小为64.9μm×59.7μm。卵孢子淡黄色至淡褐色，球形或椭圆形，壁平滑，直径为39.8～52.9μm，壁厚约7.2μm。雄器侧生，淡黄色至黄色，大小为（17.5～66.5）μm×（5～29）μm，平均大小为31.5μm×14.8μm，很少见到。

玉米疯顶病病原菌检测技术，主要有3种。

1. 组织透明法 将病组织剪成小块，放入10% NaOH溶液中煮沸，当叶片绿色褪去后，取出组织，于载玻片上镜检透明组织，检测组织中的卵孢子。或被检籽粒在加有0.015%锥虫蓝的NaOH溶液中28℃染色，然后将种皮与胚分离，在乳酸：甘油＝1：2（体积比）液中加热煮沸至透明，制片镜检，可见组织中有菌丝体或卵孢子。

2. 叶片组织菌丝体染色法 玉米整个生育期中，分别在3叶期、7叶期、抽雄期采集疯顶病病叶，采用碘氯化锌（I_2-$ZnCl_2$）［配方：氯化锌（$ZnCl_2$）25g、碘化锌（ZnI_2）8g、碘（I_2）1.5g、蒸馏水（H_2O）8mL，先将氯化锌和碘化锌溶于水，然后加碘溶解，静置数日，取上部澄清液盛在褐色滴瓶中作染色用］染色法处理叶片。显微镜检查，可见叶片中有被染为橘红色或紫红色的短鹿茸状菌丝。在幼嫩叶片中，菌丝沿细胞间隙扩展并产生大量短分枝，在分枝上形成许多膨大球形吸器。该方法对叶片中的卵孢子也有良好的染色效果。

3. 种子组织中菌丝体染色法 采集病株上的种子，用3mol/L的KOH溶液处理

24h，然后用清水冲洗数遍，剥离种皮、胚乳、胚。分别置于载玻片上，滴加一滴染液，数分钟后进行镜检，可检测到分枝短鹿茸状菌丝，菌丝呈断续状，光滑。

【发生规律】

玉米疯顶病是一种系统性侵染的土传病害，以卵孢子在病残体和种子中越冬，田间病株和病残体内的卵孢子和种子带菌是发病的初侵染源，种子带菌是远距离传播的重要途径。病害的发生与环境条件、品种抗性、栽培管理等因素密切相关。

1. 湿度　湿度是病害发生的主要因素，田间调查表明，土壤含水量高，相对湿度达85％以上，土壤湿度饱和状态持续 24～48h，水滴条件有利于病菌卵孢子萌发产生孢子囊，释放游动孢子，游动孢子萌发侵入寄主，完成侵染。玉米苗期淹水是疯顶病发生的必要条件。当田间有病原菌存在时，播种后至 3～4 叶期，雨水过多或因灌溉而造成田间积水达一定时间，则会诱使该病害严重发生。地势低洼，土壤湿度大或田间积水，发病均较为严重。地势较高，排水良好，土壤湿度较低的田块，一般发病较轻。

2. 温度　温度是病害发生的重要因素，人工接种试验表明，15～20℃时，接种体被水淹，可诱发玉米疯顶病。国内外研究表明，适温高湿有利于疯顶病病菌的侵染，低温有利于疯顶病的发生，高温干旱不利于病害的发生。

3. 品种抗病性　硬粒品种抗病性差于马齿品种。

4. 栽培管理　连作地发病重；偏施氮肥，密度大，田间荫蔽重，通风透光性能差，排水条件差，田间小气候相对湿度大非常适宜玉米疯顶病大发生。

【防治方法】

（1）加强检验检疫。严格引种调运程序，加强种子病原菌检验，杜绝从病田调种，减少初侵染源。

（2）选用抗病品种或抗性材料。玉米制种田选用抗病性较强的亲本材料进行繁种，对于抗病性差的亲本材料要加强田间病情监测。

（3）种子处理。播种前，选用 35％甲霜灵拌种剂、64％噁霜灵·锰锌、58％甲霜灵·锰锌干拌或湿拌，或采用 0.4％噁霜灵·锰锌、甲霜灵·锰锌、咯菌腈等种衣剂进行包衣处理，均可有效防治玉米疯顶病。

（4）加强田间管理。合理轮作，应实行玉米与非禾本科作物轮作，如与豆类、薯类等作物进行 3 年以上的轮作。平整土地，采用滴灌，防止田间积水。合理密植，增强通风透光性能，降低田间湿度。苗期及时松土，增施腐植酸性质的有机肥。玉米收获后及时彻底清除并销毁发病田块的病残体，防止病菌在田间扩散。

（5）药剂防治。发病初期，每亩用 58％甲霜灵·锰锌可湿性粉剂 80～100g，或 50％甲霜·锰锌可湿性粉剂 100g，69％烯酰吗啉·代森锰锌、72％霜脲·锰锌可湿性粉剂100g，兑水 50L，重点对茎基部喷雾，隔 7～10d 喷药 1 次，连喷 2～3 次。

第七章
细菌性病害

一、玉米细菌性茎腐病

【症状诊断】

玉米细菌性茎腐病（Bacterial stalk rot）又称茎基腐病、萎蔫病、烂腰病等。主要危害茎（图 7-1 至图 7-4）、叶（图 7-5）、叶鞘（图 7-6）、根颈、雌雄穗（图 7-7、图 7-8）、苞叶（图 7-7）、穗轴等部位，一般从 6 月中旬玉米小喇叭口期开始发病，乳熟末期至蜡熟期为显症高峰期。发病后主要表现 3 种症状类型。

1. 基腐型　在玉米近地面 2～3 节处的茎基部叶鞘和茎秆上发生水渍状软化，变褐腐烂，有酸臭味，腐烂处凹陷，茎秆倒折（图 7-2 至图 7-4）。用刀沿着病株纵向剖开，在玉米近地面根节处可见沿维管束方向的紫褐色不规则病斑。与玉米真菌性茎基腐病的区别是：真菌性茎腐病的病斑一般环绕茎基部发展，后期基部明显收缩，拔出病株后可见须根减少，初生根和次生根变为褐紫色并伴随腐烂破裂，病根皮层常见剥离，剖开维管束间隙可见白色菌丝或红色霉状物。

2. 茎腐型　一般在第 6～7 节发病，病斑呈褐色，梭形或不规则形，病斑上产生锯齿状深浅不一的症状，并伴有黄褐色脓状物溢出，散发出恶臭味。发病茎节软化，容易折断倒伏（图 7-6）。玉米顶腐病穗位节腐烂与此症状相似，但顶腐病在发病部位产生白色或粉红色霉状物，无恶臭味出现。

3. 叶鞘腐烂型　叶鞘上的病斑形状不规则，边缘红褐色，在病组织与健康组织的交界处呈水渍状，在高温、高湿条件下，病斑可上下发展，引起植株萎蔫而枯死（图 7-7、图 7-8）。注意与腐霉菌茎基腐病区别，腐霉菌茎基腐病的叶鞘病斑无红褐色边缘，组织软化后无臭味，在潮湿条件下病斑上产生白色霉层。

【病原鉴定】

引起细菌性茎腐病的病原主要有 4 个种。

玉米狄克氏菌（*Dickeya zeae* Samson et al.）［原命名为菊欧文氏菌玉米致病变种（*Erwinia chrysanthemi* pv. *zeae*）或胡萝卜软腐欧文氏菌玉米专化型（*E. carotovora* f. sp. *zeae* Sabet）］、假单胞菌（*Pseudomonas zeae* Hsi. et Fang.）、铜绿假单胞菌［*P. aeruginosa*（Schroeter）Minula］和短小芽孢杆菌（*Bacillus pumilus* Meyer and Gottheil），其中前 3 个种致病性强，是引起茎腐病的优势种。

1. 玉米狄克氏菌（*D. zeae*）　菌体短杆状，两端钝圆，单生，偶有双链，菌体大小为 $0.8\mu m \times 1.6\mu m$，革兰氏染色阴性。周生 6～8 根鞭毛，无芽孢和荚膜。菌落圆形，乳白色，稍透明。在 Cohn 氏培养液中不能生长；在 Fermi 氏培养液中生长差；在 Koser 氏培养液中生长良好；在 EMB 培养基上，菌落中央淡褐色，边缘红紫色，无金属光泽；在 Endo 培养基上，菌落中央淡褐色，边缘红色，无金属光泽。耐盐性＞26％，生长最适温度 32～36℃。能还原硝酸盐，液化明胶，产生氨，不能水解淀粉，不分解脂肪，不产生硫化氢和吲哚；甲基红测定阴性，VP 测定阳性；在葡萄糖、蔗糖、麦芽糖、乳糖、半乳糖、木糖、果糖、鼠李糖、阿拉伯糖、甘露醇等糖和碳素化合物中产酸和产气；在甘油中只生酸，无气体；在石蕊牛乳中呈酸性反应，凝块，底层石蕊还原。

2. 玉米假单胞菌（*P. zeae*）　菌体杆状，单生，革兰氏染色阴性，无鞭毛，菌体大小为 $0.75\mu m \times 1.1\mu m$。无芽孢和荚膜。菌落圆形，乳白色，稍透明，具不明显的荧光性。在 Cohn 氏培养液中生长中等；在 Endo 培养基上呈淡粉红色，无金属光泽；在 Fermi 氏培养液中生长差；在 EMB 培养基上呈深粉红泽，无金属光泽；在 Koser 氏培养液中生长良好。耐盐性＞5％，生长适温 32～36℃。不还原硝酸盐，不液化明胶，不水解淀粉，不产生吲哚和氨，产生硫化氢，能分解脂肪，甲基红和 VP 测定阴性；在葡萄糖、蔗糖、麦芽糖、乳糖、半乳糖、果糖、木糖、阿拉伯糖、鼠李糖、甘露醇中产酸，无气体；在甘油、水杨苷中产微弱酸；在石蕊牛乳中呈酸性反应，部分凝块，石蕊大部分还原。

3. 铜绿假单胞菌（*P. aeruginosa*）　菌体呈短杆状，两端钝圆，多单生，也有的成对或短链状排列。无鞭毛，革兰氏染色阴性。在 LB 培养基上，菌落圆形，不透明，褐色，稍突起，边缘整齐，表面光滑且有金属光泽，具淡黄色晕圈，直径为 1～1.5mm；耐盐度为 8％，好氧菌，最适温度为 37℃，耐 40℃，致死温度为 45℃。在 CVP 培养基上，没有产生明显凹陷，可以利用柠檬酸盐和液化明胶，甲基红检测为阳性，吲哚阴性，氧化酶阳性，可以分解淀粉，King's B 培养没有明显的荧光性；除麦芽糖、水杨苷和蜜三糖外，可以利用葡萄糖、蔗糖、乳糖、半乳糖、果糖、木糖、阿拉伯糖、鼠李糖、甘露醇、甘油和肌醇等多数糖醇类化合物，可作为碳源产酸，利用阿拉伯半乳聚糖产碱。

【发生规律】

病原菌主要潜伏在田间病株残体、带菌种子和粪肥中越冬。翌年玉米拔节后，当湿度、温度等条件适宜时，病原菌由植株气孔、水孔、农事操作和害虫造成的伤口等部位侵入。借风雨溅打、昆虫传播等引起再浸染，小喇叭口期至抽雄前期发病重。在田间发生及流行危害程度与品种、气象因素、栽培条件等密切相关。

1. 品种抗性　不同品种抗病力不同，如单交种本育 9、吉单 141、郑单 14、掖单 2 号、洛玉 818、浚单 20 等品种易感病。

2. 气象因素　气象因素是影响玉米细菌性茎腐病发生的重要因素，在玉米拔节期，忽冷忽热的异常气温，削弱了玉米的抗病性，为病原菌入侵提供了有利条件；玉米小喇叭口期至大喇叭口期遇高温高湿，利于发病。降雨有利于发病，初次降雨早，田间发病也早，且发病部位低，危害重；降雨天数多、降水量大，造成田间湿度增大，有利于发病；降雨伴随大风，使玉米植株伤口增加，雨水冲溅和风雨携带能加快病原菌传播速度；前期干旱，后期长时间强降雨，且暴雨后骤晴，田间湿度大，造成病原菌侵茎率高。

3. 栽培条件　地势低洼或排水不良的田块发病重，在冲积土、灰棕壤、草甸土等类型的地块，容易发病。连作年限越长发病越重，随连作年限延长，发病率和病情指数逐年增长。用未腐熟有机肥和单施氮肥，发病重；而用腐熟有机肥，则发病率和病情指数均低。

4. 害虫　黏虫、棉铃虫、玉米蚜、蓟马、玉米螟等害虫发生严重的地块，由于害虫危害造成大量伤口，为病原菌入侵创造了有利条件，同时害虫携带病原菌可直接传病。

【防治方法】

1. 种植抗病品种或抗病材料　选用浚单 0898、先玉 335、郑单 958、郑黄糯 2 号等抗病品种，是最经济有效的防病措施。

2. 加强田间管理

（1）清除病残体，减少初侵染源。种植前及早清除田边、地头携带玉米细菌性茎腐病菌的玉米植株残体，生长期发现病株应及时拔除，并集中销毁，减少传染源。

（2）实行轮作。合理实行轮作倒茬，尽可能避免连作。

（3）减少伤口。及时防治害虫，减少因害虫咬食玉米而造成的伤口；田间作业时，要尽可能减少对玉米的机械伤害。

（4）加强栽培管理。合理密植，科学施用腐植酸类型的有机肥和农家肥，雨后及时排水、培土，促进玉米生长健壮，增强抗病能力。

3. 药剂防虫　防治害虫，减少虫伤，控制侵染与传播途径。在害虫发生重的田块用 10％吡虫啉可湿性粉剂 2 000 倍液或 40％氧乐果乳油 1 500 倍液喷雾防治蚜虫和蓟马。发现黏虫、棉铃虫、玉米螟等危害，用 10％氰戊·马拉松乳油 15 000 倍液，或 50％辛硫磷乳油 1 500 倍液喷洒防治，均可有效控制害虫危害，减少伤口，降低介体昆虫传播病菌。

4. 药剂喷雾防病　在玉米喇叭口期喷洒 25％叶枯灵可湿性粉剂＋60％甲霜·氧亚铜，或 58％甲霜灵·锰锌可湿性粉剂 600 倍液有预防效果；发病后马上喷洒 5％菌毒清水剂 600 倍液或 20％噻菌铜悬浮剂 500 倍液，防治效果较好。

二、玉米细菌性条斑病

【症状诊断】

玉米细菌性条斑病（Bacterial streak）主要危害叶片和叶鞘，出现 3 种症状类型。

1. 叶片条斑　该病在玉米植株下部叶片首先发病，沿叶脉间出现暗绿色至黄褐色水渍状条斑，后期条斑变褐色，并坏死。感病品种多发生在果穗以下的叶片上，形成褪绿条纹或变白，边缘平行，无波纹状（图 7-9、图 7-10）。

2. 叶片圆斑　主要危害玉米中下部叶片，初形成褐色病斑或暗褐色斑点，后扩大成圆形至椭圆形，病斑中间灰褐色，边缘深褐色，周围有水渍状褪绿晕圈，边缘不规则，深褐色，有时病斑边缘为不规则的斑点状，主要在叶脉间扩展，后期病斑汇合形成长形斑（图 7-11、图 7-12）。

3. 叶鞘条斑　主要危害中下部叶鞘，病斑褐色，水渍状，后变为淡黄色，病斑长条形（图 7-13）。

【病原鉴定】

引起玉米细菌性条斑病的病原菌有 2 种，即须芒草伯克霍尔德氏菌（*Burkholderia*

andropogonis Yabunchi et al.），异名为高粱假单胞菌［*Pseudomonas andropogonis*（Smith）Stapp.］、燕麦噬酸菌燕麦亚种（*Acidovorax avenae* subsp. *avenae* Willems et al.）。

1. 须芒草伯克霍尔德氏菌（*B. andropogonis*）　菌体短杆状，有荚膜，无芽孢，极生鞭毛，革兰氏染色阴性（图 7-14），好气性，不抗酸，菌体大小为（0.4～0.8）μm×（1.3～2.5）μm。在牛肉汁蛋白胨琼脂培养基上，菌落圆形，光滑，黏稠，略隆起，生长迟缓，在荧光下呈琥珀色，有荧光圈；不液化明胶，可澄清牛乳，但不能使其凝固，能还原石蕊，不还原硝酸盐，不生吲哚和硫化氢；在 Fermi 氏、Cohn 氏培养液中生长很弱；在 Uschinsky 氏培养液中生长良好。使葡萄糖、木糖、阿拉伯糖、半乳糖、果糖产生酸，但不产气；在蔗糖、麦芽糖、乳糖、甜菜糖、甘油、甘露醇中不产酸，消解淀粉的能力中等。最适温度为 22～30℃，最高温度为 37～38℃，最低温度为 5～6℃，致死温度为 48℃（10min）。

2. 燕麦噬酸菌燕麦亚种（*A. avenae* subsp. *avenae*）　菌体呈短杆状，大小为（0.3～0.8）μm×（1.5～5.0）μm，单生或双生，有单根极生鞭毛，有薄荚膜，无芽孢，好气性，革兰氏染色阴性。在 NA 培养基上培养，菌落呈乳白色，圆形，隆起，边缘整齐，质地黏稠，直径为 1.0～1.3mm。在 KB 培养基上培养，无荧光产生。液化明胶，含过氧化氢酶，石蕊牛乳中碱性反应，耐盐度 1%。

【发生规律】

通过田间病残体、种子带菌越冬，也可以在水稻等禾本科植物上越冬，成为翌年玉米发病的初侵染源。当叶面结露或有水滴时，病菌通过寄主表皮气孔侵入，扩展蔓延，温暖潮湿的气候条件下，发病严重。

【防治方法】

（1）选育和种植抗病品种。目前，在玉米生产中缺乏玉米种质资源对细菌性病害抗性的鉴定和评价体系。

（2）药剂防治。在发病初期，采用 50%春雷·王铜可湿性粉剂 1 000～2 000 倍液全田喷雾，能起到控制病害进一步发展和传播的作用。

三、玉米细菌性干茎腐病

【症状诊断】

玉米细菌性干茎腐病（Bacterial dry stalk rot）主要发生于新疆和甘肃玉米制种田，在 PS056 亲本材料上，引起大面积发病，植株矮化，茎秆茎部扭曲，茎秆上产生不规则的褐色缺刻，PS056 父本矮化，无法向母本传授花粉，对制种造成严重影响。主要表现的症状有 6 种类型。

1. 苗期干腐　在幼苗期，发病玉米植株生长缓慢，节间缩短，1～2 茎节下部的叶鞘出现红褐色不规则的小病斑。

2. 茎节缢缩褐变　侵染的植株生长缓慢，茎节有缢缩，近地表数节有病斑，初呈红褐色水渍状，病斑相连，形成不规则大斑，后变为黑褐色。

3. 茎节缺刻　发病严重的植株，茎皮以及茎髓组织消失，产生不规则的缺刻，似害虫取食状，发病的组织为干腐症状。

4. 茎秆畸形 茎节一侧被破坏，导致植株向发病侧倾斜生长，茎部扭曲，形成畸形。病株茎秆发脆，遇风极易倒折。

5. 维管束变色 在玉米抽丝期间，侵染部分通过茎皮向茎中心部位逐渐扩展。纵向剖茎，髓组织和维管束呈现紫黑色，并由基部向上扩展。

6. 茎节坏死斑 在玉米灌浆期，植株发病加重，在茎部形成大的坏死斑。

【病原鉴定】

引起玉米干茎腐病的病原细菌为成团泛菌 [*Pantoea agglomerans* (Ewing et Fife) Gavini et al.]，异名为成团肠杆菌 (*Enterobacter agglomerans* Ewing et Fife)、草生变种草生欧文氏菌 (*Erwinia herbicola* var. *herbicola*)。

成团泛菌 (*P. agglomerans*) 在 NA 培养基上，菌落淡黄色或乳白色，圆形，表面光滑，微凸起，边缘整齐，直径为 $0.8 \sim 1.5 \mu m$，培养基不变色，菌落半透明，较软，略黏；在 KB 培养基上，菌落不产生荧光。菌体呈短杆状，两端圆，单细胞，大小为 $(0.5 \sim 1.0)\mu m \times (1.0 \sim 3.0)\mu m$，周生鞭毛，革兰氏阴性杆菌，兼性厌氧。D-葡萄糖不产气，明胶液化阴性，吲哚阴性，不水解尿素，马铃薯软腐实验阴性；蔗糖产酸，还原硝酸盐，耐盐反应阳性，苯丙氨酸脱氨酶为阳性，半胱氨酸产生 H_2S，VP 阳性，产生黄色素。可利用阿拉伯糖、鼠李糖、木糖、乳糖、海藻糖和水杨苷，但不能利用蜜二糖、肌糖和 α-甲基葡糖苷。最适生长温度为 30℃。

【发生规律】

该病原菌主要存在于玉米种子和土壤中，因此种子和土壤是该病害的主要初侵染源。曹慧英（2010）的调查结果表明，在新疆和甘肃的玉米制种田，在父本 PS056 茎秆上能够持续观察到玉米细菌性干茎腐病症状，在母本 OSL190 上无此症状；种子带菌检测试验结果表明，细菌性干茎腐病的发生与种子的带菌传播有关，两个亲本和所配制杂交种的种子外部均不携带成团泛菌，父本 PS056 和杂交种金玉 9856 种子内部带菌，而母本 OSL190 种子内不带菌；温室种子浸泡接种试验表明，使用未灭菌的土壤，50℃处理的种子（表面消毒）播种后可引起发病，说明土壤是该病害的主要侵染源。

【防治方法】

（1）选育和种植抗病品种。利用抗病品种是防治该病的一种有效方法，在品种选育中，了解自交系品种抗性基因与遗传方式，为选育抗病品种和制种生产奠定材料基础。

（2）加强病情监测工作。

（3）加强种子检验检疫，防止种子带菌。

（4）田间管理与药剂防治。目前，这方面的研究报道较少，具体方法可参考细菌性茎腐病的防治。

四、玉米细菌性穗腐病

【症状诊断】

玉米细菌性穗腐病（Bacterial ear rot）发生在玉米灌浆阶段。果穗的单籽粒或成片的籽粒发生腐烂，较正常籽粒的颜色加深、籽粒瘪皱。从发病籽粒中散发出臭味，失去食用价值。

近几年，河西走廊甜玉米和糯玉米制种田面积不断扩大，亲本组合越来越杂，在甜玉米制种期间，注意观察其症状表现，引起制种企业的高度重视。

【病原鉴定】

引起玉米细菌性穗腐病的病原细菌为寡氧产麦芽单胞菌[*Stenotrophomonas maltophilia* (Hugh) Palleroni et Bradbury]。

【发生规律】

玉米细菌性穗腐病为风雨传播的病害。在各地零散发生，但在种植甜玉米的地区，由于甜玉米籽粒含糖量高，果穗又易受到害虫危害，同时气候为多阴雨类型，因此细菌性穗腐病发生较为严重。细菌性穗腐病的发生，会对甜玉米的生产带来一定不利影响。因此，甜玉米制种区或生产基地要高度重视对该病害的监测。

【防治方法】

防虫控病。玉米细菌性穗腐病主要通过防除田间害虫，以达到防病目的。在细菌性穗腐病常发区，应注意对穗期害虫的控制，特别是在甜玉米种子生产地区，要选择低毒药剂或生防制剂控制危害果穗的螟虫，以减轻穗腐病的发生。

五、玉米细菌性褐斑病

【症状诊断】

玉米细菌性褐斑病（Holcus spot）多发生在植株下部叶片，初期在叶顶端产生圆形或椭圆形病斑，病斑初呈暗绿色水渍状，逐渐扩大为黄褐色的椭圆形病斑，病斑边缘浅褐色，中央黄褐色。后期病斑联合，形成较大的坏死斑，周围出现黄色晕圈，病斑直径为2～8mm，严重时病斑变褐干枯。

【病原鉴定】

引起玉米细菌性褐斑病的病原菌有丁香假单胞菌丁香变种（*Pseudomonas syringae* pv. *sytingae* van Hall）和稻叶假单胞菌（*Pseudomonas oryzihabitans* Kodama et al.）。其中，以丁香假单胞菌丁香变种为主要致病菌。

丁香假单胞菌丁香变种（*P. syringae* pv. *sytingae*）菌体短杆状，大小为（0.6～0.7)μm×6μm，也有报道大小为（0.6～1.0)μm×（1.5～2.9)μm。无芽孢，具荚膜，革兰氏染色阴性。1～4根极生鞭毛，好气性。在肉质琼脂培养基上，菌落圆形，淡灰白色，黏稠，光滑或皱褶，半透明，全缘；在牛肉汁蛋白胨培养液中，混浊，具菌膜和颗粒体，能液化明胶，不凝固牛乳，但可澄清牛乳，还原硝酸盐，不生氨、吲哚及硫化氢；在Fermi氏和Uschinsky氏培养液中生长良好，且有荧光绿色色素；在Cohn氏培养液中无荧光色素产生。在蔗糖、葡萄糖、半乳糖、果糖、甘油、甘露醇中产生酸，但不产气。在麦芽糖、乳糖、鼠李糖中不产生酸和气体，水解淀粉能力弱。最适生长温度为25～30℃，最低温度为0℃，致死温度为49℃（10min）。

【发生规律】

遗留在田间的病株残体是病原菌越冬的主要场所，通过玉米表皮组织气孔侵入。在玉米生长前期，遇到高温、多雨、多风天气，有助于病害发生。病原菌除寄生玉米外，还能侵染高粱、谷子、苏丹草、约翰逊草等。这些寄主与玉米发生细菌性褐斑病的关系还有待进一步研究。

【防治方法】

（1）选用和种植抗病品种。选择种植抗病品种，能有效降低该病害的发生。

（2）轮作倒茬。与非禾谷类作物实行轮作，减少越冬菌源的侵染。

（3）减少菌源。秋收后，及时清除田间的植株病残体，以减少菌源基数。

六、玉米芽孢杆菌叶斑病

【症状诊断】

玉米芽孢杆菌叶斑病（*Bacillus* bacterial leaf spot）在叶片上引起的典型症状是褪绿斑。在感病初期，叶片上出现分散的小型黄色水渍状斑点。随着病害的发展，病斑逐渐扩大，变为黄色干枯的褪绿斑，且褪绿斑周围有黄色晕圈。发病后期，病斑中央出现灰白色枯死区域，一些病斑相互联合，在叶片上形成较大面积的坏死斑。在光学显微镜下观察，可见明显的溢菌现象。

【病原鉴定】

引起玉米芽孢杆菌叶斑病的病原菌为巨大芽孢杆菌（*Bacillus megaterium* de Bary）。

该菌在 NA 培养基上，菌落呈白色，圆形隆起或扁平状，有时微皱；在幼龄培养时革兰氏染色呈阳性。菌体呈长直杆状，两端钝圆，单个或呈短链排列，大小为（1.2～1.5）$\mu m \times$（2.0～4.0）μm，鞭毛周生，芽孢椭圆形，中生或次端生。好氧，耐盐，过氧化氢酶反应呈阳性，能够水解淀粉，22℃培养 7d 明胶液化直径 1cm，能还原硝酸，在含葡萄糖、甘露醇、木糖、阿拉伯糖等培养基上氧化产酸，能分解酪氨酸和苯丙氨酸脱氨。

【发生规律】

巨大芽孢杆菌是一种分布非常广泛的细菌，主要是作为腐生菌存活在土壤中，因此玉米芽孢杆菌叶斑病属于土壤传播的病害。该病害发生后，能够在叶片上产生大量病斑，引起叶片干枯，其病残体随土壤成为越冬的主要场所。在制种玉米生产过程中，要注意监测病情发展。目前，有关该病的侵染机制和发病规律尚不清楚。

【防治方法】

（1）药剂防治。在玉米生长期喷施抗生素，如中生菌素等，对该病害有一定防效。

（2）生物防治。巨大芽孢杆菌不仅是该病的病原菌，还是一种解磷菌和固氮菌，能有效促进玉米植株对营养元素的吸收和积累，对玉米植株的生长发育有促进作用，使其生物量明显增加。如将巨大芽孢杆菌和枯草芽孢杆菌作为功能微生物发酵生产生物有机肥，应用于盐碱地改良，使盐碱地土壤理化性状显著改善，土壤微生物数量明显增多，土壤的呼吸作用和酶活性也有一定提高。玉米长势良好，植株健壮，叶色浓绿，未出现盐碱化症状，增产幅度明显。因此，合理开发利用巨大芽孢杆菌前景广阔。

第八章
病毒性病害

一、玉米矮花叶病

【症状诊断】

玉米矮花叶病 (Maize dwarf mosaic) 是一种系统性病害,整个生育期均可感染引起发病,该病主要危害叶片。因侵染时期的不同,所表现的症状类型也不同,主要有 3 种。

1. 条纹花叶 玉米 3 叶期即可出现症状,发病初期,在心叶基部叶脉间出现许多椭圆形褪绿小点或斑驳,随着病情的发展,症状逐渐扩展至全叶,在叶脉之间形成几条长短不一、颜色深浅不同的褪绿条纹。脉间叶肉失绿变黄,叶脉仍保持绿色,形成明显的黄绿相间的条纹症状 (图 8-1 至图 8-3)。

2. 斑驳花叶 叶片发病初期,深浅相间的斑点形成斑驳花叶。随斑点扩大合并成斑块,斑块与叶脉平行扩展,形成断续、边缘不规则的深绿相间的条纹花叶。有的在叶脉间出现长椭圆形的黄白色枯死斑。病株在叶鞘和苞叶上出现褪绿花叶状。

3. 矮化丛生 病苗浓绿,叶片僵直,宽短而厚。病株生长迟缓、矮化。玉米生长到 9～10 叶期左右,病株矮化愈来愈显著,上部节间不能抽长,粗肿短缩,顶部叶片簇生,病株株高常不及健株的 1/2,不能拔节抽雄,雄花无花粉,雌雄发育不正常 (图 8-4)。到灌浆后期,轻病株表现为叶片提早变黄,延迟成熟,籽粒变小,千粒重降低;重病株则多数表现早枯,收成全无。

【病原鉴定】

玉米矮花叶病由马铃薯 Y 病毒属 (*Potyvirus*) 病毒引起,是一种重要的世界性病害。玉米矮花叶病的病原主要包括甘蔗花叶病毒 (*Sugarcane mosaic virus*,SCMV)、玉米矮花叶病毒 (*Maize dwarf mosaic virus*,MDMV)、高粱花叶病毒 (*Sorghum mosaic virus*,SrMV) 和约翰逊草花叶病毒 (*Johnsongrass mosaic virus*,JGMV) 四种病毒。其中,以 SCMV、MDMV 和 JGMV 三种病毒为优势病原,未见 SrMV 自然感染玉米的报道,但人工接种时,也能严重感染玉米。

经间接 ELISA 和免疫捕获反转录 PCR (IC-RT-PCR) 检测,我国浙江、江苏、上海、山东、河南、河北、北京、山西、陕西、甘肃、四川、云南 12 个省份的玉米矮花叶病病原鉴定为 SCMV。

SCMV 病毒粒体为线状,大小 (430～750) nm×(13～15) nm。SCMV 基因组为

正单链 RNA 分子，大小为 10kb 左右。5′端有病毒编码的基因组连锁蛋白（Viral protein genome-linked，Vpg），3′末端有 poly A 尾巴。基因组 RNA 通过形成多聚蛋白的策略表达出一个大的蛋白分子，并通过自身编码的蛋白酶切割产生多个具有不同功能的病毒蛋白。SCMV 寄主范围仅限于禾本科植物，可通过蚜虫以非持久方式传播。

Segha（1966）研究表明，玉米矮花叶病毒的寄主主要包括甘蔗、玉米、谷子、糜子、高粱等多种禾谷类作物。已有记载的杂草寄主有 250 多种，主要禾本科杂草寄主有野雀麦、大画眉草、马唐、虎尾草、小画眉草、蟋蟀草、稗、牛鞭草等。

【发生规律】

SCMV 是一种由蚜虫传播的非持久性病毒，在一年生或多年生禾本科杂草上越冬，因此，农田杂草为病毒的积累和越冬提供了有利条件。在小麦玉米间作套种地区，麦田是蚜虫繁殖、栖息的场所，能够传播玉米矮花叶病毒的蚜虫有 25 种，主要包括玉米蚜（*Rhopalosiphum maidis*）、禾谷缢管蚜（*Rhopalosiphum padi*）、麦二叉蚜（*Schizaphis graminum*）、麦长管蚜（*Sitobion avenae*）、桃蚜（*Myzus persicae*）、棉蚜（*Aphis gossypii*）、狗尾草蚜（*Hysteroneura setariae*）等。蚜虫在带毒越冬寄主上获毒后，迁飞到玉米上取食时，在田间进行再侵染和传播。该病毒以蚜虫非持久性方式传播和汁液摩擦传播。发病潜育期在 20～32℃时约为 7d，35℃以上时为 4～5d。越冬毒源量和早春蚜虫密度及迁飞情况，影响春玉米发病的轻重。越冬毒源寄主数量相对较少，早春蚜虫数量少，春玉米病株率相对较低；麦收前后，蚜虫大量繁殖迁飞，蚜虫迁飞高峰期过后的 7～10d，是玉米田矮花叶病发病的高峰期。

玉米种子带毒研究较早，但是带毒率不高。20 世纪 70 年代，甘肃省农业科学院植物保护研究所曾发现 13 个品种（自交系）种子带毒，其平均带毒率在 0.1%左右，个别达0.4%；20 世纪 90 年代，对制种田和自交系繁殖田的系统观察结果表明，29 份材料中发现有种子带毒苗，带毒率最低为 0.15%，最高达 6.52%。马占鸿（1998）采用苗期症状观察、ELISA 及 DIBA 方法测定玉米种子带毒规律时发现，种子各部位所携带的病毒及其侵染活性差异显著，种子表面携带的病毒丧失了侵染活性，种皮携带的病毒侵染活性较低，胚乳带毒率及其侵染活性均较高，胚不带毒。由此可见，种子带毒是矮花叶病毒的初侵染源，也是远距离传播的主要途径。

玉米矮花叶病的发生流行，取决于 4 个条件。

1. 毒源存在　一是病株和带有矮花叶病毒的多年生禾本科杂草；二是种子带毒，据美国相关资料报道，当玉米种子带毒率超过 1%时，每公顷有 750 株以上是玉米矮花叶病的初侵染源。

2. 传毒介体数量　玉米生长前期（5～6 叶期），麦二叉蚜占优势，对病害的发生和流行起决定作用；玉米生长后期（7—8 月），喜温喜湿的桃蚜、玉米蚜、禾谷缢管蚜占优势，是后期传播的重要介体。

3. 种植感病品种　种植感病品种及植株感病期（3～5 叶期）与蚜虫发生传毒高峰期相吻合，发病严重。如甘肃早期种植的长单 7 号、天玉 1 号、庆单 1 号、维尔 156、自330、Mo17 等都是感病品种，感病品种通常在 5～14 叶期最感病，以后抗病力逐渐增加，至抽穗期不再被侵染。

4. 有利的气象条件　20～25℃是影响此病流行的最适温度，对蚜虫繁殖和迁飞起决定性作用。如春季气温回升早，夏季干旱，有利于蚜虫繁殖和迁移，一般4月下旬至5月上旬，出现旬平均温度达到16℃的时期早，麦蚜高峰期早，小麦受害早，而玉米受害则轻。旬平均温度16℃出现在5月中下旬时，麦蚜高峰期发生晚，玉米受害重，病害发生严重。

以上四个条件都要具备，缺一不可，因此，玉米矮花叶病是一种间歇性的流行病。全球气候变暖，对毒源的积累、传毒昆虫的越冬、传毒蚜虫的发生等十分有利，应引起注意。

【抗性鉴定】

玉米矮花叶病品种抗性鉴定技术方法和抗性评价标准，执行NY/T 1248.4—2006技术规范。

1. 接种体采集和保存 采集田间具有典型玉米矮花叶病症状的植株叶片，用摩擦接种法接种感病玉米幼苗以纯化毒源。对采集的病毒株系应进行生物学鉴定或血清学鉴定，确认分离物为甘蔗花叶病毒。病毒毒源保存在防虫温室的玉米幼苗上，将具有典型症状的病叶保存在−20℃冰箱内。

2. 鉴定对照材料 可用pa405（高抗）、黄早四（抗）、获白（中抗）、Mo17（感）、掖107（感）做对照，也可根据需要选择其他材料。

3. 抗性鉴定圃设置

（1）温室鉴定。温室内的温度应控制在25℃以下，并能够补充光照。鉴定材料随机排列或按顺序排列，每50份鉴定材料设1组已知抗病和感病对照材料。鉴定材料种植在苗盘、小型移植钵或小花盆中，每份材料留苗不少于10株。设置3次重复。

（2）田间鉴定。鉴定材料随机排列或按顺序排列，每50～100份鉴定材料设1组已知抗病和感病对照材料。田间播种时间与大田生产相同或略晚。鉴定小区行长4～5m，留苗不少于30株。鉴定资源时，每份鉴定材料种植1行，鉴定品种时，每份材料重复2次。土壤肥力水平和耕作管理与大田生产相同。

4. 接种方法 在玉米4～5叶期接种，采用摩擦接种法。从上述准备的保毒玉米幼苗上采集病叶，将病叶剪碎并置于无菌研钵中，同时加入病叶量10倍的0.1mol/L、pH为7.0的磷酸缓冲液，在低温条件下研磨，配制成接种悬浮液。接种前在被接种植株叶片上喷适量的600目金刚砂，然后用棉棒蘸取少量接种悬浮液，在叶面轻度摩擦造成微伤，每株接种2片叶。接种前后若田间干旱，应及时浇灌，保证植株健康生长。

5. 病情调查 温室苗期调查分别在接种后10d和15d进行；在玉米抽雄期，每份鉴定材料调查30株/行，逐株调查发病症状，记录病情级别。通过对玉米鉴定材料群体中的个体植株发病程度的综合计算，确定各鉴定材料的病情指数。

6. 抗性评价 依据苗期病情级别、成株期症状和病情级别，按照抗性划分标准确定抗病类型（表8-1、表8-2）。

表8-1 玉米抗矮花叶病苗期病情级别划分标准与评价标准

病情级别	人工接种病株率	自然诱发成株期病情指数	抗性评价
0	无发病株	无发病	免疫 I

（续）

病情级别	人工接种病株率	自然诱发成株期病情指数	抗性评价
1	0~5.0%	0~10.0	高抗 HR
3	5.1%~15.0%	10.1~30.0	抗 R
5	15.1%~30.0%	30.1~40.0	中抗 MR
7	30.1%~50.0%	40.1~60.0	感 S
9	50.1%~100%	60.1~100.0	高感 HS

表 8-2 玉米抗矮花叶病成株期病情级别划分标准与评价标准

病情级别	人工接种发病程度	抗性评价
0	全株无症状	免疫 I
1	上部1片或2片叶出现轻微花叶症状	高抗 HR
3	上部3片或4片叶出现轻微花叶症状	抗 R
5	穗位以上叶片出现典型花叶症状，植株略矮，果穗略小	中抗 MR
7	全株叶片出现典型花叶症状，植株矮化，果穗小	感 S
9	全株花叶症状显著，病株严重矮化，果穗不结实	高感 HS

【防治方法】

防治对策以种植抗病品种为主，重点控制相关传毒介体，同时辅以科学的田间管理措施，可起到较好的防控效果。

1. 选育和种植抗病品种 种植抗病品种是控制病毒病流行最经济有效的措施。国内外研究表明，改良 Reid、Lancaster、旅大红骨类群种质大部分表现感病，塘四平头类群种质大多数表现抗病，美国先锋杂交种和热带、亚热带种质选系多数表现抗病。在不同类型种质中，硬粒型、马齿型和半马齿型表现抗病的较多，糯质型较少，甜质型和爆裂型中尚未发现抗原。目前，栽培的抗病丰产品种有唐玉5、黄早四、中单104、屯玉9号、农大108、农大3138、沈单10、沈单16、郑单14、登海1号等，可以进行大力推广应用。

2. 加强预测预报和种子检验检疫 及时做好气象预报，加强传毒介体蚜虫毒源数量的系统调查，掌握其消长规律，以便及时采取防治措施。严格控制重病区制种种子调运，加强种子带毒的检验检测。

3. 压低毒源，控制蚜虫 及时清除田间杂草、拔除田间毒苗，减少毒源。春玉米适期晚播，尽量使玉米苗期与传毒介体的活动盛期错开。减少玉米与其他寄主作物之间的连作，防止介体昆虫在不同寄主之间完成侵染循环。

4. 加强栽培管理 调整耕作制度和改善田间管理，可以有效减少病毒病的发生和流行。杜绝播种带毒种子，早期覆盖地膜，合理施肥灌溉，均是防止病毒病害发生的有效措施。

5. 化学防治

（1）种子包衣处理。每100kg种子用35g/L咯·精甲150g+60g/L戊唑醇50g+30%噻虫嗪600g进行包衣处理，对病毒病的防治效果较好。

（2）治虫防病。在玉米苗期，用10%吡虫啉乳油200倍液、45%马拉硫磷乳油1 000

倍液以及 2.5％高效氯氰菊酯乳油 2 500 倍液喷雾防治介体昆虫。

二、玉米粗缩病

【症状诊断】

玉米粗缩病（Maize rough dwarf）是一种世界性的玉米病害，1949 年在意大利北部被首次发现，1954 年在我国新疆南部和甘肃西部首次发生，20 世纪 70 年代和 90 年代，曾在我国北方地区暴发和流行，除玉米种植面积较少的青藏高原玉米种植区外，玉米粗缩病在各大玉米产区均有报道，近年在我国北方玉米产区的发生有明显上升趋势。

粗缩病在玉米全生育期均可发生。幼苗期感病，5～6 叶期显现症状，幼叶两侧的脉间出现透明虚线小点，后虚线小点增多，叶背面的叶脉上出现粗细不一的蜡白色突起，手摸有明显粗糙感，又称脉突（图 8-5）。植株感病后，节间缩短变粗，严重矮化，叶片浓绿对生，宽短硬直，如君子兰状（图 8-6、图 8-7）；顶叶簇生，心叶卷曲变小（图 8-8）；叶鞘、果穗苞叶上具有粗细不一的蜡白色突起条斑；病株分蘖多，根系不发达，变短、变细、纵裂，易拔出。感病植株株高仅为正常株高的 1/3～1/2，不能抽穗，即使抽雄也无花粉，雌穗不能正常结实，往往提早枯死。

【病原鉴定】

引起玉米粗缩病的病原报道有四种，即玉米粗缩病毒（*Maize rough dwarf virus*，MRDV）、水稻黑条矮缩病毒（*Rice black- streaked dwarf virus*，RBSDV）、马德里约柯托病毒（*Malde rio cuarto virus*，MRCV）和南方黑条矮缩病毒（*Southern black streaked dwarf virus*，SBSDV）。在我国引起玉米粗缩病的病毒是 RBSDV。

RBSDV 为呼肠孤病毒科（Reoviridae）斐济病毒属（*Fijivirus*）成员。病毒粒子为正二十面体，有双层外壳，直径为 70～80nm。基因组由 10 条线性双链 RNA（dsRNA）组成，根据片段大小被依次命名为 S1～S10，且多数为单顺反子，只有 S7 和 S9 上含有 2 个 ORF，该病毒所编码蛋白功能已被初步研究。灰飞虱（*Laodelphax striatellus* Fallen）是 RBSDV 的主要传毒介体，一经染毒，终身可传毒，但不经卵传毒。RBSDV 可侵染 57 种禾本科植物，水稻、小麦、燕麦、黑麦、小黑麦、玉米等 20 种作物，马唐、稗等 28 种杂草，均是其自然寄主。

【发生规律】

在田间，玉米粗缩病依靠昆虫传播，RBSDV 的传播介体是灰飞虱（*L. striatellus*），灰飞虱获毒后可在体内增殖和越冬，但不能经卵传给下一代，属持久性传毒。该病毒不通过土壤、种子、花粉和植株间摩擦传播。人工机械损伤组织传毒率低，维管穿刺接种传毒率为 45％，用维管穿刺法接种催芽的幼胚轴，传毒率可达 90％以上。

我国北方，粗缩病毒在冬小麦、禾本科杂草和传毒介体上越冬，5 月下旬第一代灰飞虱成虫羽化，陆续从小麦和禾本科杂草上转移至玉米田取食传毒，6 月中旬达发生高峰期，引起玉米发病。玉米生长后期，病毒再由灰飞虱携带感染晚秋禾本科作物和禾本科杂草进行越冬，构成了 RBSDV 的侵染循环。

玉米粗缩病发生与流行受寄主、病毒、传毒介体、环境条件、耕作栽培等综合因素的影响。

1. 传毒介体及毒源与病害流行的关系

（1）传毒介体与发病的关系。封闭网棚种植玉米放虫试验表明，玉米粗缩病是由灰飞虱叮咬玉米植株传毒所致的一种病毒病害，粗缩病毒被灰飞虱传入玉米植株体后要经过25～30d 的潜伏期才能显症。自然界灰飞虱的带毒率为 5%～8%，一只带毒的灰飞虱可以连续使 3～5 株玉米受害。

（2）灰飞虱种群密度与发病的关系。灰飞虱种群密度大，带毒率高，发病严重。王安乐等（2005）通过荧光灯捕虫和田间调查结果表明，5 月 25 日之前，在玉米地几乎看不到灰飞虱活动，而在以后的 3d 内，玉米地的灰飞虱虫口量突然增至 10.5 万～12.0 万头/ hm^2，证明 5 月 25—27 日是第一代灰飞虱成虫向玉米田迁飞并进行危害的高峰期。灰飞虱在玉米地的存活时间很短，只有 4～6d。

（3）越冬毒源与发病的关系。玉米田及其周边越冬毒源植物多，为传毒介体的转移传播提供了条件。

2. 耕作制度与病害流行的关系

（1）种植制度的变迁与发病的关系。20 世纪 60 年代，复种类型多样化，主要有麦/棉、麦/玉米、玉米/蔬菜等，麦/玉米相对较少，粗缩病仅零星发生。20 世纪 70 年代至 80 年代末，麦/玉米种植模式占优势，玉米粗缩病大流行。90 年代以来，大面积种植制种玉米，5—6 月灰飞虱大量发生时，玉米给灰飞虱提供了适宜的栖息繁衍环境，是造成粗缩病发生的重要原因。

（2）播期与发病的关系。播期是影响夏玉米粗缩病的关键因素。王安乐等（2005）报道，5 月 5—15 日播种，玉米粗缩病严重，分析认为与第一代灰飞虱自 5 月 24—28 日羽化迁飞玉米田进入危害高峰相吻合。此时，播种的玉米正好 6～7 叶和 3～4 叶，叶片鲜嫩，灰飞虱易吸汁传毒，因此发病较重。田兰芝等（2019）的研究报道再次证明了粗缩病的发病严重度与播期有关，玉米早播或晚播均可减轻粗缩病的发生。5 月 20 日播种发病最严重，从 4 月 12 日至 5 月 20 日，播期越晚，发病越严重；从 5 月 20 日至 6 月 10 日，播种越晚发病越轻。

（3）不同生育时期与抗病的关系。一般在 10 叶期前的玉米处于感病阶段，玉米越小受害越重。7 叶期以前感病，产量损失 80%；8 叶期感病，产量损失 38.5%；11 叶期感病，产量损失 2.06%。

3. 气象条件与发病的关系　　气象条件是影响玉米粗缩病年度间发病轻重的重要因子。高温干旱的年份有利于病害流行，是因为早春气温回升快，越冬代灰飞虱活动早，滋生繁衍快，而且在高温下病毒侵染后潜育期短，显症速度快，增加了病害在田间的发病循环，加速了病害的发展。在干旱条件下，玉米幼苗根系发育慢，幼苗生长慢，长势弱，降低了抗病力，延长了苗期受感染的时期，造成发病重。

4. 玉米品种抗病性与病害发生的关系　　不同品种对玉米粗缩病的抗性存在着明显差异。田兰芝等（2019）研究报道，81 个玉米抗粗缩病的生产品种鉴定结果表明，抗性品种占鉴定品种的 1.23%，中抗品种占鉴定品种的 7.41%，感病品种占鉴定品种的 38.27%，高感品种占鉴定品种的 53.09%。说明目前生产上已具有抗或中抗粗缩病的玉米品种，但感病品种数量在生产上还占绝大多数，是造成粗缩病流行的原因之一。

【抗性鉴定】

按照王晓鸣等（2010）的自然与人工接种诱发抗病性分级指标和评价标准进行调查和

鉴定。

1. 自然诱发对玉米抗粗缩病的田间评价

（1）调查时间。苗期调查进入抽雄期进行。

（2）调查方法。依据叶片是否出现植株矮化、节间缩短等确定发病植株。分别记录调查总株数、发病株数，并计算和记录病株率。

（3）病情分级。依据田间症状计算病株率进行病情分级（表8-3）。

表 8-3　玉米抗粗缩病病情级别划分标准与评价标准

病情级别	发病程度	抗性评价
0	无发病株	免疫 I
1	病株率≤1.0%	高抗 HR
3	病株率为 1.1%～5.0 %	抗 R
5	病株率为 5.1%～10.0 %	中抗 MR
7	病株率为 10.1%～30.0%	感 S
9	病株率>30.0%	高感 HS

2. 人工接种诱发对玉米抗粗缩病的鉴定技术

（1）接种体准备。该病只能通过灰飞虱传播，不能进行摩擦接种。因此，目前接种鉴定通过以下几种方法进行。

①无毒媒介饲养。春季用扫网方法从麦田采集灰飞虱成虫，而后饲养在麦苗上使其产卵，收集刚刚孵化出的一龄若虫即为无毒灰飞虱，在麦苗上继代繁殖。

②毒源保存及繁殖。秋季或春季从麦田采集绿矮病株，用无毒灰飞虱饲毒 3d 度过循环期后传毒于 3 叶期玉米苗上，再用无毒灰飞虱从显症玉米上饲毒，度过循环期后传毒于小麦上，表现绿矮症状的病株即为玉米粗缩病病株，保存于 25℃温室中。利用无毒灰飞虱在毒源上饲毒而后传毒于麦苗上进行毒源繁殖。

③带毒灰飞虱的获得。用无毒灰飞虱在毒源小麦上饲毒 2～3d，而后在健康小麦上饲养 12～16d 度过循环期即为带毒灰飞虱。

（2）接种。一般分为网室箱接种和自然接种两种方式。

①网室箱接种。在搪瓷盘（70cm×60cm）内撒上石英砂后播种不同玉米品种，以感病品种黄早四为对照。每品种播种 20～40 株，2 叶 1 心时用 60 目网箱（70cm×60cm×50cm）罩住，而后放入带毒灰飞虱进行传毒接种，每网箱分别放入灰飞虱 60～80 头，以不接虫为对照。室温接种 3d，每天人工扰动促使灰飞虱迁飞传毒，而后将灰飞虱移走，待玉米苗长至 3～4 叶时移栽到田间防虫网内，进行发病观察。

②自然传毒。在病害常发区，采用小麦与玉米间作方式进行自然传毒，即麦田越冬的灰飞虱在小麦上获毒，然后迁飞至玉米田传毒。

（3）鉴定对照材料。常采用自交系黄早四（高感）作对照，也可以选用生产中的感病品种作为对照。

（4）病情调查。于抽雄孕穗期调查发病株数，并计算发病率，以病株率为指标进行抗性水平的评价。

【防治方法】

（1）选育和种植抗病品种。培育高抗粗缩病的玉米新品种是减轻产量损失最经济有效的措施。目前生产上已具有抗或中抗粗缩病的玉米品种，但抗玉米粗缩病的玉米种质资源较缺乏，而且仍缺乏高抗品种和免疫品种，需加快玉米抗性种质的挖掘和创新研究。目前，生产上可选择使用的抗病品种有青农 105、运抗 1 号、运抗 2 号和 sh22×京 404 等，中抗品种有德玉 18、蠡玉 16、邯丰 7 号、济单 7 号、冀植 5 号、3138 和金海 5 号等。应避免种植感病和高感品种。

（2）加强栽培管理。适当调整播期、改变种植模式。春玉米应控制到 4 月上旬播种，适当晚收的种植模式，可避免或减轻病害发生，提高玉米产量。应及早深耕灭茬，铲除田间杂草，以消灭毒源。促苗早发，及时间苗、定苗，发现病株及时拔除，并带出田外埋掉，减少毒源。合理施肥、浇水，加强田间管理，促进玉米生长，缩短感病期，减少传毒机会。

（3）药剂防治。杀虫防病是防治玉米粗缩病的有效途径。北方地区每年 5 月下旬是第一代灰飞虱成虫向玉米田迁飞进行危害的高峰期，也是防治的关键时期。因此，5 月 24—27 日喷药防治，效果最为理想。各地应根据当地生态环境和气候条件，具体调查了解当地一代灰飞虱的准确迁飞危害期，以便确定最佳喷药杀虫防病的时段。可以选用 25% 噻嗪酮可湿性粉剂 30～40g＋10% 吡虫啉可湿性粉剂 10～20g、2.5% 吡虫啉可湿性粉剂 1 000倍液喷雾防治，隔 6～7d 喷 1 次，连续喷 2～3 次，可起到很好的防治效果。

三、玉米条纹矮缩病

【症状诊断】

玉米条纹矮缩病（Maize streak dwarf）又称条矮病。20 世纪 70 年代初期，该病发生于甘肃省酒泉地区，后在甘肃其他地区零星发生，1969—1971 年，敦煌连续 3 年大发生，1971 年，全县发病面积达 1 066.7hm²，受害严重的有 400hm²，造成减产 600t。

该病从苗期至抽雄开花期均可发生，主要危害叶片、叶鞘、苞叶、茎秆、雄穗、雌穗等部位。其典型症状是节间缩短、植株矮缩、沿叶脉产生褪绿条纹，后期条纹上产生褐色坏死斑，老百姓称此为玉米"穿花绒"。叶片受害，初期上部叶片稍硬、直立，沿叶脉出现连续的或断断续续的淡黄色条纹，自叶基部向叶尖扩展，后期在条纹上产生长短不等的不规则褐色坏死斑。叶脉迅速坏死，呈灰黄色或土红色枯纹，病叶提前枯死（图 8-9）。叶片条纹可分为 2 种类型。

密纹型：在两叶脉间，产生连续或断断续续宽 0.2～0.7mm 的条纹，1～5 条。叶色较淡，叶片直立，且开张角度较小，发病较晚。田间观察，以密纹型为主（图 8-10）。

疏纹型：在叶脉上产生断断续续的或连续的宽 0.4～0.9mm 的条纹。初期叶色较浓，叶片开张角度较大。发病早的严重田块多属此类型。

叶鞘和苞叶受害，沿脉产生淡黄色条纹，后期条纹上产生条斑或不规则褐色坏死斑。茎秆受害，产生黑褐色坏死斑，发病严重时，茎秆、髓部变褐发臭。早期受害，玉米植株生长停滞，提早枯死。中期受害，植株矮缩明显，顶叶聚生，果穗不易抽出，即使抽出，所结籽粒多秕瘦，病株上部多向一侧倾斜。后期受害，植株矮缩不显著，对产量影响较小。

【病原鉴定】

引起玉米条纹矮缩病的病原为玉米条纹矮缩病毒（*Maize strigo dwars virus*，MSDV）。超薄切片可见大小为（43～64）nm×（150～220）nm 的病毒粒子分布在核膜间和细胞质的内质网膜中。提纯的病毒粒子大小为（78～80）nm×（200～250）nm。该病毒仅靠灰飞虱传播，土壤、种子、摩擦接种均不传毒。灰飞虱的饲毒期和传毒时间至少8h，体内循回期最短5d，不经卵传毒。气温 20～30℃时，潜育期为 7～20d，一般为 9d。寄主范围主要有玉米、小麦、大麦、谷子、糜子等多种作物，以及狗尾草、燕麦草等 25 种禾本科植物。

【发生规律】

玉米条纹矮缩病毒主要在地埂、渠边的多年生杂草根际或枯枝落叶上越冬，越冬的带毒杂草是翌年病毒病发生的初侵染源。影响病害发生的因素主要有传毒介体、虫口密度、耕作栽培等。

1. 灰飞虱在田间的消长规律与发病的关系　灰飞虱在甘肃河西走廊一年发生 3～5代，以三至四龄若虫在地埂上越冬。翌年 3 月上旬，越冬若虫开始出蛰，4 月上旬大量出现，吸食地埂杂草的嫩苗或迁移至临近的麦苗上传毒。4 月中旬出现越冬代成虫，4 月下旬为成虫发生高峰期。越冬代成虫向麦地飞迁危害麦苗。少数羽化迟的成虫，迁入刚刚出苗的玉米地，造成玉米早期受害。一般成虫的传毒能力强，若虫传毒能力弱；短翅型灰飞虱传毒能力强，长翅型的传毒能力弱。

2. 虫口密度与发病的关系　该病毒可侵染 25 种禾本科植物，带毒寄主植物丰富。凡田间杂草丛生，生长繁茂，灰飞虱食料丰富，传毒率高，发病重。以高粱、谷子、玉米、糜子、棉花等茬口的土地虫口密度大。

3. 栽培管理措施与发病的关系　灌水状况和施肥水平都影响发病的程度，一般头水灌得过早过晚均发病严重。主要原因是灌水过早，降低地温，影响玉米生长发育；灌水过晚，土壤和大气干旱，同样影响玉米正常生长，降低抗病能力。如果田间湿度过大，导致灰飞虱趋集，也能加重传毒危害。另外，施肥水平高，及时中耕锄草，疏松土壤，均可提高植株抗病能力，减轻发病。

4. 品种抗性与发病的关系　不同品种对玉米粗缩病的抗性差异明显。武单早、W341×野 6115、敦玉 1 号、武顶 1 号、陕单 5 号、庆单 7 号等品种抗病；而维尔 156 和陕单 3 号则为高感品种；自交系中的 W341、武 201、武 202、埃及 205 表现高抗；华160、HY、38-11、525、威 124、威 157、威 158、威 64、威 133 等高度感病。

【防治方法】

（1）选育和种植抗（耐）病品种。

（2）加强栽培管理。合理布局品种，避免单一品种或组合大面积种植。适期播种，及时清除田间和周边杂草，及时拔除病株，减少初侵染源。合理施肥，增施腐植酸类型肥料，提高玉米植株的抗（耐）病性。

（3）防虫治病。在第一代灰飞虱迁飞转移时进行叶面喷药，一般选择 70％吡蚜·呋虫胺水分散粒剂 150～195g/hm²、57％噻虫·吡蚜酮水分散粒剂 75g/hm²、30％烯啶虫胺可湿性粉剂和 30％噻嗪酮可湿性粉剂 150g/hm²，或 30％烯啶虫胺·噻嗪酮可湿性粉剂

75g/hm^2、25％吡蚜酮可湿性粉剂 112.5～150.0g/hm^2，隔 7～10d 喷 1 次，连续喷 2 次。

四、玉米红叶病

【症状诊断】

玉米红叶病（Maize red leaf disease）又称黄矮病，主要危害叶片，叶鞘、茎、穗部也可受害，是一种全株性病害。玉米红叶病的症状随植株株龄期不同而异。抽穗前危害叶片，多从近地面 4～5 片叶开始，从叶尖变红或产生紫红褪绿斑，并向叶基扩展，在个别品种上叶基出现规则的黄白色虚线状褪绿斑，病叶硬而挺直（图 8-11 至图 8-14）。灌浆期症状特别明显，整株叶片、叶鞘、茎、穗全部变红色或紫红色，仅有少数叶片不红化，在叶片中央或边缘呈条纹，叶片黄化干枯死亡（图 8-15）。玉米感染红叶病后，叶绿体色素遭到破坏，降低了光合作用，使植株发育生长受阻。发病早的植株萎缩、矮化，茎秆细瘦，叶片狭小。发病较轻的，结实不饱满；发病重者雌穗缩小，不能成穗或成多穗型。

【病原鉴定】

引起玉米红叶病的病原为大麦黄矮病毒（*Barley yellow dwarf virus*，BYDV），属黄症病毒科（Luteovirdae）中的黄症病毒属（*Luteovirus*）和马铃薯卷叶病毒属（*Polerovirus*）成员。正单链 RNA，病毒粒子为等轴对称的正二十面体，基因组长度约为 5 700nt，病毒粒子直径为 24～30nm。病毒核酸为单链核糖核酸，病毒在汁液中的致死温度为 65～70℃。蚜虫是其唯一的传播介体，最有效的传毒介体为粟缢管蚜（*Rhopalosiphum prunifoliae*）和玉米蚜，其次为麦二叉蚜和长管蚜。根据蚜虫宿主种类和血清学关系，大麦黄矮病毒被分为 MAV、PAV、SGV、RPV、RMV 和 GPV 共 6 个种。我国小麦黄矮病毒至少有 4 种株系类型，分别为麦二叉蚜禾缢管蚜株系（GPV）、麦二叉蚜麦长管蚜株系（GAV）、禾缢管蚜麦长管蚜麦二叉蚜株系（PAGV）和玉米蚜专化型株系（RMV）。血清学测定证明，GPV 为我国的新株系。根据基因组结构和血清学特征又将这 6 个种分在黄症病毒属的两个亚组内，只有第二亚组的 BYDV5′末端连有 Vpg，所有种 3′末端不含 polyA 尾巴，部分株系含有卫星 RNA。BYDV 可侵染的寄主主要有大麦、燕麦、小麦、水稻、玉米、黑麦和莜麦等谷类作物，也可广泛分布于草坪、牧场和草原的禾本科杂草上，共约 100 余种。

【发生规律】

BYDV 在寄主体内系统分布。病毒多聚集在越冬禾本科寄主的分蘖节部位进行越冬。在叶和根的筛管细胞质内可见到病毒粒体。该病毒由蚜虫以循回型持久性方式传播，传毒蚜虫主要有禾谷缢管蚜、麦二叉蚜、麦长管蚜、麦无网蚜和玉米蚜等。蚜虫不能终生传毒，也不能通过卵或胎生若蚜传至后代。张惠芳等（1993）研究报道，缢管蚜传毒能力最强，麦二叉蚜、麦长管蚜、玉米蚜传毒能力因年份和地区不同有所差异，麦无网蚜不传播红叶病毒。BYDV 因气温不同，潜育期的长短不同，16～20℃时，病毒的潜育期为 15～20d，温度低，潜育期长，25℃以上隐症，30℃以上不显症。麦二叉蚜在病叶上吸食 30min 即可获毒，在健苗上吸食 5～10min 即可传。获毒后 3～8d 带毒蚜虫的传毒率最高，可传毒约 20d。

蚜虫是玉米红叶病的传毒介体，田间蚜虫发生的早晚、数量及活动程度与病害流行程度密切相关。一般降雨少，气候温和、干燥，易导致蚜虫发生早、数量大，引起病害严重流行，反之则发病轻。不同玉米品种间明显存在感病性和抗病性的差异，在甘肃玉米产区种植的感病品种天玉 1 号、龙单 1 号等，造成大面积的危害和流行。此外，玉米红叶病的发生与品种灌浆快慢有关，当大量合成的糖分因代谢失调不能迅速转化则变成花青素，绿叶变红；在玉米灌浆期若遇低温、阴雨，则叶片变红。

【防治方法】

（1）选育和种植抗（耐）病品种。因地制宜选育和种植抗（耐）病品种，是预防该病害大流行的关键措施。抗红叶病的杂交种一般都是由抗病自交系组配的，说明抗红叶病基因的遗传能力较强。如高抗红叶病的品种中单 2 号就是由高抗红叶病的自交系 Mo17 和 330 杂交选育的。因此，在玉米新杂交种的选育中，应充分利用抗病自交系，以期选出抗病高产的杂交种。目前，高抗杂交种和自交系有中单 2 号、武 206×330、330、Mo17 等。

（2）加强栽培管理。适期播种，合理密植；加强肥水管理，增施磷钾肥；及时深耕灭茬，清除田内及麦田周围杂草，以提高植株抗病力，控制红叶病的蔓延。

（3）药剂防治。参考玉米矮花叶病的防治。

五、玉米花叶条纹病

【症状诊断】

玉米花叶条纹病（Maize mosaic streak）又称白秸病、黄绿条纹病等。玉米整个生长期均可感染发病，3 叶期初现症状，7 叶前后发病最重，抽雄期发病达到高峰。感病植株先从心叶茎部出现褪绿条点状花叶，由上部叶片逐渐向下层叶片扩展，随后病叶间的叶肉失绿变黄（图 8-16、图 8-17）。随着病情加重，叶脉仍为绿色，形成明显的黄绿相间条纹症状。有些品种则表现紫红色花叶或条纹。感病重的幼苗瘦小，生长缓慢，大部分病株不能抽穗而早死，少数病株能抽穗结籽，但穗小，籽粒少而秕瘦。轻病株往往不形成明显条纹，多表现为斑纹，植株矮化。一般发病株根系发育不良，地下节根细短，次生根少，严重者根系变为褐色，容易发生腐烂现象。这一症状与玉米矮花叶病症状相似，分析认为因病毒种类和品种不同而有变化。

【病原鉴定】

玉米花叶条纹病的主要病原为玉米矮花叶病毒（*Maize dwarf mosaic virus*，MDMV）。MDMV 为马铃薯 Y 病毒属成员，是线状无包膜的单链 RNA 病毒，长为 625～750nm，宽为 15nm 左右，核酸含量为 4.5%～7.0%，分子量为 $3.0×10^6～3.5×10^6$ u。病毒外壳蛋白含量为 93.0%～95.5%，分子量为 $27×10^3～28×10^3$ u。失毒温度为 55～60℃，体外保毒期为 1～2d，稀释终点为 $10^{-2}～10^{-3}$。

【发生规律】

MDMV 不能通过土壤和玉米种子传毒，该病主要由蚜虫和汁液摩擦传播。主要传播的蚜虫有玉米叶蚜（*Rhopalosiphum maidis*）、禾缢管蚜（*Rhopalosiphum padi*）、桃蚜（*Myzus persicae*）、豚草蚜（*Dactynotus ambrosiae*）、棉蚜（*Aphis gossypii*）、麦二叉蚜（*Schizaphis graminum*）和狗尾草蚜（*Hysteroneura setariae*）。MDMV 病毒基数积累是病害大流行的必备条件。气候条件对 MDMV 的发生影响较大，若秋季温度高，传毒昆虫危害时间长，越冬寄主毒源量增大，病害发生严重；若冬季温度偏高，越冬成虫量增加，发病重；春季干旱少雨，玉米苗期生长缓慢，抗病力减弱，发病较早，病情严重。

【防治方法】

（1）选育抗病杂交种。选用抗病亲本，亲本抗病性强弱是发病的主要内部因素，选用抗病亲本是提高制种产量、杜绝病害发生的重要措施之一。

（2）加强预测预报。花叶条纹病毒病的发生具有突发性和间歇性，应根据传毒介体的越冬基数，5—6月的气温和降雨情况，及时作出预测，提早防治。

（3）制种田要严格执行田间技术规范。合理密植，科学施肥，避免偏施氮肥；浅中耕，增强植株抗病性能；及时清除杂草，减少毒源。

（4）防蚜治病。参考玉米矮花叶病的防治。

第九章
非侵染性病害

一、玉米生理性红叶病

【症状诊断】

玉米生理性红叶病（Physiological red leaf）在授粉后出现，田间观察，可见授粉不良或未授粉植株上部叶片变红，未抽穗或抽穗不正常的植株叶片变红严重。一般是穗上部叶片先从叶脉开始变为紫红色，接着从叶尖向叶基部变为红褐色，或紫红色，严重时变色部分干枯坏死（图9-1、图9-2）。

【发病原因】

玉米生理性红叶病在灌浆期最常见，分析认为与叶片中糖代谢有关。主要原因是玉米灌浆时促使叶片细胞形成较多糖化合物，而此时如遇低温寡照多雨，叶片细胞中形成的糖化合物会由于代谢失调而无法转化，于是叶片细胞中的糖化合物含量偏高，糖化合物含量的升高会使细胞液呈酸性，而存在于细胞液中的花青素在酸性环境条件下会显紫色、红色。

对于玉米制种田母本未抽穗或抽穗未授粉的植株，在灌浆期叶片容易变红，分析认为是因玉米叶片与雌穗糖代谢途径异常造成。在正常情况下，叶片中合成的大量糖化合物大部分输送到雌穗上，叶片与雌穗形成库源关系，雌穗相当于"库"，而叶片相当于"源"，雌穗不存在或发育不良，相当于"库"就不存在了，叶片合成的大量糖化合物就没有可运送的库，便会过多地储存在叶片中，使细胞中的糖化合物含量偏高，达到一定浓度时，细胞液就会偏酸性，存在于细胞内的花青素就会显红色。同时，玉米灌浆期后叶绿素逐渐转变成花青素，叶片中花青素含量也会升高，这样玉米叶片就逐步变红了。

其他因素也可导致叶片变红，但不一定在玉米灌浆期出现。玉米缺磷也会造成叶片变红，多出现在苗期；感染小麦黄矮病毒也会致使玉米叶片变红，多出现在7叶期。棉铃虫、玉米螟等钻蛀性害虫危害也可造成类似症状，多是蛀孔的上部叶片变红。

【防治方法】

（1）防止花期不育，保证雌穗正常授粉。调节父本和母本花期，准确掌握双亲花期，若父母本花期相同且母本自身花期协调，则一般同期播种；若父母本花期不同，则先播花期长的，错期播花期短的；若母本自身花期不调者，就要调整父本播种期。保证母本正常授粉。合理安排父本的行距和密度，如有的父本2片顶叶紧贴雄穗，散粉困难；有的父本与母本株高不协调，造成授粉困难。因此，需要充分了解双亲生长习性，合理密植，确保正常散粉、授粉。

（2）淘汰发病品种或组合。

二、玉米遗传性条斑病

【症状诊断】

玉米遗传性条斑病（Genetic stripe）主要发生于自交系品种上，一般产生 2 种症状类型。

1. 褪绿条纹型　幼苗即可显症，从叶尖开始褪绿，沿叶脉出现与叶脉平行的褪绿条纹，并向叶片基部扩展，形成黄色、金黄色或白色，宽窄不一，边缘清晰光滑的条纹（图9-3）。条纹上无病斑，也无霉层。阳光强烈或生长后期失绿部分可变枯黄，果穗瘦小。

2. 淡绿短条型　在有的自交系上，从苗期开始在叶片中脉两侧的叶脉间产生灰绿色短条斑，宽 2～3mm，长 3～15cm，一片叶上可出现 3～7 处以中脉为界的两侧对称分布的短条症状，而且是同一自交系全部植株的所有叶片上均有发生，有的短条斑出现红色（图9-4）。叶脉仍为绿色，抽穗前短条斑有的相互联合，颜色较初期变淡，有的呈枯白色干枯，未检查到任何病原物产生。

【发病原因】

该症状多发生在玉米自交系上，主要是由于遗传性的染色体不稳定或遗传重组紊乱而表现出来的生长异常，这类症状仅出现病状而无病征。

【防治方法】

（1）间定苗时拔除病苗。及时间苗、定苗，同时拔除病苗。

（2）选育和种植抗病品种。品种选育时，淘汰发病材料或组合。

三、玉米遗传性斑点病

【症状诊断】

玉米遗传性斑点病（Genetic spot）多发生在自交系品种上，叶片上出现圆形或近圆形，黄色褪绿斑点，叶面上出现深浅均匀的斑点，斑点边缘无黄色晕圈。后期病斑常受日灼出现不规则黄褐色轮纹，或整个病斑变枯黄，常常在同一品种相同位置的叶片上出现。严重时叶片干枯，穗小或无穗，植株早衰（图9-5、图9-6）。

【发病原因】

该病为遗传性病害，主要发生在制种玉米田，一般在抽雄前后发生，灌浆期达高峰。

【防治方法】

生产上要注意了解双亲情况，观察田间发病趋势，避免种植发病品种。

四、玉米遗传性黄斑病

【症状诊断】

玉米遗传性黄斑病（Genetic yellow spot）又称生理性黄斑病。一般在抽雄前 8～10

叶期初现症状，初为米粒大小的亮黄色斑点，边缘呈水渍状，后沿叶脉迅速扩展，或呈长条形黄褐色相间的虎纹状病斑，或呈椭圆形黄褐色相间的断续轮纹状病斑。后期病斑相互连接，叶片大部分干枯（图 9-7、图 9-8、图 9-9）。这一症状与新月弯孢霉（*Curvularia lunata*）引起的黄斑病症状相似，但区别在于新月弯孢霉黄斑病病斑中央苍白色、黄褐色，边缘有较宽的褐色环带，最外围有较宽的半透明草黄色晕圈，而遗传性黄斑病则无此特征。另外，在保温培养条件下，新月弯孢霉黄斑病可产生灰色霉层，而遗传性黄斑病则不能产生此病征。

【发病原因】

玉米遗传性黄斑病属于遗传性病害，其发生与种质遗传关系密切。段双科（1984）报道，从感病黄早四田间分离群体中，严格选择完全无病株黄早四套袋自交，经二代自交繁殖证明，其对黄斑病抗性趋于稳定。而感病株套袋自交后仍然能分离出抗病和感病两种类型。据此，初步认为黄早四的感病性状不稳定。对于遗传性黄斑病的遗传机制与抗、感病机制尚不清楚。

【防治方法】

在亲本繁育区，淘汰感病植株，并严格选择无病植株套袋自交，将抗病植株的果穗单独隔离繁殖，获得抗病材料，通过制种获得抗性稳定的亲本或品种。

五、玉米白化苗

【症状诊断】

玉米白化苗（Albino seedling）多发生在苗期至抽穗期。一般从 4 叶期开始发生，心叶基部叶色变淡，5～6 叶期，玉米叶片上产生黄白色或白色、淡黄色或淡绿色相间的条斑，但叶脉仍为绿色，基部出现紫色条纹，经 10～15d，紫色逐渐变成黄白色，叶肉变瘦，呈白苗（图 9-10）。抽穗期发病，多从叶尖开始，沿叶片中央的中肋两侧扩展，形成黄白色或白色宽条斑，其他组织颜色正常，田间零星发生。缺锌的玉米植株矮小，节间短，叶枕重叠，心叶生长迟缓，看上去平顶，严重者白色叶片逐渐干枯，甚至整株死亡。除此之外，玉米钻蛀性害虫也能引起叶片白化，但很容易识别，多从蛀孔之上叶片白化或雄穗白化。

【发病原因】

1. 遗传基因变异引起　玉米白化苗是一种致死的基因突变型。由于白化苗不能形成叶绿素，无法制造养料，当用完籽粒中储存的养分后，玉米在 3～4 片真叶时即行死亡。白化苗在一般情况下不出现，而在自交系中常出现，这是因为白化苗为一种隐性突变。若隐性突变发生于自花授粉植物中，只需经过自交繁殖，到下一代即会分离出纯合的隐性性状突变个体。但在异花授粉植物群体中，却能长期保持异质结合状态，使隐性突变暂不表现，只有当被动自交或杂合体间杂交时，才会有纯合的隐性突变出现。玉米是异花授粉植物，其白化苗遗传受一对隐性基因（ww）支配。

白化致死突变是叶绿素缺失突变体中缺失最彻底、最严重的一类，这种极端表型的突变体在机理研究方面已有报道。玉米叶片白化突变体是属于叶色突变的极端性状，其表型为白化类型，报道的叶色突变基因中白化基因 16 个，黄白叶基因 12 个，这些基因的研究进展不一致，有些已定位到很小的区域，有些只初步定位到特定染色体上。目前已发现白化突变体 As-81647，此突变体从出苗到 2 叶或 3 叶期萎蔫死亡期间，所有叶片均是白色。

2. 环境因素胁迫和刺激造成的生理性病害　叶色的白化突变与类胡萝卜素代谢途径有关。

【防治方法】

采用田间突变型鉴定、室内籽粒性状考察等方法，筛选突变体，避免不稳定种质材料的种植。

六、玉米丝裂病

【症状诊断】

玉米丝裂病（Silk-cut）又称籽粒线割病，是一种非生物性病害。多发生在自交系或杂交种上，玉米果穗收获前，在籽粒的果皮上出现一个或多个侧裂而暴露籽粒内部组织。可以是多个裂纹出现，但多数以单个裂纹出现，个别裂纹可绕种子形成环纹，这种种子易折断。侧裂常常出现于胚一侧，垂直于胚的轴线。暴露的胚、胚乳易受穗粒腐病病原菌的侵害而造成烂粒，使籽粒品质下降，出苗率大幅降低。

【发病原因】

目前，有关玉米丝裂病发生的机理和影响因素尚不清楚，魏昕（2008）研究报道了影响丝裂病的内外因素。

1. 发病与环境胁迫有关　研究表明，暴露在高土壤温度、高空气温度和持续降低的土壤湿度等胁迫环境下，具有一定产量潜势的玉米，其丝裂病发生率高且严重，在成熟晚期，尤其是黑层形成以后较严重，不同年份和不同地点的发病情况不一样。认为发病可能与受精期间受到的环境胁迫有关，也可能与籽粒表面白天的快速干燥和夜间再水合有关。

2. 发病与未授粉花丝的不正常发育有关　由于花丝未授粉期间周皮的不规则生长，授粉后该花丝死亡，而胚珠上未受精花丝在一定的膨胀期仍保持生活力，快速延伸的花丝胀破了处于生长状态的周皮。

3. 发病与籽粒灌浆速度有关　籽粒灌浆阶段灌浆速度过快，籽粒胚乳部分迅速膨胀，而此时种皮生长慢且较薄，导致两部分交界处出现割裂所致。

4. 发病与不同生态环境的关系　丝裂病发病程度在我国新疆严重，而西南地区相对较轻。究其原因，可能是新疆光照强、光照时间长，昼夜温差大，籽粒内部淀粉充实较快，而种子周皮则生长较慢，淀粉充实与种皮生长不适应所致；在玉米种子干燥过程中，由于空气干燥，种子失水过快等因素加快了该病症的发生程度。

魏昕（2008）研究报道，玉米丝裂病的遗传机理主要为一对主效基因＋微效多基因的遗传控制，基因效应以加性效应为主，上位性为辅，没有发现显性效应。

【防治方法】

在抗玉米丝裂病育种的实践中，要从根本上选育抗玉米丝裂病的杂交种，应培育抗玉米丝裂病的自交系。对现有不抗玉米丝裂病的"三高"自交系进行抗病遗传改良时，可以回交改良。现阶段可以采取以高抗玉米丝裂的自交系 975-12 作为抗病基因供体的非轮回亲本，以 R08 为轮回亲本进行回交转育，达到抗病的目的。

七、玉米爆粒病

【症状诊断】

玉米爆粒病（Popped kernel）常发生在果穗籽粒腊熟期以后，病果穗籽粒表皮不规则开裂，露出白色胚乳，似爆米花状，裂口不规则形。串珠镰孢霉等侵染果穗形成穗腐时也常出现籽粒开裂状，但呈褐色腐烂，覆盖粉红色、白色、黑色等不同颜色的霉层，要注意区分。

【发病原因】

玉米爆粒病属遗传性病害，多发生在个别自交系上。有研究认为，其是由腊熟期水肥不均匀造成。

【防治方法】

一般田间零星发生时，可不采取防治措施。但在制种田收获时，要淘汰发病果穗。育种时尽量避免使用有爆裂特性的自交系作杂交亲本。

八、玉米缺素症

玉米缺素症（Nutrient deficiency）是玉米产区常见的生理性病害，主要是由营养物质和微量元素供应缺乏所致，造成玉米生理失调而不能正常生长。尤其是氮、磷、钾三种元素的缺乏，常常会导致玉米脱肥（图 9-11）。

（一）玉米缺氮症

【症状诊断】

玉米缺氮症（Nitrogen deficiency）：苗期生长缓慢，植株矮小，叶片呈黄绿色。植株发病从下部的老叶片开始，首先叶尖发黄，逐渐沿中脉向叶片基部枯黄，形成一个倒 V 形黄化部分，但叶片边缘仍保持绿色，当整个叶片都褪绿变黄后，叶鞘则变成红色，后期整个叶片变成黄褐色而枯死（图 9-12、图 9-13、图 9-14）。此时，植株中部叶片呈淡绿色，上部细嫩叶片仍呈绿色。严重缺氮或关键期缺氮，抽穗期将延迟，雌穗将不能正常发育，果穗小，顶部籽粒不充实，导致严重减产。

诊断要点：症状首先表现在老叶上，缺钾的老叶也表现黄色，但缺氮时，玉米叶片的中脉表现绿色。氮过量，果穗成熟时花丝（俗称缨子）呈绿色。田间苗期叶鞘下半段硝态氮含量 $< 100\mu g/g$ 为缺乏，$300 \sim 500\mu g/g$ 为正常；拔节期 $< 300\mu g/g$ 为缺乏，$300 \sim 500\mu g/g$ 为正常。

【发生原因】

前茬未施有机肥或土壤中有机质缺乏，低温或淹水，特别是中期干旱或大雨，均可引起玉米缺氮。

【缓解方法】

（1）施足基肥。农家肥和腐植酸有机肥混合在一起作基肥，如每亩施农家肥与腐植酸螯合肥（16-18-6＋TE）25kg，当土壤板结、盐渍化、有机质缺乏时，每亩加施腐植酸生物有机肥 40～80kg，以提高氮肥的利用率和土壤氮素的供给能力，延长肥效期。

（2）科学追肥。苗期和抽雄期追施肥料，可以采用沟施或滴灌。5 叶期前每亩追施腐植酸螯合肥（25-0-5＋TE）20kg 作为提苗肥，大喇叭口期每亩追施巴夫特多面手（15-15-15）15kg＋腐植酸螯合肥（25-0-5＋TE）30kg，抽雄授粉后每亩追施腐植酸螯合肥（25-0-5＋TE）25kg 攻粒肥。有滴灌条件的制种玉米基地，每次滴灌时，每亩可加入腐植酸水溶肥（25-6-9＋TE）4kg，结合头水滴灌每亩施腐植酸钾 1 袋，在大喇叭口期、灌浆期每亩施腐植酸水溶肥（12-6-22＋TE）5kg＋巴夫特三结义 5kg。

（3）喷施叶面肥。当苗期发现缺氮严重时，可叶面喷施 1.5％尿素溶液；当在大喇叭口期出现缺氮时，每亩应及时喷施意菲乐（液体氮肥）500mL。

（二）玉米缺磷症

【症状诊断】

玉米缺磷症（Phosphorus deficiency）：苗期生长缓慢，最突出的特征是叶尖和叶缘呈紫红色，其余部分呈绿色或灰绿色，叶缘卷曲，茎秆细弱（图 9-15、图 9-16、图 9-17）。随着植株生长，紫红色会逐渐消失，下部叶片变成黄色，较正常植株低矮，根变细长，根的数量减少。雌穗分化发育差，花丝抽出延迟，造成受精不良，果穗弯曲，结籽不齐或出现秃顶。

值得注意，有极少数杂交种的幼苗，即使不缺磷也会呈紫红色；还有个别杂交种即使在缺磷的情况下，其幼苗也不表现紫红色症状，但缺磷植株明显低于正常植株。

诊断要点：从叶尖、叶缘开始变紫色，果穗短小，弯曲，严重秃尖，籽粒排列不整齐、瘪粒多。吐丝期叶片含磷量＜0.20％为缺乏，＜0.15％为严重缺乏；田间 7 叶期茎鞘无机磷含量 100～120μg/g 为正常，4 叶期茎鞘无机磷含量 60～120μg/g 为正常，＜10～16μg/g 为极度缺乏。

【发生原因】

低温、土壤湿度小，利于发病，石灰性土壤有效磷含量低，磷肥易被固定，造成玉米缺磷。

【缓解方法】

（1）施足有机肥和磷肥。特别是基肥中应施用含磷高的腐植酸有机肥。

（2）叶面喷施磷肥。玉米营养生长期间缺磷时，可在叶面喷施 0.2％～0.5％磷酸二氢钾溶液。

（三）玉米缺钾症

【症状诊断】

玉米缺钾症（Potassium deficiency）：幼叶边缘呈黄色或黄绿色，植株生长缓慢，节间变短，矮小瘦弱，幼叶边缘和叶尖呈灼烧状干枯。下部老叶叶尖黄化，叶缘焦枯，并逐渐向叶片的脉间区扩展，沿叶脉产生红褐色条纹，并逐渐坏死，但上部叶片仍保持绿色（图 9-18、图 9-19）。成株期缺钾，叶脉变黄，节间缩短，根系发育弱，呈黑褐色，严重时茎秆基部维管束组织变褐色，容易倒伏。果穗发育不良，秃尖严重，籽粒瘪小，千粒重下降，导致减产。

　　诊断要点：叶尖、叶缘焦黄枯色或红褐色，老叶变黄；叶缘焦枯，叶脉变黄；果穗秃尖严重。春玉米苗期叶片全钾含量<3.9%为缺乏，4.6%为正常；抽雄期<0.6%为严重缺乏，1.2%为正常；抽雄期用速测法（六硝基二苯胺法）测钾，夏玉米心叶下2~3叶中脉钾含量<2 000μg/g为极度缺乏，2 000~3 000μg/g为正常。

　　【发生原因】

　　一般沙土含钾低，如前茬为需钾量高的作物，则后茬玉米易出现缺钾；沙土、肥土、潮湿或板结土易发病。高产田块，氮磷肥大量施用，土壤速效钾相对不足。

　　【缓解方法】

　　(1) 合理调控氮、磷、钾比例。在苗期或拔节期追施钾肥，滴灌每亩施腐植酸钾1袋，漫灌每亩施植酸钾1~2袋，或每亩追施硫酸钾或氯化钾15kg。

　　(2) 筛选鉴定玉米耐低钾自交系或杂交品种。筛选鉴定玉米耐低钾自交系或杂交品种是解决耕地缺钾，提高玉米产量最经济有效的措施。不同品种存在明显的钾效率差异，钾效率性状受多基因控制，存在加性显性、加显互作、显性互作和加性互作现象，极耐与中等耐性基因型的遗传差异以负显性和加显互作为主。极耐与不耐基因型间所有效应均存在，而且有显性的正向互作现象。负显性效应和加性互作是钾低效的主要原因。

(四) 玉米缺铁症

　　【症状诊断】

　　玉米缺铁症（Iron deficiency）：苗期叶片叶脉间失绿呈现条纹状，中、下部叶片为黄绿色条纹，老叶仍为绿色；严重时整个新叶失绿变白，失绿部分色泽均一，一般不出现坏死斑点。

　　诊断要点：叶脉间失绿呈现条纹状，基部保持绿色，老叶仍为绿色。接近成熟时，叶片含铁量24μg/g为缺，56~178μg/g为正常。

　　【发生原因】

　　碱性土壤容易使玉米缺铁。

　　【缓解方法】

　　以施有机肥为宜。用0.02%硫酸亚铁溶液浸种，玉米生长期出现缺铁症状时喷施0.3%~0.5%硫酸亚铁溶液，均能起到缓解作用。

(五) 玉米缺锌症

　　【症状诊断】

　　玉米缺锌症（Zinc deficiency）：在玉米幼苗出土后2周内显症，3~5叶期叶片出现浅白条纹，后中脉两侧出现一个白化宽带组织区，且中脉和边缘仍为绿色，有时叶缘、叶鞘呈褐色或红色，俗称白化苗、花叶条纹病等。严重时，幼苗老龄叶片出现微小的白色斑点并迅速扩大，形成局部的白色区域或坏死斑块，叶肉坏死，叶面半透明，似白绸或塑料膜，容易折断（图9-20、图9-21）。病株节间缩短，植株矮小，茎秆细弱，抽雄、吐丝延迟，果穗发育不良，形成缺粒不满尖的果穗。

　　诊断要点：幼苗幼叶中脉两侧出现一个白化宽带组织区，俗称白化苗，老龄叶片出现局部坏死斑块，果穗缺粒不满尖。叶片含锌量<20μg/g为缺，20~50μg/g为正常。另

外，开花期叶片中磷锌比＞0.000 1可作为缺锌指标。

【发生原因】

土壤有效锌含量低、石灰性土壤、土壤pH＞7、早春低温、磷肥施用量过高等均易使玉米出现缺锌现象。

【缓解方法】

（1）施基肥。每年施用腐熟农家肥1 500～2 000kg，每亩掺入硫酸锌1～2kg，耕翻入土。

（2）施追肥。苗期至拔节期每亩施用硫酸锌1～2kg。

（3）施叶面肥。在玉米苗期至拔节期每亩每次叶面喷施0.1％～0.2％硫酸锌溶液50～75kg。喷施浓度不能高，超过0.3％时产生药害。

（4）种子处理。播种前用少量清水将硫酸锌溶解后喷在种子上，按每千克种子2～3g肥的比例喷施。

（六）玉米缺钙症

【症状诊断】

玉米缺钙症（Calcium deficiency）：初期植株生长矮小，叶缘出现白色斑纹和锯齿状不规则横向开裂。新叶分泌透明胶质，相邻幼叶的叶尖相互连在一起，使得新叶抽出困难，不能正常伸展，卷筒状下弯呈牛尾状，严重时老叶尖端也出现棕色焦枯。发病植株根系的幼根畸形，根尖坏死，相比正常植株根系量减少，新根极少，老根变褐，整个根系明显变小。

诊断要点：玉米新抽出的叶片边缘呈黄白色，锯齿状，一边黄化，顶叶连成筒形。

【发生原因】

矿质土壤、土壤有机质含量在48mg/kg以下或钾、镁含量过高时，玉米易发生缺钙现象。

【缓解方法】

叶面喷施0.3％～0.5％的优钙镁或氯化钙溶液，连续喷施2～3次。也可喷施其他含钙的多元素叶面肥。

（七）玉米缺硼症

【症状诊断】

玉米缺硼症（Boron deficiency）：生长点发育不良，幼叶不能充分展开，形成簇生叶。上部叶片叶脉间组织变薄，呈白色半透明的条纹状，出现坏死斑点，很容易破裂。雄穗发育不正常，雄花变小。果穗发育不良、短小，籽粒稀少或不结籽，排列不规则，顶端籽粒空瘪，秃尖占整个果穗的1/3，穗顶常变黑。

诊断要点：上部叶片叶脉间的组织出现白色斑点。

【发生原因】

干旱、土壤酸度高或沙土地容易使玉米出现缺硼症。

【缓解方法】

叶面喷施硼肥溶液2～3次，间隔10d左右喷1次，每亩每次喷施0.2％硼酸或硼砂溶液 50kg 左右。若选用硼砂，要先用少量温热水将其化解，然后再加清水稀释后及时喷用。

（八）玉米缺镁症

【症状诊断】

玉米缺镁症（Magnesium deficiency）：幼苗上部叶片发黄，叶脉间出现黄白相间的褪绿条纹，并逐渐纵向发展，叶脉保持绿色；后期植株上层新发叶片出现黄斑，面积小，绿中带黄；中层叶片黄色部分扩大，脉间黄色呈条状，叶片出现明显的黄绿相间条纹；下层老叶只有脉间残留绿色，老叶片尖端和边缘呈紫红色，脉间出现褐色枯斑。缺镁严重的叶片边缘和叶尖枯死，全株叶脉间出现黄绿条纹，植株矮化。

诊断要点：下部老叶尖端和边缘呈紫红色。叶片含镁量＜0.13％为缺，0.23％～0.25％为正常。

【发生原因】

沙土经大雨淋后易发生缺镁，含钾量高或因施用石灰致含镁量减少的土壤易发生。

【缓解方法】

改善土壤环境，增施有机肥。对缺镁严重的土壤，增施含镁石灰，如施用白云粉可提高土壤供镁能力；中性与碱性土壤一般施用硫酸镁，也可用1％～2％硫酸镁溶液叶面喷施2～3次，间隔7～10d。

（九）玉米缺锰症

【症状诊断】

玉米缺锰症（Manganese deficiency）：叶绿体结构受到破坏，新叶初期叶缘失绿呈黄色或白化现象，后期在叶脉间出现失绿斑、灰绿斑、灰白斑、褐色或红色条斑。下部叶片的叶尖出现赤褐色坏死，叶脉间组织慢慢变黄，形成黄绿相间的条纹，叶片弯曲下披，区别于缺镁。

诊断要点：幼叶叶脉间呈浅绿色或黄色。玉米地上部组织锰含量＜15μg/g为缺。

【发生原因】

pH＞7的石灰性土壤或靠近河边的田块，锰容易被淋失。生产上石灰施用过量也易引发玉米缺锰。

【缓解方法】

用0.1％～0.3％硫酸锰水溶液浸种，或用10g硫酸锰与1kg玉米种子拌种，也可用0.5％硫酸锰溶液进行叶面喷施。

（十）玉米缺硫症

【症状诊断】

玉米缺硫症（Sulphur deficiency）：初发时植株上部的新叶或幼叶叶脉间发黄，随后发展至叶片和茎部变红，并先由叶片边缘开始，逐渐延伸至叶片中心，老叶保持绿色。区别于玉米缺氮的是下部老叶首先变黄。缺硫植株前期生长分化慢，后期灌浆速度低，千粒重低。

诊断要点：上部新叶黄化，茎部变红。发生于新叶为缺硫，发生于老叶为缺氮，叶片褪绿上位新叶重于下位老叶；苗期玉米硫含量0.20％～0.27％为缺，0.30％～0.41％为正常。

【发生原因】

硫参与植物的呼吸作用及脂肪和氨代谢，又是蛋白质的基本成分之一，还是一些生理性物质的组成成分。硫能促进根系发育、叶绿素形成，也能促进玉米对氮、磷、钾的利用率和矿质元素的吸收。因此，缺硫土壤养分失衡，不利于其他养分被玉米吸收。沙质土、有机质含量少或寒冷潮湿的土壤易发生。

【缓解方法】

施用含硫的复合肥或硫酸铵，以及硫酸钾、硫酸锌等含硫肥料。玉米生长期出现缺硫症状，可叶面喷施0.5％的硫酸盐水溶液。

九、玉米药害

药害（Chemical injury）可分为杀虫剂药害（Insecticide injury）、杀菌剂药害（Fungicide injury）和除草剂药害（Herbicide injury）。

（一）杀虫剂药害

【症状诊断】

依施药方式、药剂成分、施药时间的不同，在玉米不同生育时期会表现明显的症状差异。

1. 褪绿斑点　主要表现在玉米叶片上，多是在叶面喷雾时药滴着落的位点出现药斑。初期被损伤的部位水渍状，后期为黄白色药斑，形状不规则，沿药液流动方向扩展，严重时叶片变黄枯死（图9-22）。如毒死蜱、辛硫磷等有机磷杀虫剂和啶虫脒等烟碱类杀虫剂容易造成该类症状。

2. 畸形　主要是由于种衣剂过量而对玉米幼芽产生抑制作用，造成出苗不整齐或幼苗叶片扭曲、弯曲、筒形等。防治钻蛀性害虫所使用的颗粒剂对叶片造成损伤，表现的症状出现在植株相同部位叶片上，初期出现不规则状的色素缺失，随后病部呈浅黄色或白色褪绿药斑，不受叶脉限制，病部叶片边缘皱缩，严重时药斑部位枯黄坏死。后期腐生杂菌，出现霉状物。如甲基异硫磷、噻虫嗪、辛硫磷等种衣剂或颗粒剂容易造成该类症状。

3. 坏死斑　多是误施毒饵剂到叶片上，药斑围绕饵料形成。多为白色透明不规则状，烈日下施药或所用药剂有熏蒸作用，会造成玉米叶片条纹状失绿，严重时叶片萎蔫枯死。如乐果、辛硫磷、甲基异硫磷等毒饵易造成此类症状。

4. 青枯　多是防治地下害虫时药剂灌根或幼苗喷雾所致。初期叶面沿叶脉出现褪绿条斑，随后沿叶脉扩大形成黄白色条斑，边缘具有波纹，造成叶片萎蔫，叶缘卷曲，似失水状枯死，但叶片整体仍保持绿色。

【发生原因】

1. 玉米不同生育时期和不同部位对药剂的敏感性不同所致　如玉米种子发芽期、幼苗期对有机磷农药敏感；玉米开花、散粉期对有机磷类、菊酯类农药敏感；玉米大喇叭口期对有机氯、有机磷、氨基甲酸酯、杂环类等杀虫剂敏感。

2. 用药量不当所致　杀虫剂造成的损伤，多是由于使用浓度过高所致。

3. 用药时间与气温不相适应所致　气温直接影响农药的活性，也关系作物的安全性。气温高时，玉米生长代谢旺盛，农药的活力也较强，药剂易渗入植物体内而发生药害，当高于35℃时不宜施药。另外，低温条件下施药，虽然农药活性低，但作物的抗性也低，也容易产生药害。在高湿条件下，药剂易溶解或渗入较多，因此，多露多雨的天气容易发生药害。多雨潮湿天气，有助于水溶性药物的溶解而造成玉米植株发生药害。

4. 药剂性质不清所致　如噻虫胺和噻虫嗪种衣剂为传导吸收和持效性药剂，且噻虫嗪可以被代谢为噻虫胺。当用噻虫胺和噻虫嗪包衣种子后，分别被种子、根、茎吸收，种子含药剂量随玉米植株的生长而不断减小，而玉米根和苗中的噻虫胺和噻虫嗪含量却呈现出略微增长的态势，说明噻虫胺和噻虫嗪在玉米植株体内可能存在蓄积现象。因此，在使用过程中用药量不准确，很容易产生药害。

【缓解方法】

（1）选择安全的药剂使用。

（2）严格掌握适当的用药量、用药时期和用药时的环境条件。

（3）产生药害后，要结合施肥灌水，中耕松土，以促进玉米根系发育，增强植株的恢复能力。

（4）产生要害后，及时增施肥料，可以叶面喷施0.1%～0.3%磷酸二氢钾溶液或0.1%～0.3%壤动FT（多元羟酮基羧酸复合物土壤调理剂），也可将0.3%尿素＋0.2%磷酸二氢钾溶液混合喷洒，隔5～7d喷1次，连续喷2～3次，均可显著降低因药害造成的损失。

（5）产生要害后，可喷施生长调节剂，或用30 000倍高锰酸钾溶液进行叶面喷雾。高锰酸钾是一种强氧化剂，对多种化学农药都具有氧化分解作用。

（二）杀菌剂药害

【症状诊断】

杀菌剂对玉米造成的药害，根据发生时间和症状性质可分为可见药害、隐形药害和残留药害。其中，可见药害和隐形药害主要表现为以下症状类型。

1. 褪绿黄化　该症状属于可见药害，一般在施药后7d左右表现。主要是由于药剂喷雾过量而造成叶片出现药斑，初期药斑水渍状，随后褪绿，不规则，后期药斑黄枯色，病斑边缘淡绿色，叶面呈褪绿黄色花斑（图9-23）。

2. 烂种烂芽　该症状属于可见药害，一般在施药后7d左右表现。主要是由于种衣剂过量或播种后遇低温而造成种子发芽受到抑制，发芽推迟，芽轴弯曲、畸形，芽尖变褐色，严重时种子虽发芽，但无法伸长，遇低温和土壤湿度大，造成芽腐和母种腐烂，以至于无法出苗。有的可出苗，但发根数量少，幼苗纤细，心叶不能展开。如烯唑醇、戊唑醇、丙环唑等三唑类杀菌剂作为土壤和种子处理剂时，使用不当会出现玉米出苗率降低、幼苗僵化等药害症状，地下部的伸长、玉米苗胚根和胚芽鞘的伸长均会受到抑制。

3. 畸形　该症状属于隐形药害，一般在施药后10～15d表现。药剂叶面喷雾后容易发生此类症状。玉米拔节期用药，此时叶片对药剂不敏感，但是药液容易流动积累在叶腋间，持续 7～10d，玉米小喇叭口期植株的上部叶片变黄白、扭曲，叶缘撕裂，头部弯曲（图 9-24）。玉米大喇叭口期用药，药液容易流动积累在雌穗节上，导致灌浆期雌穗上部的茎秆弯曲，容易折断。如三唑类、含铜类药剂喷洒叶面后，幼嫩组织、叶片、茎秆容易出现褪绿、硬化、发脆、折断、矮化、畸形等症状。

4. 授粉不良　该症状属于隐形药害，一般在施药后 10～15d 表现。在玉米抽丝、开花期用药，导致玉米在籽粒形成期雌穗外部形态正常，但剥开苞叶检查时，果穗出现花棒现象。

【发生原因】

药剂使用过量，用药时期不当或药剂混合使用产生毒害，使玉米在不同生育时期表现异常症状。使用杀菌剂后，造成玉米植株生理形态上的变化，如叶片失绿、变色，生长点坏死，果穗、雄穗等在药液聚集处形成坏死斑，植株枯萎等。如三唑类杀菌剂可阻止叶片生长，减少光合产物形成，使千粒重下降。或由于用药量大，土壤中或植株体上残留的药量高，在玉米下一生育时期表现异常症状。

研究表明，30％吡唑醚菊酯悬浮剂不同浓度处理玉米 7d 后，使用 500 倍药液，其药害明显，玉米植株地上部、地下部干重和植株平均根数分别较对照减少 53.18％、64.32％和 55.84％，根系中的丙二醛含量增幅达 103.26％，质膜损伤严重，根系活力较对照显著降低了 73.56％，且随着药剂浓度降低，药害明显减轻；22.9％嘧菌酯不同浓度处理玉米幼苗 7d 后，使用了 500 倍和 1 000 倍药液的玉米叶片出现脉间发黄的现象，并降低了玉米株高和地上部的生物量积累，随着药液浓度的降低，基本上对玉米无明显的抑制作用。

【缓解方法】

（1）及时用清水冲洗，缓解植株对药剂的吸收，降低损伤。

（2）及时喷施碧护和 0.1％～0.3％壤动 FT 等缓解药害。

（3）针对不同性质的药剂，筛选一些缓解药害的药物。

研究表明，及时喷施化学药剂维生素 B_{12} 250mg/L 和维生素 B_6 200mg/L，分别能缓解吡唑醚菊酯和嘧菌酯对玉米幼苗产生的药害，且随着浓度的增加，缓解作用越来越好，以维生素 B_{12} 400mg/L 的缓解效果最好。在一定程度上可以缓解对玉米幼苗造成的较严重伤害和轻微伤害，复配维生素 B_{12} 后，根系中的丙二醛含量较单剂有所降低，减少了对质膜的伤害，保持根系细胞膜的完整性，对玉米幼苗根系起到一定保护作用，能提高根系活力，在一定程度上改善玉米根系的生长状况，改善根系对水分和养分的吸收，进一步促进玉米植株地上部的生长发育。

（三）除草剂药害

【症状诊断】

除草剂产生的药害一般分为三类。一是直接药害，除草剂喷洒到玉米田或植株上，使玉米产生药害；二是飘移药害，在喷洒除草剂时，细小的除草剂雾滴在风力作用下飘移到邻近敏感作物上而造成的药害，不仅造成玉米药害，还引起邻里纠纷，此类案例各地均有发生；三是残留药害，田间喷洒长残效除草剂后，虽然有效地控制了当季玉米田的草害，但对后茬敏感作物却造成了药害。

1. 除草剂对玉米产生的药害

（1）出苗晚或不能出苗。这类药害主要发生在播后苗前进行土壤处理的地块，主要表现为出苗期明显延长，严重时剖土检查，可见种子已发芽，但不能出土，有的幼芽刚一出土就干枯，造成部分缺苗或全田无苗（图 9-25、图 9-26、图 9-27）。

（2）畸形苗或植株器官变态。畸形苗是除草剂药害发生较多的症状，通常表现为叶片扭曲，心部叶片形成葱叶状卷曲，并呈现不正常的拉长（图 9-28），前期造成植株畸形、新叶不发，后期可造成雄穗不能抽出，有时还能造成穗位下移、侧根生长不规则等器官变态。

（3）植株明显矮化。植株矮化是使用除草剂的一个主要药害表现，植株矮化通常伴随植株弱小、千粒重降低、穗粒数减少等症状（图 9-29），造成生物产量和经济产量降低。

（4）叶片变色或干枯。这类药害主要表现在出苗后 3 叶期开始出现叶色变黄或黄绿相间现象，有时叶脉深绿色或褐色，叶片变小变薄，色泽变紫或半透明，有时可导致整个叶片干枯，严重的可导致整株枯死。

2. 不同类型的除草剂对玉米造成药害所表现的症状有所差别　现就常用除草剂产生的药害症状介绍如下。

（1）烟嘧磺隆药害。烟嘧磺隆属于磺酰脲类除草剂中的高效药剂，在玉米田使用不当易产生药害，玉米 2～6 叶期对此药物敏感。不同玉米品种对烟嘧磺隆的敏感性存在差异，敏感性由弱到强依次为马齿型玉米、硬质玉米、爆裂玉米、甜玉米。玉米受其药害，表现为施药后 5～10d，玉米心叶褪绿、变黄或叶片出现不规则褪绿斑，有的叶片卷缩成筒状，叶缘皱缩，心叶牛尾状，不能正常抽出。受害玉米苗生长受到抑制，植株矮化，可部分丛生或产生次生茎。药害轻的一周可恢复正常生长，药害严重的叶片变白，明显抑制生长，难以恢复，严重影响玉米产量。

（2）2 甲 4 氯钠盐药害。2 甲 4 氯钠盐除草剂属于苯氧乙酸类选择性激素型除草剂，玉米苗期使用不当，如过量使用或过晚使用，常会引起药害。症状表现为叶片卷曲，有的变成葱管状，雄穗很难抽出，茎变扁而脆弱，易折断，叶色浓绿，地上部产生短而粗的畸形支持根。严重的田块玉米叶片变黄，干枯，无雌穗，即使是在适期内按照推荐用量使用 2 甲 4 氯钠，如果药液喷到玉米心叶上，也可能造成药害，在高温条件下药害症状更明显，严重的甚至造成失收。

（3）乙草胺药害。乙草胺属于酰胺类除草剂，它是一种广谱高效的选择性芽前土壤处理除草剂，在作物播种后出苗前进行土壤表面喷雾处理。可防治玉米田的一年生禾本科杂草，但对多年生杂草无效。受害后，玉米亲本种子幼芽扭曲不能出土，生长受到抑制，已出土的幼苗矮化、畸形，主根须根少，掏苗后叶片变形，心叶卷曲不能伸展，有时呈鞭状，其余叶片皱缩，根茎节肿大。一般在土质黏重、遇春季寒流的玉米田容易造成药害。

（4）莠去津药害。莠去津又称阿特拉津，属于三氮苯类除草剂。可以在玉米田防除一年生禾本科杂草和阔叶杂草，对某些多年生杂草也有一定的抑制作用。一般用作表土喷施，玉米 4 叶期苗后处理，可阻止植物光合物的合成，玉米叶片叶绿素受到破坏，造成叶尖及叶脉间失绿发黄（图 9-30）。对新生叶片及根系影响较小，10～15d 后可恢复正常。一般土壤有机质含量偏低的沙质土壤或苗前施药后遇到大雨，易造成淋溶性药害。施用有机磷类农药会使玉米对莠去津的解毒作用明显下降，施用莠去津前后 7d 内均不能施用有机磷类农药，否则玉米会受到严重药害。

（5）草甘膦药害。草甘膦属于内吸传导的广谱灭生性除草剂。对多年生杂草非常有效，可防除单子叶杂草和多子叶杂草、一年生和多年生草本和灌木，主要用于防除玉米制种田地埂上的杂草。对地埂杂草进行叶面喷雾时，飘移可引起玉米药害，最初在叶片上出现褪绿小斑点，病斑圆形或卵圆形，边缘浅褐色，中央灰白色，叶片仍保持绿色或全部青干（图9-31）。

（6）2,4-滴丁酯药害。2,4-滴丁酯属于内吸选择性除草剂，可从植株根、茎、叶进入植物体内，干扰植物体内的激素平衡，破坏植物细胞代谢功能。主要在玉米前期进行茎叶处理防除单子叶杂草、莎草和某些恶性杂草。2,4-滴丁酯使用不当，玉米根、茎、叶发生畸形，心叶呈鞭状卷曲，其余叶片皱缩扭曲，受害植株需人工剥离或割除卷曲叶片才能恢复正常。施药时期过晚，会对玉米花药造成影响，还会抑制果穗的形成，严重时导致植株叶片变黄、干枯而死亡。

（7）百草枯药害。百草枯属双吡啶盐类广谱性除草剂，能杀灭大部分禾本科及阔叶杂草。该药施入土壤后即被吸附钝化，对植物根部无效。但进行过量叶面喷施，当天即可表现药害症状，最初从新叶开始均匀失绿，叶片变薄而柔软，茎基部变脆易折倒，上部叶片黄白色，下部叶片枯黄色，最后全株干枯（图9-32）。

（8）苯唑草酮药害。苯唑草酮是苯甲酰吡唑酮类除草剂，亦属于对羟基苯基丙酮酸酯双氧化酶类抑制剂，在玉米出苗后早期至中后期进行叶面喷雾，可防除玉米田的禾本科杂草和阔叶杂草。在极端天气条件下，或玉米受到逆境胁迫下的苗后施用，会偶尔出现暂时的白化反应，通常很快会恢复正常生长。

【发生原因】

除草剂引起玉米药害的原因，有除草剂本身的问题，更多是使用不当造成。分析近些年来玉米制种田使用除草剂发生的问题，主要原因有以下几种。

1. 用药量过大　一般情况下玉米可以在一定范围内抵抗除草剂的药害，超过可承受范围时，植株就容易发生药害。在玉米制种田，大多数情况下，农户为了省时间、减轻劳动强度，认为加大用药量就可提高除草效果，不按除草剂规定的使用剂量用药，盲目加大用药量，减少用水量，以致浓度过高造成药害。再加上，近30年来的玉米制种田连作问题突出，田间秸秆、根茬、废塑料地膜等杂物未能及时清理，造成除草剂相对蓄积在田间周围，造成种苗药害。未在安全间隔期内使用除草剂，导致因除草剂浓度过大而造成药害。

2. 用药时期不当　作物对除草剂的敏感性随生育时期的变化而不同，一般玉米田苗后除草剂使用的安全期为3～5叶期，过早施药，由于作物耐药性差，极易产生药害。

3. 除草剂本身的问题　有许多除草剂本身就容易产生药害，如2,4-滴丁酯、2甲4氯钠、溴苯腈等。2,4-滴丁酯对施药时期、施药剂量、施药方法、施药时的天气和环境条件等方面都有很高的要求，使用者和农药经营者如果对产品的特性不了解，盲目使用易产生药害。

4. 气候和环境条件的异常变化　温度、湿度、土壤状况等是影响药害与药效的主要环境条件。一是施药后低温多雨，光照少，玉米容易产生药害。二是施药后降雨，将土壤表面的除草剂通过雨水渗透到土层内，直接接触玉米种子根，使种子根受害枯死，雨后又连续出现高温烈日天气，水分蒸发量大，根系因受害后吸收水分、养分的能力下降，造成小苗生长受阻，僵苗不发。玉米生长前期降雨少，高温干旱，对除草剂耐药性降低，分解药害的功能降低，使许多潜性药害转化为显性药害。

5. 农药混用不当 不同除草剂种类间以及除草剂与杀虫剂、杀菌剂等其他农药混用不当或间隔期短，容易造成药害，如烟嘧磺隆与2,4-滴丁酯等激素类除草剂混用就容易产生药害。烟嘧磺隆与有机磷类农药混用，或施药前后7d内使用有机磷类农药，均可产生药害。

6. 田间用药不规范 田间施药时喷雾不均匀，喷幅交叠导致局部用药量过多，使玉米受害；田间配水施药时配水量过少、浓度过大，也会造成药害；喷雾器喷嘴流量不一致、喷雾不均匀，局部喷液量过多，或使用弥雾机或超低容量喷雾，容易产生药害。

【缓解方法】

玉米发生药害后，采取的补救措施主要是改善作物生育条件，促进作物生长，增强其抗逆能力，如疏松土壤、增加地温和改善土壤通气性。根据作物的长势，补施一些氮肥、磷肥、钾肥或其他微肥。也可喷施一些助长和助壮的植物生长调节剂，促进根系的生长。具体缓解方法如下。

1. 正确使用除草剂 根据玉米不同生育时期、土壤墒情及杂草发生情况，结合天气情况，选择除草剂类型，并严格用药时期。

2. 严格控制用药量 认真阅读药品说明书，使用玉米田除草剂专用喷雾器，每种除草剂均有规定的用药量和使用浓度，不得随意更改，确实需要调整的，根据杂草及玉米田的具体情况和田间试验确定合理的用药量。

3. 合理混配，合理轮换用药 不同品种的除草剂间以及除草剂与杀虫剂、杀菌剂混用不当，容易产生药害。长期单一使用同一种除草剂会造成田间药物累积，应合理轮换使用除草剂，以免产生药害。

4. 规范操作施药 施用除草剂必须采取定向喷雾或遮挡喷施，避免药液飘移而产生药害；及时清洗喷雾器，田间喷洒作业时确保喷雾器流量均匀，避免喷幅重叠而产生药害。玉米田使用2甲4氯钠除草剂，一定要严格按照说明用药，切不可超量施用，最好采用扇形喷头，顺垄低空定向喷雾，将喷头置于玉米心叶下部，尽可能不让心叶着药，这是减轻使用时产生药害的关键。使用2甲4氯钠，还要注意防止雾滴飘移发生药害。

5. 降低土壤药剂残留量 对土壤处理型除草剂因使用剂量过大造成的药害，若涉及的玉米制种田块面面积较大，可采用灌水泡田排水后及时中耕的方法降低土壤药剂残留量，及时补救缓解药害。

6. 加强田间管理，促进植株生长 触杀型除草剂所引起的药害，在危害较轻时，一般均能自行恢复。为加速植株的恢复速度，督促制种农户加强田间管理并勤中耕，以破除土壤板结，增强土壤的透气性，提高地温，促进有益微生物的活动，加快土壤养分的分解，增强根系对养分和水分的吸收能力，促进植株尽快恢复正常。也可将鞭状叶割除或剥开并追施速效肥后浇水，提高制种田植株的抗药性，同时还可叶面喷洒1%~2%尿素溶液或0.2%~0.3%磷酸二氢钾溶液，以加速制种玉米恢复正常。

7. 喷施植物生长调节物质缓解药害 每亩可用壤动FT 100g喷雾，芸薹素内酯或赤霉酸＋尿素喷施，或将碧护（芸薹·吲哚·赤霉酸）＋枯草芽孢杆菌浓缩液＋壳聚糖-N

混用处理，可互作高效诱导植物产生过氧化物酶、PR-蛋白、甲壳素酶、蛋白酶、β-1，3葡聚糖酶等，这些物质是植物应对外界生物或非生物因子侵入的应激产物，产生愈伤组织，使植物恢复正常生长。有利于促进植株恢复生长，减轻药害损失。

8. 喷施除草剂的解毒剂　除草剂的解毒剂可减轻或抵消除草剂对作物的药害，如萘酐和 R-28725 是选择性拌种保护剂，能被种子吸收，并在根和叶内抑制除草剂对作物的伤害。此类药物可使玉米免受乙草胺、丁草胺等除草剂的伤害。

9. 生物缓解　筛选和利用降解土壤中残留除草剂的微生物菌株，通过土壤处理和种子处理，以达到降解残留除草剂的目的。如降解异菌脲的 *Microbacterium* sp. CQH-1 和 *Paenarthrobacter* sp. strain YJN-5 菌株，*Microbacterium* sp. CQH-1 在 30℃ 下培养 96h 后能降解 100mg/L 异菌脲，*Paenarthrobacter* sp. strain YJN-5 在 80h 内可将 500mg/L 异菌脲降解 95％。或每亩喷施有益微生物菌剂 20～30g，一般 7～10d 后恢复正常。

十、玉米空秆症

【症状诊断】

玉米空秆症（Barren stalk）的典型特征是植株不结穗或结穗不结籽粒（图 9-33）。

【发生原因】

1. 气候因素与空秆关系密切　玉米空秆的形成主要与降水量、气温和光照有关，而玉米大喇叭口期至抽雄前期缺水、抽雄期低温寡照是造成玉米空秆的重要原因。

（1）玉米抽穗前高温。玉米大喇叭口期至抽穗前期是雌雄分化期，开始形成性器官，是玉米营养生长和生殖生长的共生阶段，也是肥水需求最大的时期，最适温度为 24～28℃。如果这个时期遭遇高温，将会严重影响雄穗的正常开花和雌穗花丝的抽出，造成抽雄和吐丝不一致而不能授粉，从而造成玉米空秆。

（2）玉米抽穗前干旱。玉米大喇叭口期至玉米抽穗前这段时期雌雄分化，是玉米营养生长和生殖生长的共生阶段，也是需肥水最大的时期。如果在这个时期遇到高温干旱，严重影响雄穗的正常开花和雌穗花丝的抽出，造成抽雄和吐丝不一致而不能授粉，从而导致玉米空秆。

（3）玉米抽雄散粉期低温寡照。玉米是喜光作物，生育期中需要充足的光照。拔节期和穗分化期的最适合日平均温度为 22～24℃。如果在雌穗分化期温度低于 20℃，遭遇低温冷害，花粉粒吸水膨胀破裂死亡或黏结成团，丧失授粉能力，雌穗吐丝困难或吐丝后不能及时授粉，造成有穗无籽粒，或根本就不抽穗，形成空秆。

2. 病虫害偏重发生　拔节前发生玉米螟虫害，被玉米螟钻蛀过的玉米在拔节后会表现为紫秆，玉米的雌穗发育不良或不发育，造成空秆。玉米开花期，蚜虫的分泌物将玉米的雄穗花器或雌穗的花丝黏住，使花粉无法散落出来或无法落在花丝上而不能授粉，从而形成空秆。玉米丝黑穗病发生时往往直接损害玉米的雄蕊和雌蕊，造成空秆。

3. 种植密度过大　在适宜的种植密度范围内，玉米产量随密度增加而增加。相反，超过其适宜范围，密度越大，种植的株数越多，空秆率、果穗秃顶缺粒率就越高，玉米产量反而会降低。若每亩超过 5 000 株，可造成植株间肥、水、光、气不足，群体发育差，使空秆率大幅增加。

4. 营养供应不足、比例失调　玉米生育期间需要大量的营养，其中以氮最多，钾次之，磷最少。如果营养供应不足或比例失调就会增加空秆率。在玉米制种生产过程中，农户采用"一炮轰"式施肥，前期一次性投入，中后期玉米就会发生脱肥；肥料本身含量比玉米实际需肥总量低，钾肥总量不足，导致氮、磷、钾配合比例不当，增加空秆率。另外，玉米缺硼和缺锌会使花器发育受影响，不能正常受精，致使植株生长萎缩，输导系统失调，最终形成空秆。

5. 渍涝灾害　玉米需水量大而又不耐渍涝。土壤持水量在80%以上时，植株发育受到影响，苗期特别明显，芽涝、幼苗期涝，不利于根系生长；灌浆期涝，造成根系吸收能力差，养分供应不足，土壤通气性差，根系缺氧而窒息坏死，生活力减退，雌雄穗发育不正常，形成空秆。

【防治方法】

玉米空秆的防治重点在品种选择或组合、栽培密度、肥水管理、其他病虫害的防治等。秃顶、空粒防治措施可参考空秆。

1. 选择优良品种　因地制宜选择适应不同气候条件的空秆率低的品种，如郑单985等。淘汰空秆率高的品种或组合。

2. 合理密植　合理密植要结合当地生产条件和气候条件、品种或组合特性确定。一般晚熟品种或植株高大、茎叶繁茂、叶片下披型品种要适当降低密度；中熟品种或株型紧凑型品种要适当密植；地力瘠薄、水肥条件差的地块要适当稀植。

3. 综合防治病虫害　玉米制种田做好玉米螟、蚜虫、黏虫、丝黑穗病等病虫害的防治工作。

（1）玉米收获期，秸秆要及时收获或还田。减少玉米螟、蚜虫、黏虫在玉米秆中的越冬基数，减轻害虫的发生程度。

（2）冬前进行土壤深耕。经过冬季低温，使蚜虫、黏虫等不能正常越冬，达到减少翌年病虫基数的目的。

（3）播前灭茬。以破坏病虫适生场所，降低病虫源基数。

（4）种子处理。将杀虫剂和杀菌剂合理混配拌种，或实施种子统一包衣，起到预防种子和土壤所带的病原菌和地下害虫危害，可以有效防治地下害虫、玉米丝黑穗病等病虫害。

（5）苗期害虫防治。玉米苗期，全面监测黏虫、棉铃虫等玉米田重大害虫，当达到防治指标时，选用氯虫苯甲酰胺等杀虫剂进行喷雾防治。

（6）心叶末期施药。玉米螟的防治主要在心叶末期，可喷洒苏云金杆菌制剂，或用氯虫苯甲酰胺、噻虫嗪等药剂与甲氨基阿维菌素苯甲酸盐合理复配喷施，同时兼治多种害虫。根据后期叶斑病和玉米螟、棉铃虫、蚜虫等发生情况，选择1～3种杀虫剂（如氯虫苯甲酰胺、噻虫嗪、高效氯氰菊酯、甲氨基阿维菌素苯甲酸盐、高效氯氟氰菊酯、啶虫脒、吡蚜酮、吡虫啉、氰戊菊酯）和杀菌剂（如戊唑醇、苯醚甲环唑、丙环唑、嘧菌酯、多菌灵、代森锰锌、醚菌酯）混合喷施。

（7）"一喷多效"减灾集成技术。玉米中后期，即大喇叭口期至乳熟初期，是棉铃虫、黏虫、穗蚜、叶螨、玉米螟等多种害虫的发生期，同时也是褐斑病、大斑病、小斑病、弯孢霉叶斑病、顶尖腐烂病等多种病害的发生期，采用植物保护航空飞行器、自走式高地隙喷雾机、加农炮、烟雾机等先进植物保护机械施药对玉米病虫害进行防治。可选择 50％多菌灵可湿性粉剂 60～90g＋5％氯虫苯甲酰胺悬浮剂 30mL＋98％磷酸二氢钾 50g、苯甲·嘧菌酯 20mL＋高氯·甲维盐 50mL＋芸薹素内酯 20mL、4.5％甲氨基阿维菌素甲酸盐 7.5g＋10％苯醚甲环唑 20g＋0.5％寡糖素 45g 等进行复配施药，达到"一喷多效"防治病虫害的目的。

4. 科学施肥 推广配方施肥技术，做到底肥和追肥相结合，农家肥与有机肥相结合，氮磷钾合理搭配使用；要施足底肥和活用种肥，大喇叭口期追肥。有机肥根据测土数据、产量指标确定具体配方和施肥量。具体用量可参考玉米缺素症的防治措施。

十一、玉米遗传性多穗

【症状诊断】

玉米遗传性多穗（Branched ear）又称手指穗、娃娃穗、香蕉穗、花米子。雌穗多穗，即在玉米雌穗吐丝后表现出 1 个玉米果穗分裂成 2 个及以上的玉米小果穗的现象。玉米多穗从形态上可分为分蘖多穗和单秆多穗。玉米多穗造成果穗小，结实率低或不结实，严重影响玉米产量。

1. 分蘖多穗 又称多秆多穗，在同一玉米植株基节上分蘖出 2 个及以上的植株，这些分蘖植株的茎节（叶）处分别长出多个无效果穗。

2. 单秆多穗 根据穗型和着生位置又可分为一节多穗和多节多穗。一节多穗型玉米是指在同一节位上着生 2 个及以上的小果穗，也称为娃娃穗或香蕉穗（图 9-34）；多节多穗型玉米是指在多个节位上都有穗的发育，形成多穗。多节多穗根据株型又可分为多穗交差型和多穗非交差型。多穗交差型是指上下两个节位上叶片所构成的夹角为直角的多穗玉米；多穗非交差型是指上下两个节位上叶片所构成的夹角不是直角的多穗玉米。

【发生原因】

1. 遗传特性 生产上多穗现象的发生很多是由于品种自身基因控制而发生的。植物遗传性状多数都是由数量性状基因控制，这些数量性状在世代分离过程中既有可分组的趋势又存在组间界线模糊的现象。从基因遗传角度来研究玉米多穗性状，不同品种之间存在异质性。控制玉米多穗性状为一对加-显主基因＋加-显-上位性多基因，主基因效应大于多基因效应，对性状表现起主要作用。无论是主基因还是多基因，其加性效应均大于显性效应。加性效应具有很好的遗传和累加性，而显性效应在杂种优势方面有明显的表现。

2. 气候因素 可能诱发多穗现象发生的原因主要有干旱、温度过低或过高、阴雨寡照和肥水过盛等不良外界环境。

（1）严重干旱。玉米起源于美洲热带地区，属短日照作物，如果在雌雄穗分化阶段遇到持续干旱天气，果穗主轴停滞生长，使穗柄上的潜在原基萌动发育，形成多穗现象。

（2）低温寡照。玉米雌穗吐丝期阴雨寡照，光合养分缺乏导致吐丝不畅，或持续降雨导致果穗虽吐丝但却无法授粉，剩余营养支持其他果穗生长发育，这种无法正常授粉结实的果穗形成恶性循环，最终造成多穗现象发生。

（3）碳氮代谢不协调。玉米进入拔节期后，营养生长和生殖生长旺盛，干物质大量积累，雌雄穗分化形成，是玉米形成多穗的原因之一。在玉米雌穗分化阶段，若遇大肥、大水，植株无法消耗过多营养物质，会使茎节上的多个腋芽萌动发育，就有形成多穗的可能。若散粉期遇雨，花粉吸水破裂不能正常授粉，也会造成多花丝空秆现象。

3. 栽培管理

（1）密度过大。高密度种植，田间郁蔽，通风不畅，第一雌穗不能正常受精成穗，促使其他腋芽发育成熟，以致形成多穗。

（2）病虫危害。玉米粗缩病、叶斑病、玉米螟、蚜虫等的危害也会使玉米出现多穗现象。粗缩病病毒会在玉米体内产生激动素等激素，打破玉米体内激素平衡，导致第一果穗穗位优势丧失，形成多个小穗。

【预防方法】

1. 因地制宜选用优良品种　根据不同地区、不同地域、不同环境条件，选择适时适地的玉米品种，在购买玉米种子前，先了解哪些品种在生长发育过程中出现过雌穗分裂现象，以免购买，在种植时应避免选择单一品种，选用较抗逆温的一些玉米品种。

2. 适时播种，合理密植　根据种子质量和播种时的土壤墒情及气候状况等确定合理的播种期和播种量。合理密植，及时间苗、定苗。保证植株间通风透光，提高光能利用率，促进个体植株充分生长发育，降低多穗现象的发生率。

3. 科学调控水肥　玉米大喇叭口期至抽雄期，进入植株需水敏感期，要求土壤持水量在 70%～80%，如遇干旱应及时灌溉。根据所选玉米品种的需肥特性、种植方式等进行科学配方施肥，避免苗期速效肥施用过多，影响碳氮代谢及养分运输与积累。

4. 田间管理　玉米雌穗分化期，应加强后期管理

（1）及时除去无效穗，出现多穗时，只保留 1～2 个果穗，及时除去多余果穗，避免养分消耗，优先保证目标果穗的正常发育，防止因多穗造成减产。

（2）预防玉米螟、蚜虫、玉米叶斑病等病虫的危害。

十二、玉米干旱

【症状诊断】

干旱（Drought）会对玉米的生长发育造成一定制约，直接干扰玉米的各项生理指标，迫使玉米生育进程中各种生理生化反应加速，缩短玉米的生长周期，提前加速发育、提前进入成熟，造成果穗明显变小，干物质积累减少，最终导致玉米品质和产量大幅下降。干旱使玉米外观表现为：叶片失水而出现萎蔫，光合作用降低；株高明显受到抑制（图 9-35）；果穗穗长变短，果粒数减少。玉米生长的不同阶段遇干旱所造成的表现也有不同。

1. 苗期干旱的影响　玉米幼苗生长缓慢，植株的生长速率显著降低，发育期显著延迟；干旱严重时，叶片发黄、卷曲、萎蔫，光合效率降低；茎秆细小，穗分化严重受到影响。

2. 喇叭口期干旱的影响　此期对水分敏感，雌穗形成受到影响，穗上部退化形成半截穗；干旱严重时，雌穗败育，形成空穗植株。

3. 拔节期至抽穗期干旱的影响　此时期如遇干旱，玉米雌雄穗分化受阻，抽出的时间间隔长或不能抽出，致使花期不育，授粉不良，形成花籽粒，穗长变短、穗粒数和穗重

明显降低，造成玉米穗小、粒稀、顶秃甚至空秆而最终导致玉米严重减产。

4. 授粉期干旱的影响　玉米抽穗授粉期干旱，使玉米抽穗提前，雌穗吐丝时间延长，影响授粉，花粉容易失水干瘪，活力下降或丧失活力而不能授粉，花粉因寿命缩短导致受精不完全或错过授粉期，导致籽粒干瘪，形成稀粒棒或空棒。

5. 灌浆期干旱的影响　灌浆期干旱，使茎叶内因缺水而影响养分传输，减少干物质积累，使穗棒松软，形成的籽粒不饱满，叶片灼伤甚至枯萎死亡。

6. 干旱对其他因素影响　干旱影响肥料吸收，导致纹枯病、茎腐病、黏虫、玉米螟等病虫害发生，造成玉米不同程度的减产和品质降低。

【发生原因】

干旱对玉米的生长发育产生影响而最终导致产量下降，一般可使玉米减产20%～30%，是影响玉米生产的重要因素。玉米产量下降的程度不仅取决于干旱的严重程度，还取决于干旱发生时玉米的生长阶段。干旱发生的程度、持续时间及生育进程的不同，对玉米产量的影响有所不同。

玉米生育期需水量与品种、气候等多方面的因素有关，在不同生长发育期，其需水量也不尽相同。苗期水分胁迫结束后，植株可快速地部分或全部弥补前期干旱所减少的生长量，而且苗期适当干旱可促进玉米根系的发育，从而增强抗旱能力。拔节期后，需水逐渐增多，受旱会对玉米的光合作用产生直接影响，进而对玉米光合同化产物的积累产生负效应。抽雄吐丝期是玉米的水分临界期，干旱胁迫程度对玉米气体交换造成影响，对产量影响很大。灌浆期受旱严重不利于玉米叶片的气体交换，而此时恰好处于玉米生殖生长旺盛的时期，过低的光合作用和蒸腾作用限制光合同化产物的积累和运转，玉米籽粒灌浆速率也受到较大影响，从而严重影响夏玉米产量。因此，玉米在苗期、拔节期和灌浆期分别发生干旱，且发生持续天数相同的干旱时，拔节期干旱对产量形成的影响程度最大。即苗期较为耐旱，拔节以后玉米对水分亏缺越来越敏感，灌浆期影响较小。有研究表明，当玉米苗期持续干旱5～40d，产量略增；当玉米拔节期持续干旱5～10d，产量无明显变化，持续干旱15～20d，减产10%～20%，持续干旱25～40d，最少减产15%，最多减产67%；当玉米灌浆期持续干旱5～10d，对产量无明显影响；当玉米灌浆期持续干旱15～30d，最多减产1.8%～8.2%。

【预防方法】

1. 种植和培育抗旱优良品种　种植和培育抗旱优良品种是干旱地区预防干旱对玉米生产造成影响最有效的方法。

2. 采用节水新技术　在玉米制种生产中广泛应用滴灌、微灌、喷灌等技术，根据玉米不同阶段的需水量和天气情况决定灌水量，使玉米植株在关键时期获得充足的水分供应，保障玉米雌雄穗正常生长发育，为增产奠定基础。

3. 加强栽培管理　合理安排播期，适期适墒播种；合理密植，科学施肥，增强抗旱能力；采用地膜覆盖或双垄覆膜沟播技术，提高水分利用率；加强病虫害防控，降低干旱造成的危害。

4. 叶面喷施抗旱剂　发生旱情后，可以在田间喷施黄腐酸抗旱剂（旱地龙）500～1 000倍液，也可在叶面喷施薏菲乐300～500倍液、磷酸二氢钾800～1 000倍液，以提高植株的抗旱能力。

十三、玉米霜冻

【症状诊断】

根据霜冻（Frost）发生的时间，一般分为早霜冻和晚霜冻，早霜冻发生在秋季，晚霜冻发生在春季。无论早霜还是晚霜，均会对玉米种子生产造成巨大损失。

1. 早霜冻 早霜冻多发生在秋末，主要危害生长期的玉米，特别是北方地区玉米正处在灌浆乳熟期，受害严重时籽粒秕瘦，即使种子已经成熟，但在含水量较高的情况下遇到强降温，制种田种子胚部结冰膨胀，以后胚部颜色变暗，芽率和千粒重降低，甚至失去种子价值。一般受霜冻的玉米，叶片结冰变硬，有的叶面上凝有霜花，日出后冰霜融化，叶片从顶端向基部或整个叶片呈灰绿色萎蔫，甚至全株枯死。

2. 晚霜冻 晚霜冻在西北等北方地区多发生在 4—5 月，危害玉米幼苗，叶片受害后，细胞结冰发硬，日照后冰霜消解，叶片先呈水渍状，后呈灰绿色萎蔫。受害严重时，幼苗倒伏死亡，造成缺苗，特别是天气阴雨降温，在后半夜云散乍晴的情况下发生较多，受冻轻微的还能恢复生长（图 9-36）。

【预防方法】

1. 加强霜冻预测预报 根据天气预报和多年的经验，推断霜冻发生概率。早春和晚秋，要随时获取气象预报信息，当最低气温达 2℃ 或 1℃ 以下时，应立即行动做好防霜准备。

2. 熏烟防霜 熏烟防霜是一种传统的霜冻预防措施，在霜冻来临前，将柴草、锯木、废机油、碎秸秆、修剪的枝条等作燃料，堆在玉米制种基地上风口，当温度接近 0℃ 时，点燃发烟。熏烟时间大体从夜间 0 时至翌日凌晨 3 时开始，以暗火浓烟为宜。

3. 喷水或灌溉防霜 在霜冻来临前 1h，利用喷灌设备对植物不断喷水。采用小水长时间喷洒，每小时大约 5mm 水量最好，水滴要细。或达到灌溉生育期和有灌溉条件的，玉米田及时灌水，以达到预防霜冻的目的。

4. 喷药剂防治霜冻 一般在霜冻发生前，叶面喷施 0.1%～0.2% 壤动 FT 溶液，或在已受冻后，用 1%～2% 壤动 FT 溶液叶面喷雾防治，达到预防霜冻和缓解霜冻的目的。

第十章
检疫性病害

一、爪哇霜霉-玉米霜霉病

【分布与危害】

爪哇霜霉-玉米霜霉病（Java downy mildew of maize）是 1897 年由 Raciborski 在印度尼西亚爪哇岛的玉米上发现，危害严重，一般发病率达到 20%～30%，玉米产量损失40%，因此称为爪哇霜霉病。后在印度、刚果、澳大利亚等温暖潮湿的亚热带、热带地区发生流行。

我国广西早在 1959 年报道了玉米霜霉病的发生，当地俗称白苗病。1960 年广西、云南开展病害调查发现，玉米霜霉病在广西分布于 5 个地区 20 个县，1958—1959 年发病率为 41%～51%，1961—1963 年发病率达 39%～51%，最高发病率达 95%；在云南分布于9 个市县，一般发病率为 19%～38%，发病重的达 61%。20 世纪 70—80 年代，由于播种期的调整、品种改换，玉米种植面积缩小，病害逐渐减轻。在 2007 年 5 月 28 日颁布的《中华人民共和国进境植物检疫性有害生物名录》中，将玉米霜霉病病原菌非中国种列为重要的进境植物检疫对象。

【症状诊断】

玉米霜霉病从苗期到成株期均可发生。苗期发病，全株褪绿，后渐变黄白色或白色，随后变黄枯死，俗称白苗病枯死。成株期发病，多从中部叶片的基部开始，逐渐向上蔓延，初为淡绿色长条纹，互相愈合后，使叶片的下半部或全部变为淡绿色至淡黄色，以至枯死。叶鞘与苞叶的症状与叶片相类似。病株矮小，偶尔抽雄，一般不结穗，提早枯死。轻病株能抽雄结穗，但籽粒不饱满。在潮湿条件下，病叶的褪绿条斑正面、背面长出霜霉状物，即病原菌的孢囊梗和孢子囊，有时病原菌在坏死组织里产生卵孢子，植株生长缓慢、矮化、不能抽穗或穗小粒瘪。

【病原鉴定】

玉蜀黍霜指霉 [*Peronosclerospora maydis* (Racib.) Shaw]，又称为爪哇霜霉，异名为 *Peronospora maydis* Racib.、*Sclerospora maydis* (Racib.) Butl.、*Sclerospora javanica* Palm，属于卵菌门（Oomycota）卵菌纲（Oomycetes）霜霉目（Peronosporales）霜霉科（Peronosporaceae）霜指霉属（*Peronosclerospora*）。

在病株各部位均可产生菌丝，以叶部最多。菌丝有两种类型，一种直而少分枝，另一种具裂片，不规则分枝而成簇。菌丝可产生不同形状的吸器，孢囊梗从气孔伸出，无色，有隔膜，基部细，上部肥大，二分叉状分枝，整体呈圆锥形，梗长 $150\sim550\mu m$，小梗近圆形弯曲，顶生 1 个孢子囊。孢子囊无色，长椭圆形至近球形，大小为 $(27\sim39)\mu m\times(17\sim23)\mu m$。未发现卵孢子。夜间植株表面结露，气温低于 $24℃$，在病叶上形成孢子囊。孢子囊萌发需要游离水，玉米叶片的吐水促其萌发。孢子囊在培养皿内饱和湿度下，$10h$ 失去侵染力，在嫩玉米叶片饱和湿度下，$20h$ 也不完全失活。在孢子囊形成的同一夜晚发生侵染，病原菌经气孔侵入叶片。

该菌的寄主有玉米、甜根子草、墨西哥假蜀黍、羽高粱、摩擦禾属、狼尾草属。

【发生规律】

病原菌在玉米植株中越冬，在印度尼西亚病原菌可在甜根子草上越冬，在澳大利亚羽高粱上产生的孢子囊为玉米提供初侵染源，病原菌不产生卵孢子；种子中能检出菌丝体，但菌丝不耐干燥或干旱，在种子收获和干燥贮存过程中死亡，因此，玉米种子带菌不能远距离传播。田间病株产生的孢子囊，通过气流传播发生再侵染，孢子囊气传距离一般局限在 $40m$ 范围之内。

玉蜀黍霜指霉菌流行势强，繁殖系数很高，环境条件有利时，容易暴发流行。高温多雨、排水不良、土壤黏重，氮肥过量，有利于发病。无论旱季或雨季，病原菌周年存活，野生寄主提供侵染来源，由旱季灌溉田传至雨季玉米，完成周年循环。

【检验检测】

1. 茎、叶、根带菌检验 田间选取典型病株，用自来水冲洗数次待用。常用组织透明法检验。

（1）组织透明法。将病组织剪成 $5mm\times5mm$ 的小块，放入 15% 氢氧化钾溶液中煮沸 $5\sim10min$，使绿色褪去呈透明状，用自来水冲洗数次，捣、研后镜检。也可将病组织块放在 $10\%\sim15\%$ 氢氧化钾溶液中煮沸片刻，使绿色略有消失，再移到乳酚油中煮 $5\sim10min$，待组织透明后取出，放到载玻片水滴中，盖上盖玻片镜检。

（2）组织解体法。病组织用自来水冲洗干净，剪成小块，加少许水，用捣碎机或研钵捣碎后放入烧杯中，加适量水搅拌，用两层纱布过滤，取滤液放离心管中离心，倒去上清液，取下部沉淀镜检。需要染色，取沉淀用固绿或棉蓝染色后镜检。

（3）切片法。将病组织用徒手切片法切片后制片镜检。也可用石蜡包埋法切片，藏红花-结晶紫-橘红 G3 重染色镜检。

2. 种子检验 选择叶片上有典型症状而雌雄穗正常的果穗，采集种子。将采集的供试玉米籽粒放入加有 0.01% 染色锥虫蓝的 5% 氢氧化钠溶液中，在 $28℃$ 下染色 $24h$，分离种皮或胚，经乳酸∶甘油（1∶2，体积比）混合液加热至沸点透明后，分别制片镜检种皮或胚的带菌情况。或采集的种子用温水浸泡 $24h$ 泡胀，剥取种皮或胚，将种皮置于乳酚油中加热至透明，用 0.1% 棉兰乳酚油染色后镜检。种胚放入乳酚油中加热透明，置于两块载玻片间压碎，棉兰乳酚油染色镜检。也可用石蜡包埋法切片，藏红花-结晶紫-橘红 G3 重染色镜检。

3. 卵孢子成活率检验 将病组织剪成小块，放入 0.025% 噻唑蓝溶液中，$36℃$ 下染色 $48h$，制片镜检卵孢子的成活力。其中，染成红色的卵孢子为休眠状态，染成蓝色的为萌发状态，染成黑色或无色的为死亡状态。

4. PCR 检测 在病叶、种子及其颖壳中提取 DNA，并将 DNA 置于－20℃环境中保存备用。将待扩增的 DNA 样分别进行 PCR 扩增，扩增后产物置于－20℃保存备用。将每个 PCR 扩增产物和标准 DNA 样分别加入电泳凝胶样品孔，然后进行电泳，电泳结束后将凝胶置于紫外灯下观察和照相。

5. 现场检疫 现场核对货物有关单证，核实产地、包装、品名及数量等。仔细检查进境玉米霜霉病病原菌寄主种子或原粮中是否夹带植株叶片的病残体，检查寄主种苗叶片是否有可疑病斑，将检获物一并带回实验室内检验。

【防治方法】

1. 加强植物检疫，避免从疫区调种 禁止从疫区进口玉米种子，是防止外来菌源传入最有力的措施。同时，努力做好国内种子调运的检疫工作，也是防止玉米霜霉病传播的主要途径。

2. 选育抗病品种 在疫区，应加速选育和利用抗病品种，加强玉米品种资源的抗病性鉴定，防止新致病类型的产生，玉米品种之间抗病性差异具有显著的效应。

3. 清除田间病残体 玉米收获后彻底清除并销毁病残体，以防病原菌扩散，铲除田边寄主杂草，减少田间病菌量。注意采取轮作倒茬、深耕灭茬、适期播种、合理密植和科学施肥等措施，合理密植能避免因密度过大，通风透光差，株间湿度大而发病。

4. 搞好田间排水，防止苗期积水 在疫区浇水时，应控制在玉米 3 叶期以后，地势低洼地应防止大水漫灌，及时排除田间积水、降低土壤湿度。

5. 药剂防治 播种前将 100kg 玉米种子用 35％甲霜灵可湿性粉剂 200～300g 拌种，干拌或湿拌均可，湿拌时应将药剂配成药液再拌种。发病初期用 50％甲霜灵 100g 加水 100kg，或用 1：1：150 的波尔多液喷雾，隔 7d 喷 1 次，连喷 2 次，有较好的防病作用。若拔除病株后再喷药，防治效果更好。也可用 60％锰锌·氟吗啉可湿性粉剂 1 200～1 800g/hm²，兑水 750L/hm² 均匀喷雾，防效可达 30％～50％。

二、菲律宾霜指霉-玉米霜霉病

【分布与危害】

菲律宾霜指霉-玉米霜霉病（Philippine downy mildew of maize）1912 年报道在印度发生，至今主要分布于菲律宾、印度尼西亚、泰国、印度、尼泊尔、巴基斯坦等国家。菲律宾危害较为严重，1974—1975 年全国玉米减产 8％，经济损失达 2 300 万美元，个别地块产量损失 40％～60％，严重年份达 80％～100％。该病害在我国曾有过 2 次记录，分别是 1958 年 9 月广西报道和 1978 年云南报道。国内至今未见其他省份发生危害的报道。

【症状诊断】

该病害侵染幼苗，系统性发生，从苗期到抽穗吐丝期均可发病。以苗期发病最重，带菌种子播种出苗后，第一片真叶完全失绿或产生褪绿条斑，植株矮化，可能死亡，表现为系统性症状。局部症状从 2～3 叶期，至成株期均可出现，以出苗至 3～4 周龄这段时期最易感病，致使雄穗畸形。成株期发病，叶片自基部向叶尖逐渐产生黄色条纹，甚至叶鞘上也产生黄白色条纹。在潮湿条件下，叶背产生白色霜霉层，即病原菌的孢囊梗和孢子囊，这是田间诊断时最主要的症状特点。发病严重时，病株节间缩短，不抽穗，或抽出的果穗大多不结实，茎秆弯曲，叶片卷曲，雄穗产生花粉。发病轻的植株生长失常，提前成熟。

【病原鉴定】

菲律宾霜指霉［*Peronosclerspora philippinensis*（Wwst.）Shaw］，异名为 *Sclerospora indica* Bitler、*Sclerospora philippinensis* Weston。

菌丝体细胞间生，菌丝分枝、纤细，不规则缢缩与膨大，吸器简单，泡囊状至近指状，大小为 $2\mu m \times 8\mu m$；孢囊梗自气孔伸出，无色，直立，大小为（150～400）$\mu m \times$（15～26）μm。顶端指状二叉状分枝，粗壮，2～4 次分枝，小梗锥形，稍弯，长 $10\mu m$；孢子囊无色，椭圆形、长卵圆形至圆柱形，顶端稍圆，大小为（27～39）$\mu m \times$（17～21）μm，平均大小为 $34\mu m \times 18\mu m$。未见卵孢子。

孢子囊形成、萌发和侵入所必需的条件为：夜间温度 21～26℃，有游离水。条件适宜时，有的病株能在夜间持续产孢 2 个月。露水是孢子萌发的良好基质，萌发适温为 19～20℃。

该菌除危害玉米外，还可危害甘蔗、甜根子草、燕麦、假蜀黍属、高粱属、摩擦禾属、须芒草属、芒属、金茅草属、孔颖草属、裂稃草属。

【发生规律】

在菲律宾，甘蔗、甜根子草、拟高粱是玉米霜霉病的初侵染源；在印度，多年生甜根子草是玉米霜霉病的主要初侵染源。病原菌不产生卵孢子，种子中的菌丝体不耐干旱。因此，玉米种子带菌不能进行远距离传播，但在甘蔗受侵染地区，病原菌可能随甘蔗插条进行远距离传播。

在病区，孢子囊萌发产生的芽管从气孔侵入玉米叶片，在叶肉细胞间扩展，经叶鞘进入茎，使下部叶片产生褪绿条斑，以后又发展到嫩叶，叶片和叶鞘上的孢子囊借风雨传播。玉米之外的寄主，在病害流行中起重要作用。

该病害的发生与昼夜相对湿度及降水量呈正相关关系，与昼夜温度及日照持续时间呈负相关关系。

【防治方法】

参考爪哇霜霉病的防治方法。

三、甘蔗霜指霉-玉米霜霉病

【分布与危害】

甘蔗霜指霉-玉米霜霉病（Sugarcane downy mildew of sugarcane or maize）是由甘蔗霜指霉引起的玉米霜霉病，主要分布在澳大利亚、斐济、日本、尼泊尔、巴布亚新几内亚、印度、印度尼西亚、菲律宾、泰国等国家。该病在我国江西、四川、广西、云南和台湾均有分布。1909 年 4 月，在台湾甘蔗试验站栽种的澳大利亚甘蔗田中首次发现甘蔗霜霉病病原菌，它侵染甘蔗和玉米。1954 年，该病在玉米上首次严重暴发。1955—1957 年，1965 年与 1973 年为 3 个主要流行时期，新营地区是主要发病中心，屏东地区为次要发病中心，虎尾为偶发区。1964 年，该病毁灭性流行，使当时推广的感病杂交种台南 5 号，70％的播种田严重受害。1965 年颁布了铲除感病甘蔗植株和病区禁种玉米的规定，病害发展迅速下降。种植抗病的甘蔗和玉米品种使病害得到控制。1961 年，江西南康记载了此病。1975年，四川发现该病。20世纪50—60年代，该病在广西和云南发生，发病率一般为20%～30%，重病田高达95%。

【症状诊断】

该病主要危害叶片，也可危害叶鞘和苞叶。病原菌局部侵染的，侵入叶片2～4d显症，叶片上可产生圆形褪绿小斑点，田间多发生在植株下部叶片；病原菌系统性侵染的，在植株上部叶片出现条纹状或条形斑，条纹或条斑呈长条状，宽1～3mm，在感病品种上出现黄白色或白色条斑，与叶脉平行，宽可达10mm，长度几乎与叶片等长。在有些品种或老叶上的条斑则间断或狭长。叶片受到再侵染，最初形成短而窄的枯白色或淡黄色条斑或条纹，后期条斑可相互连接形成黄褐色、不规则的长条斑。在玉米成熟期，叶片病斑消失。一般病斑相对集中部位，叶片皱缩。在潮湿条件下，叶片两面、叶鞘、苞叶表面产生白色霉状物，即病原菌的孢囊梗和孢子囊。发病植株的果穗常变形、变小，不结实，雄穗常出现畸形。

【病原鉴定】

甘蔗霜指霉［*Peronosclrosporaor sacchari*（Miyake）Shaw］，异名为 *Sleroapora sacchari* Miyake。

菌丛叶背生，白色，孢囊梗1～2根，自气孔伸出，直立，长为160～170μm，基部略细，宽为10～15μm，向上渐粗，为基部的2～3倍；上部分枝2～3次，树枝状开张，顶端丛生短枝；孢子囊椭圆形、长椭圆形或卵形，无色，顶端稍圆，基部稍尖，大小为（25～54）μm×（15～23）μm，壁薄，萌发产生芽管；藏卵器黄褐色，球形、不规则或椭圆形，大小为（55～73）μm×（49～58）μm；卵孢子球形，黄色，直径为40～50μm，壁厚3.8～5.0μm。

孢子囊形成的最适温度为22～26℃，低于13℃或高于31℃不能形成孢子囊。亦有报道，15～23℃大量产生孢子囊，而26℃基本不产生孢子囊。夜间相对湿度达86%以上，或植株表面有水是孢子囊形成所必需的条件。孢子囊对干燥和阳光敏感，因此，在干燥和阳光照射条件下，只能存活几小时。病原菌在甘蔗上容易产生卵孢子。

该病原菌的寄主范围广泛，主要有玉米、甘蔗、苏丹草、约翰逊草、稗属、蟋蟀草属、假蜀黍属、芒蜀黍属、棒头草属、甘蔗属、狗尾草属、高粱属、摩擦禾属、须芒草属、孔颖草属、裂稃草属、金茅属。

【发生规律】

病原菌主要以菌丝体在甘蔗上越冬，为玉米提供初侵染源。玉米在出苗1个月内最易感病。在田间往往是在甘蔗上形成孢子囊，并萌发侵染玉米。甘蔗插条可传播病原菌，是远距离传播病原菌的主要途径。据报道，病原菌在甘蔗上可产生卵孢子，但卵孢子在自然条件下的侵染循环作用不清楚；在人工接种条件下，卵孢子能侵染甘蔗。病原菌在玉米上不产生卵孢子，因此，玉米种子不能远距离传播病原菌，但种植未干燥玉米种子可以传病。

国外报道，玉米霜霉病病原菌的菌丝存在于玉米种子的果皮、果梗、胚乳和胚中，种植系统发病植株的种子可得到病株。国内研究认为，初侵染源为多年生的甜根子草，病粒种子果皮、病叶组织中可检测到霜霉病病原菌菌丝，胚中无菌丝。感染了玉米霜霉病的植株结穗率不足成活植株的1/3，并且穗小粒少不饱满，生产上一般不采用此种果穗作播种材料，即使偶尔混入，出苗率低。

【防治方法】

参考爪哇霜霉病的防治方法。

四、高粱霜指霉-玉米霜霉病

【分布与危害】

1907 年报道，印度南部高粱霜指霉-玉米霜霉病（Sorghum downy mildew of sorghum or maize）的发生，造成损失达 30%～70%。美国于 1961 年发现该病发生。1967 年至 20 世纪 70 年代早期，高粱霜霉病在美国高粱上暴发流行，损失惨重。1975—1976 年，高粱霜霉病在委内瑞拉玉米上暴发流行，1/3 玉米被毁。埃及尼罗河下游河谷地区，高粱霜霉病仍然是高粱和玉米上的主要病害。目前，该病主要分布在泰国、菲律宾、尼泊尔、孟加拉国、印度、巴基斯坦、伊朗、也门、以色列、意大利、埃及、加纳、尼日利亚、苏丹、埃塞俄比亚、肯尼亚、乌干达、坦桑尼亚、扎伊尔、赞比亚、马拉维、津巴布韦、博茨瓦纳、南非、澳大利亚、美国（得克萨斯、亚拉巴马、阿肯色、佐治亚、堪萨斯、路易斯安那、密西西比、新墨西哥、俄克拉荷马、田纳西、肯塔基、印第安纳、伊利诺斯、密苏里、内布拉斯加、佛罗里达 16 个州）、墨西哥、危地马拉、萨尔瓦多、洪都拉斯、巴拿马、委内瑞拉、秘鲁、巴西、玻利维亚、阿根廷、乌拉圭等国家。

我国高粱霜霉病最早是 1983 年在河南内乡发现危害高粱，当地称高粱白发病。1983 年河南宜阳再次发生。其他省份尚未见报道。

【症状诊断】

高粱霜指霉菌经人工接种玉米后，苗期第 3 片叶出现失绿，此后失绿向上扩展至整片叶。系统侵染的心叶可能死亡，致使幼苗死亡。系统侵染的植株矮化，叶片也较正常叶片窄。在潮湿条件下，叶正、背面产生白色霉状物。后期病叶坏死，但不皱裂，也不形成卵孢子。系统侵染的果穗呈叶片状，不育。在高粱叶片病组织中产生大量的卵孢子。

高粱霜指霉菌侵染高粱，在人工条件下，苗期第 1～2 片叶开始表现失绿，失绿从叶片基部开始，向上扩展至整片叶。高粱霜霉病有 2 种症状：系统症状和局部症状。病原菌侵染并在生长点定殖引起系统侵染症状，受系统侵染的叶片失绿，植株矮化，并可在 10～20d 内死亡。受侵染的失绿叶片，如果空气湿润，背面就会出现白色霉层，即病原菌的孢子囊和孢囊梗。失绿叶片逐渐出现白色纵向条斑，随后叶片白色条斑变为褐色条斑，卵孢子大量形成。褐色条斑坏死，叶片皱裂，并释放卵孢子。系统侵染的植株不产生或很少产生种子。

【病原鉴定】

高粱霜指霉［*Peronosclerospora sorghi*（Weston et Uppal）Shaw］，异名为 *Sclerospora sorghi* Weston et Uppal、*Sclerospora graminicola* var. *andropogonis-sorhi* Kulk.、*Sclerospora andropogonis-sorhi*（Kulk.）Mundkur、*Sclerospora sorghi vulgaris*（Kulk.）Mundkur。

该菌的孢囊梗单个或多个从叶片气孔中直立长出。孢囊梗二叉分枝，可分枝 3～4 次，

孢囊梗长为 $180\sim300\mu\mathrm{m}$。孢子囊成熟后从梗上脱落，球形或椭圆形，无色，大小为 $18\sim22\mu\mathrm{m}$。孢子囊成熟后萌发长出芽管，孢囊梗逐渐萎缩。卵孢子生长形成于叶脉间的叶肉中，褐色，卵原细胞圆形，含有不规则的厚壁，大小为 $25.0\sim42.9\mu\mathrm{m}$。

孢子囊形成的温度为 $17\sim29℃$，最适温度 $24\sim26℃$，$4℃$ 低温环境中孢子囊不会萌发。因此，可在 $4℃$ 环境中保湿培养收集孢子囊，再把孢子囊置于 $18℃$、湿度 100% 的培养箱培养，$1\sim2\mathrm{h}$ 后孢子囊萌发长出芽管。

该菌的寄主除高粱和玉米外，在美国野生高粱（*Sorghum bicolor*）常是 *P. sorghi* 侵染玉米的中间寄主，在埃及苏丹草是 *P. sorghi* 侵染玉米的中间寄主。*P. sorghi* 也常侵染约翰草（*S. halepense*）、假约翰草（*S. verticiniflorum*）和 *S. arundinacerum*。此外，该菌的寄主还有 *Euchlaena* spp.、*Heteropogon contortus*、*Panicum* spp.、*Sorghum* spp. 等。

【发生规律】

高粱霜指霉需借助高粱属野生寄主作为中间寄主产生卵孢子越冬，再侵染玉米。卵孢子生命力强，在各种条件下均可存活很长时间，即使在土中也可存活 3 年以上。卵孢子或孢子囊萌发产生芽管，芽管生长，或直接侵入气孔，在气孔下方形成膨大的囊状细胞。或在表皮细胞上形成附着胞，再侵入细胞间。侵入后，病原菌菌丝体在细胞间生长、定殖，并很快向生长点发展，在生长点定殖成功，成为系统侵染。

根据病原菌形态和寄主，高粱霜指霉可分为 3 种类型。

1. 玉米 Ⅰ 型　发生在泰国，病原菌常侵染玉米，很少侵染高粱，不侵染黄茅（*Heteropogon contortus*），不产生卵孢子，不能随种子远距离传播。

2. 玉米 Ⅱ 型　发生在印度北部，侵染玉米、黄茅，不侵染高粱。黄茅为玉米提供初侵染源，病原菌只在黄茅上产生卵孢子，不能随玉米种子远距离传播。

3. 高粱型　发生在亚洲、非洲、美洲许多国家。除危害玉米、高粱外，还侵染牧草和许多多年生杂草，这些寄主均可提供初侵染源。

P. sorghi 菌丝体存活力差，当种子含水量低于 20% 时，不能存活。因此，干的玉米或高粱种子中的 *P. sorghi* 菌丝体没有活力，不能传病。系统侵染的高粱种子颖壳中含有大量的卵孢子，可随寄主种子远距离传播。种子表面也可能污染有卵孢子而传带病原菌。寄主病残体如高粱病叶等含有大量的卵孢子，也可远距离传播病原菌。孢子囊可通过气流短距离传播，引发再侵染。

【防治方法】

参考爪哇霜霉病的防治方法。

五、玉米褐条霜霉病

【分布与危害】

1967 年在印度报道了玉米褐条霜霉病（Brown stripe downy mildew of maize）的发生危害，我国未见发生。

【症状诊断】

玉米褐条霜霉病发病初期，叶片产生褪绿灰黄色条斑，长度不等，宽为 $3\sim7\mathrm{mm}$，受叶脉限制边缘明显，随后病斑变红紫色，病叶似日灼状。病斑背面密布淡灰色霜霉状物，即病原菌的孢囊梗与孢子囊。早期发病，植株矮化并死亡，病株没有畸形症状。

【病原鉴定】

玉米褐条霜霉病是由玉米指疫霉玉米变种（*Sclerophthpra rayssiae* var. *zeae* Payak et Renfro）所致。病原菌孢囊梗短，由气孔下的菌丝伸出。孢子囊无色，卵圆形至圆柱形，有一小梗，2～6个为一组，孢子囊萌发产生4～8个游动孢子。藏卵器近球形，壁薄，无色至淡黄色，直径为33.0～44.4μm，卵孢子球形至近球形，直径为29.5～37.0μm，壁厚4μm，光滑而发亮，与藏卵器壁愈合。藏卵器和卵孢子藏于发病的叶肉组织或气孔下面。

【发生规律】

玉米褐条霜霉病病原菌产生的卵孢子在土壤病残中可至少存活3年，卵孢子萌发产生孢子囊并释放出游动孢子，成为主要的初侵染源。此外，病原菌菌丝也可在野生寄主上存活，产生的孢子囊是另一种侵染源。初侵染完成后，在玉米叶片病斑上形成大量的孢子囊引起再侵染。

孢子囊在20～22℃条件下产生，卵孢子则在较高温度下形成，当温度为28～32℃时，有利病害流行。孢子囊的形成和侵染需要12～96h水膜，游动孢子萌发温度为15～30℃，最适温度为22～25℃。病原菌孢子囊靠风雨及动物传播，病害的发生与流行主要受降雨及温湿度的影响，通常年降水量越大，发病越严重。

【防治方法】

参考爪哇霜霉病的防治方法。

六、玉米细菌性枯萎病

【分布与危害】

玉米细菌性枯萎病（Stewart's bacterial wilt of maize）是玉米上的一种毁灭性病害。该病害1897年首次发现于美国纽约的长岛，以后在美国中部、南部大面积流行，发病率轻的为40%，重的达90%～100%。除美国外，加拿大、墨西哥、巴西、秘鲁、圭亚那、意大利、波兰、罗马尼亚、泰国、越南、马来西亚等地也有发生。意大利细菌性枯萎病造成玉米减产40%～90%。目前，在南美洲、欧洲和亚洲的一些国家均有发生，在美国的东北部、大西洋中部和中西部的玉米种植区危害严重。世界上有100多个国家将玉米细菌性枯萎病列为检疫性病害。

我国曾于1972年报道，玉米细菌性枯萎病在海南的一些南繁玉米种子田发生，发病面积达560hm^{2}以上，损失达39%～90%。2000—2002年，许志刚和胡白石对河北、天津、北京、山东、河南、江苏、浙江、甘肃和新疆等地的玉米田进行了实地调查，经现场采样和实验室鉴定，未发现玉米细菌性枯萎病。根据对我国有玉米细菌性枯萎病的报道文献追踪，认为是根据症状判断得出结果，确定我国没有玉米细菌性枯萎病的发生，是非疫区。由于其危险性，我国已将玉米细菌性枯萎病列为进境检疫对象。

【症状诊断】

玉米细菌性枯萎病是一种维管束枯萎型的细菌性病害。在玉米生长的各生育时期均可发生危害，植株的根、茎、叶、雄蕊和果穗均可受害，在田间最主要的症状是植株变矮、丛生、枯萎。

玉米幼苗期叶片受侵染，在叶片上产生水渍状灰绿色条斑，后变为褐色，卷曲或萎缩枯死。成株期的病株叶片呈淡黄色至苍白色条纹，自下向上枯死，在马齿型玉米上较为明显。病害发展较慢或侵染较晚时，叶脉边缘出现逐渐变黑的纵斑病，逐渐干枯或灼伤。病原菌存在于叶片的细胞间隙、气孔腔内，以及溶解的中胶层间。细菌在茎部导管中造成阻塞，使全株枯死。用病茎作横切面后，数分钟可见浅黄色细菌脓液呈滴状，自维管束内流出，用铅笔尖或其他物品可将滴液拉成丝状，到后期维管束变成褐色。1972年对海南南繁玉米种子田进行观察，幼苗期和玉米生长中期，叶片呈白叶枯症，茎基部近地面的一、二节维管束受害较重，往往腐烂变黑发臭。剖视病茎维管束，肉眼可见茎节间呈褐色。用显微镜检查病叶及维管束，可见有大量细菌溢出。后期植株青枯倒折死亡。

玉米开花前，病株雄穗常提早开花，往往不能很好舒展，呈白色，病原菌存在于雄穗维管束、花丝及花粉内。病株也能结实，严重时种皮皱缩，发病轻的没有明显病症。一般染病的种子多位于果穗下部。

在甜玉米上，感病的杂交种很快枯萎。在叶片上形成淡绿色至黄色具有不规则或波状边缘的条斑，与叶脉平行，有的条斑可以延长到整个叶片的长度。病斑干枯后变成褐色。雄穗提早抽出并变成白色，在植株停止生长以前枯萎死亡。雌穗大多不孕。重病株在接近土壤表层附近的茎秆髓部可形成空腔。在苞叶内外出现小的、不规则的水渍状斑点，然后变干变黑。切开苞叶的维管束，可以看到从切口处渗出的细菌液滴。感病较轻的植株能正常结出果穗，但病原菌可以从维管束中通过果穗到达籽粒内部。据测定，病原菌多在种子内的合点部分和糊粉层，而达不到胚上。有的果穗苞叶也能产生病斑，苞叶上的病原菌可黏附到籽粒上。籽粒感染病原菌后，通常表现为表皮皱缩和色泽加深。

玉米细菌性枯萎病的症状易与其他玉米病害相混淆。如玉米细菌性枯萎病菌（*Pantoea stewartii* subsp. *stewartii*）引起的症状是叶片产生与中脉平行的水渍状病斑。病原菌侵染叶片、幼苗、植株引起苗枯。发病较晚时，侵染叶片形成明亮的或红色的条纹，引起不同程度的叶枯，导致叶片干枯；系统性侵染导致维管束变色，根茎水渍状湿腐，流出菌脓。玉米细菌性叶疫病引起叶片边缘出现红褐色狭长的条斑和斑点，在风雨环境下，叶片容易撕裂，茎秆腐烂状。细菌性条斑病使病叶产生狭长、平行的微榄绿色至黄褐色水渍状病斑，严重侵染时，雌穗以下大部分叶片死亡，上部叶片几乎全部变成浅黄色至白色条纹。上部叶片的条斑相互连接，导致上部叶片全部变白。玉米大斑病叶片形成大的梭形的水渍状、黄褐色病斑，病斑相连导致叶片枯死。玉米小斑病和玉米圆斑病引起叶片形成小的、界线明显的黄褐色病斑，病斑多限于叶脉之间，在潮湿环境下，叶片病斑上仅可见灰黑色霉状物，不产生黄色脓状物溢出。

【病原鉴定】

玉米细菌性枯萎病病原菌是斯氏泛生菌［*Pantoea stewartii* subsp. *stewartii* （Smith） Mertaert et al.］，异名为斯氏欧文氏菌［*Erwinia stewartii* （E. F. Smith） Dye］，属于薄壁菌门（Gracilicutes）肠杆菌科（Enterobacteriaceae）泛菌属（*Pantoea*）。

该病原菌菌体杆状，两端钝圆，有荚膜，无内生孢子，革兰氏染色阴性，兼性厌氧杆菌，大小为 (0.4～0.7)μm×(0.9～2.0)μm，单生或双生。在牛肉汁蛋白胨培养基上，菌落黄色，扁平，表面光滑。能利用葡萄糖、蔗糖、乳糖、半乳糖、甘露糖、木糖、甘油和甘露糖等，产酸，但不产生气体；不液化明胶，不产生吲哚或产生量微弱，不能还原硝酸盐。但是一些致病性强的菌株，可使硝酸盐还原成亚硝酸盐；不产生氨和硫化氢，不使牛乳凝固；耐 5%～7%氯化钠和 0.2%氯化三苯基四氮唑。

斯氏泛生菌的毒性与菌落外观有相关性，致病力强的菌株菌落大，近无色至浅白色，光滑、平展、黏滞、易拉丝。无致病力的菌株菌落小，粗糙、隆起、不黏滞。在改良魏氏培养基上，不论强弱菌株均易拉成长丝。

细菌生长的最低温度为 8～9℃，最适温度为 30℃，最高温度为 39℃，致死温度为53℃，10min。适宜的 pH 为 4.5～8.5，最适 pH 为 6.0～8.0。

该菌除侵染玉米外，其自然寄主还有假蜀黍和鸭茅状摩擦禾。接种寄主有墨西哥蜀黍、宿根类蜀黍、金色狗尾草、高粱、苏丹草、黍、燕麦等禾本科植物。

【发生规律】

玉米细菌性枯萎病病原菌主要在种子内外、带菌昆虫和田间病残体中越冬。病原菌传播的主要途径有 2 种：一是种子传播。细菌通过穗轴内维管束进入种子，萌芽后长出病株，病株上的种子可以长期带菌，在种子内潜伏很久，长距离传播以种子为主。种子带菌可通过果穗苞叶上的病原菌黏附在种子表面带菌，也可从维管束中通过果穗输导组织到种子内部带菌。二是昆虫田间传播。带菌昆虫既是细菌越冬潜伏的场所，又是很重要的传播者。病原菌潜伏在昆虫内脏器官中越冬，通过咬食玉米植株传播病原菌。其中，以玉米跳甲 (*Chaetochnema pulicaria*) 危害为主，玉米锯齿跳甲 (*C. denticulata*)、十二点叶甲 (*Diabrotica undecimpunctata*)、长角中甲 (*D. longicornic*)、玉米根叶甲 (*D. virgifera*)、地下害虫、玉米种蝇 (*Hylemya cilicrura*)、小麦金针虫 (*Agriots mancus*) 也能传病。此外，病株残体以及土壤也是病原菌传播的途径。

储藏期玉米种子外部携带的菌与内部携带菌生存能力存在差异，在同一温湿度条件下，内部携带的菌存活期比外部携带的菌长，这种差异是因为外部携带的病原菌直接受外部因素影响较大。不同温湿度条件下，玉米枯萎病病原菌的生存规律不同。储藏玉米种子在含水量相同的情况下，温度越高（30℃），病原菌死亡越快；温度越低，病原菌死亡越缓慢。储藏玉米种子在同一温度条件下，种子含水量较低（10.8%）时不利于病原菌长期存活，特别是同在高温情况下更突出，而同在低温（0～1℃）情况，即使种子含水量较低，病原菌仍可存活较长时间。

玉米细菌性枯萎病的发生程度与品种、气候、栽培条件、带菌虫媒越冬基数等密切相关，主要表现为以下几个方面。

1. 发病与品种的关系 我国玉米品种对细菌性枯萎病的总体抗病性水平介于中度抗病和中度感病之间，甜玉米最为感病，普通马齿玉米对细菌性枯萎病的抗病性最高，糯玉米的抗性介于甜玉米和普通马齿玉米之间。如白玉糯、鲁黄糯 6 号、登海 1 号和鲁玉 10等高度感病，江南花糯、鲁白糯和掖单 19 等高度抗病。玉米制种田的感病组合，往往在去雄之后发病严重。

2. 发病与带菌虫媒越冬基数的关系 一般影响虫媒存活的条件主要取决于冬季气温的高低。冬季寒冷，气温低，特别是冬季 3 个月（12 月、1 月、2 月）平均气温的总和在

37~38℃以上，虫媒的越冬存活率高，夏季病害就有可能发生流行。相反，如果平均气温的总和低于 38℃，虫媒越冬死亡率很高，夏季玉米细菌性枯萎病就不发生或很少发生。因此，根据冬季 3 个月的温度高低，就能比较准确地预测翌年夏季玉米枯萎病的发生程度和流行情况。另外，田间传病昆虫危害重，传病昆虫取食造成的伤口多，为病原菌侵染提供了门户。

3. 发病与玉米生长时期气温的关系 此病系高温病害，发病的适温范围为 16~35℃，在 28~30℃左右发病最严重，温度过高时，病害停止发展。在播种时，如遇潮湿天气，能增加发病率，高湿多雨可以使感病品种 100％死亡。晚播时，土温较高亦能加剧病害。在玉米打苞抽穗时，若遇高温多湿，发病最为普遍。

4. 发病与水肥的关系 在土壤氮肥水平偏高、钾肥水平偏低时，发病严重。

【检验检测】

1. 产地检验 在调种前尽可能直接在产地进行检验，重点对甜玉米植株上病斑进行检查。首先对玉米在田间发生的症状进行详细观察，然后根据它是维管束病害这一典型特点用显微镜检查是否有菌脓，具体方法是：取病茎或叶组织，流水冲洗干净后用剪刀切去表皮组织，并用刀片切取病健交界处的维管束组织或叶片 0.2~0.5mm，放在载玻片中央的无菌水滴中，加盖玻片，静置 3~5min 后，进行显微镜检查，先用 100 倍的低倍镜检查，然后转入 400~600 倍的高倍镜下观察，如见到云雾状菌脓从病组织边缘喷出，即可确定为细菌性病害。然后做进一步的分离培养和接种测定。

2. 分离培养检测 采用黑色素选择性培养基分离、鉴定该病原菌，取得了较为理想的结果。应用该培养基对玉米种子进行检测，简便、易行，其配方如下：酵母浸膏 1g、甘油 30mL、制霉菌素 $200\mu g/mL$、牛胆酸钠 3g、NaCl 15g、水溶性黑色素 20mL、琼脂 17g、蒸馏水 1 000mL。同时，也可选择酵母胨培养基、酵母硫酸镁培养基、改良 Wilbrink 培养基、伊凡诺夫培养基等进行分离培养。

通常采用稀释分离法和培养基画线分离法。用画线分离法容易得到单个菌落，获得纯培养菌，具体方法是：取轻微发病的病健交界处的组织，经 0.1％氯化汞或漂白粉表面消毒，然后将病组织放在无菌载玻片的水滴中，用灭菌玻棒研碎后，用灭菌的玻棒蘸取组织液在已凝固成平板的培养基上画线，先在半个培养皿平板上画 5 条线，将玻棒重新灭菌后，再从第二条线上垂直画出 5 条线。也可采用稀释分离法，将切取的病组织，经表面消毒后，研碎稀释，然后倒成平板进行培养。培养温度为 24~28℃，待培养基表面形成分散菌落时，根据菌落的培养性状，分别挑选单个菌落移接到伊凡诺夫选择性培养基上进行培养，最好是将分离到的菌种，再重复稀释培养 1 次，以获得纯菌种。

3. 血清学检测 血清学检测主要是酶联免疫吸附检测，采用 ELISA 双抗夹心方法能成功检测到玉米枯萎病病原菌。

4. 分子生物学检测 针对玉米细菌性枯萎病病原菌建立了多种不同形式的检测方法，主要有 RAPD-PCR 法、LCR-PCR 法和 multiple-PCR 法。

5. 胶体金免疫层析试纸条快速检测 试纸条对玉米细菌性枯萎病病原菌有良好的特异性。作为玉米细菌性枯萎病病原菌日常监测的现场筛查手段，具有简便、快速、成本低、便于普及等优点，主要由五部分组成，即吸水垫、样品垫、金标垫、硝酸纤维素膜和背衬。根据灵敏度、特异性、稳定性等指标合理选择材料。其中，以硝酸纤维素膜和金标垫最为关键；样品垫主要有玻璃纤维、聚酯膜、纤维素滤纸、无纺布等几种材质；结合垫主要有玻璃纤维、聚酯膜、纤维素滤纸、无纺布等几种材质；硝酸纤维素膜主要有Millipore、MDI、S&S、whatman等国外公司的硝酸纤维素膜。

6. 品种抗病性测定　将鉴定玉米材料播种在地势平坦、排灌方便、地力均一的田块，每份材料播种15～20穴，每穴2粒，保证全苗，长势一致。采用针刺接菌法，即用兽用注射器，将菌悬液直接注入茎秆内，然后保湿一定时间，观察病害的发病情况。另外，也可在玉米幼苗3～4叶期，将菌悬液定量灌入心叶的喇叭口中，不需保湿让其自然发病，接菌后1月左右调查发病情况。

（1）发病程度参照Pataky（2000）的分级标准，将玉米细菌性枯萎病症状分为1～9级进行调查，级数越大表示品种越感病，级数越小表示品种越抗病；1级表示品种的抗病性最强，9级表示品种最感病。

1级：接种点周围无明显的扩展病斑。

2级：接种点周围可见有限扩散的水渍状黄化病斑，或具大小为3cm以内的坏死斑。

3级：具有从接种点向叶尖有限扩散的水渍状黄化或坏死斑。

4级：具有从接种点向叶片两端大量扩散的水渍状黄化或坏死斑，但未接种叶片上无侵染症状。

5级：轻微系统性侵染，未接种叶片上有小的细条状病斑。

6级：中等系统性侵染，未接种叶片的发病面积为5％～25％，轻微矮化。

7级：大量系统性侵染，未接种叶片的发病面积为25.1％～50％，矮化。

8级：严重系统性侵染，植株严重矮化，并且植株的50.1％～90％发病。

9级：90.1％～100％发病，严重坏死或植株死亡。

（2）发病程度也可按照玉米细菌性枯萎病病斑占叶片面积的百分比（分为1～5级）进行调查。级数越大表示品种越感病，级数越小表示品种越抗病。

1级：发病面积占叶片面积的0～10％。

2级：发病面积占叶片面积的10.1％～25％。

3级：发病面积占叶片面积的25.1％～50％。

4级：发病面积占叶片面积的50.1％～75％。

5级：发病面积占叶片面积的75.1％～100％。

【防治方法】

1. 禁止从国外疫区进口玉米种子　加强进口玉米种子检验检疫。对调运种子田要进行认真及时的检查，如发现有发病，要立即采取措施，坚决彻底消灭，并立即拔除病株进行深埋处理。

2. 种子处理

（1）微波炉处理。用微波炉70℃处理10min，具有良好的效果，但要采用带盖瓦罐做容器，使之受热均匀。本法只适合在口岸处理少量种子。

（2）环氧乙烷熏蒸。在气温15～25℃时，用环氧乙烷50～75g/m³密闭熏蒸3～5d，杀菌效果达100％，但会降低发芽率4.5％～79％，因此只能用来处理商品粮。

（3）恒温处理。50℃恒温处理4d，消灭种子内部细菌效果显著，不影响发芽。

（4）抗生素温浸法。用农用抗生素BO10和FO57的1∶25稀释液，保持51℃浸种

1.5～2.0h，可杀灭种子内部病原菌，且不降低种子的萌芽力。

3. 防治传病媒介昆虫 玉米种子播种时进行包衣，可选用噻虫嗪、甲基异柳磷等药剂，防治玉米跳甲效果较好。也可待玉米出苗后喷药防治，玉米一出土，可先喷1次40%甲基异柳磷乳油1 000倍液、48%毒死蜱乳油1 500倍液或5.7%氟氯氰菊酯乳油1 500～2 000倍液，3d后喷第2次，以后隔7d再喷1次。

4. 种植抗病品种 马齿型玉米比硬粒型玉米抗病，甜玉米最感病，一般早熟品种较晚熟品种感病。在美国，绝大多数抗病自交系，具有成熟期愈迟、植株愈高大，则愈抗病的趋势。通常甜玉米比马齿型和硬粒玉米更感病。

七、玉米独脚金

【分布与危害】

独脚金（*Striga asiatica*）为玄参科独脚金属（*Striga*）一年生半寄生草本植物，又名独脚柑、推积草、消米虫。独脚金在世界上大约有28种，对农业生产造成危害的主要包括珍珠粟独脚金（*S. hermonthica*）、玉米独脚金（*S. asiatica*）和烟草独脚金（*S. gesnerioides*）。珍珠粟独脚金是独脚金属中对农业生产危害最为严重的根寄生杂草，广泛分布在非洲的热带和亚热带地区。玉米独脚金主要寄生于红花，在非洲东部、非洲南部以及亚洲热带和亚热带地区均有分布。烟草独脚金在非洲分布广泛，可侵染豇豆、烟草和红薯。

我国有3个种和1个变种，即独脚金［*S. asiatica*（L.）O. Kuntze］，主要分布于云南、贵州、广东、广西、湖南、江西、福建、台湾等地，寄生高粱、水稻、玉米、甘蔗、烟草等植物；密花独脚金（*S. densiflora* Benth），主要分布于云南，寄生高粱、甘蔗；还有一个种是大独脚金［*S. masuria*（Buch-ham）Benth］；宽叶独脚金［*S. asiatica*（L.）O. Kuntze var. *humilis*］是1个变种。

【症状诊断】

独脚金常寄生于禾本科植物的根部，多生于荒山草地、田边、沟谷、耕地等处。独脚金缠绕玉米根部，并以吸盘伸入根组织吸取玉米体内养分，造成玉米生长不良而死亡。

【形态特征】

独脚金是短柔毛的多年生植物，微红色或黄绿色，茎分枝，株高50cm。叶退化，肉质，棕色鳞片状。花二唇形，粉红色至白色，不连续的聚集，环形簇生或离生在上部叶腋中。花萼上有4条隆起。

独脚金每个蒴果平均包含1 350粒种子，每株可产5万～50万粒种子，种子微小，像灰尘，大小为烟草种子的1/20，金褐色，椭圆形，无毛，具网状和纵线或脊，长为115～120μm，宽为60～70μm，种皮有明显的纵条脊突，而且纵纹之间有一些横纹联系，共同构成网状脊突。花粉粒球形，宽为18.3～27.1μm，萌发孔多为3个，偶见4个。

【生活史】

独脚金属可产生大量细小的种子，并可在土壤中存活数年，最长可达20年。成熟的独脚金种子有休眠期，在有寄主植物根的分泌物诱发条件下，3～4个月以后就能萌发，一般休眠18个月后最适合萌发。种子萌发后，根尖朝向寄主植物的根生长，一旦与寄主植物的根接触，根寄生杂草将形成吸器，穿透寄主植物根的表皮，借助形成的吸器建立与寄主木质部的连接，从而获得寄主的水分和营养物质。有研究表明，种子必须充分暴露在湿润的环境中，才会对萌发刺激物有反应。种子萌发不会发生在低温环境中，但是如果一开始就将种子高温暴露在刺激物中，反而会抑制种子萌发。Brown 的研究证明，硫脲和烯丙基硫脲可诱导独脚金种子萌发，种子在充分湿润的滤纸上 22℃预处理 21d，然后在含有萌发刺激物的滤纸上 22℃培养几天，之后 34℃再培养 24～28h，即可诱导种子萌发。Worsham 报道，激动素和某些别的 6-(取代) 嘌呤能刺激独脚金种子的萌发，种子在23～24℃下预处理 15～20d，然后在萌发刺激物的作用下，（33±1）℃处理 24h，最终诱导种子萌发；同时还发现，在没有易受寄生的寄主根或它们的分泌物情况下，莨苕亭和 4-羟基香豆素也能刺激独脚金种子的萌发。

【防治方法】

1. 加强检疫 独脚金被许多国家列为检疫性杂草。加强独脚金种子混杂在作物种子中传播检验检查，目前常采用的较行之有效的检验方法有：干筛正筛法、倒筛法、比重法、滑动法和磁吸法等。对入境后的独脚金也要进行严格检疫，对发现混有独脚金种子的作物种子和植物材料应当禁止使用，并装入袋中进行热处理。

2. 物理防治 经常使用的物理防治方法包括拔除、深耕、轮作、水淹、隔离和间作等，可减轻独脚金的危害，如采用牛豆科山蚂蝗和白羽扇豆与玉米间作，均可显著减少黄独脚金寄生的危害。

3. 化学防治 最简单高效的方法依然是化学防治，使用除草剂的原理是利用寄主与独脚金对药剂抗性的差异直接喷洒、拌种或使用缓释剂作用于独脚金，还可通过改变独脚金内酯的释放量从而降低其种子的萌发率。独脚金内酯是植物通过裂解类胡萝卜素生物合成并分泌的，Jamil 等采用灌溉和叶面喷洒法对水稻施用类胡萝卜素抑制剂氟啶草酮、达草灭、异噁草松，结果表明，杀草强使用叶面喷洒法，其他抑制剂使用灌溉法，均能显著降低独脚金内酯含量，从而抑制独脚金种子的发芽和侵染，而且使用浓度很低，不会影响寄主植物的生长。因此，类胡萝卜素抑制剂类除草剂可间接降低根际独脚金内酯浓度，从而影响寄生杂草的萌发，故在寄主不产生药害的情况下可用于防治寄生杂草。

当杂草出现后可选用 2,4-滴丁酯和草甘膦喷洒。

4. 生物防治 提高寄主抗性是杂草综合治理的重要组成部分，抗性可发生在寄生植物生命周期的任何阶段吸附到寄主之前，穿透根部或与之建立维管联系之后。Satish 等采用分子标记和微卫星标记验证了高粱内的一种单隐性基因（lgs）影响独脚金内酯的生物合成或释放，降低寄生杂草的发芽活性，有助于在基因水平上研究减少寄生杂草种子萌发，培育低发芽刺激活性的高粱抗性品种。

有研究发现，抗性基因型光合速率对独脚金侵染的敏感性降低，Jonne 等以此为出发点研究了独脚金侵染对 4 种高粱基因型（抗性程度不同）光合作用的影响，认为光化学猝灭可作为寄主抗性的间接选择标准，在独脚金危害种群数量较高时进行筛选。

目前，寄生杂草微生物防治的研究主要集中于镰孢霉属的棉花枯萎病病原菌（*Fusarium oxysporum* f. sp. *strigae*）（foxy2）。Ndambi 等从解剖学角度提出 foxy2 控制黄独脚金的 2 个机理：①完全同化已侵入寄主的黄独脚金幼苗；②菌丝阻塞已经出现的黄独脚金维管进而使其枯萎死亡。细胞学调查 foxy2 作为种衣剂对高粱根部的入侵表明，此真菌对高粱无致病性；室内根部试验结果显示，在对独脚金抗性和感性高粱品种混合种植时 foxy2 能有效控制独脚金，因此 foxy2 作种衣剂防治寄生杂草独脚金有广阔的应用前景。

参 考 文 献

曹慧英，2010. 玉米新病害：细菌干茎腐病的研究 [D]. 北京：中国农业科学院.

陈海军，邹德堂，巩双印，等，2011. 玉米霜霉病的侵染途径及防治措施 [J]. 黑龙江农业科学 (1)：68-69.

陈敏，2006. 玉米疯顶病病原菌快速检测和病害控制技术研究 [D]. 乌鲁木齐：新疆农业大学.

陈兴全，何永宏，刘云龙，等，2004. 国内一种玉米新病害：玉米黑腐病 [J]. 植物检疫，18 (2)：77-78.

陈兴全，何永宏，刘云龙，等，2003. 玉米黑腐病的田间防治试验 [J]. 云南农业大学学报，18 (4)：419-421.

陈雨天，郭满库，朱福成，等，1996. 玉米种子带矮花叶病毒田间调查简报 [J]. 甘肃农业科技 (9)：37-38.

邸垫平，苗洪芹，路银贵，等，2005. 玉米抗粗缩病接种鉴定方法研究初报 [J]. 河北农业大学学报，28 (2)：76-78，103.

董志平，姜京宇，董金皋，2011. 玉米病虫害防治 [M]. 北京：中国农业出版社.

段双科，1984. 玉米自交系黄早四"黄斑病"的调查研究 [J]. 植物保护 (6)：12.

鄂文弟，王振华，张立国，2006. 玉米瘤黑粉病的研究进展 [J]. 玉米科学，14 (1)：153-157.

高崇省，张志德，1994. 玉米干腐病 [J]. 天津农林科技 (4)：27-28.

高亮，丁春明，王炳华，等，2011. 生物有机肥在盐碱地上的应用效果及其对玉米的影响 [J]. 山西农业科学，39 (1)：47-50.

高晓梅，吕国忠，孙晓东，等，2005. 玉米种子携带真菌的多样性研究 [J]. 菌物研究，3 (2)：42-46.

高岩，胡白石，王福祥，等，2007. 玉米细菌性条斑病病原细菌的鉴定 [J]. 江苏农业学报，23 (1)：22-25.

宫源，宋朝玉，杨今胜，等，2013. 玉米粗缩病研究进展 [J]. 山东农业科学，45 (10)：140-145.

郭成，魏宏玉，郭满库，等，2014. 甘肃玉米穗腐病样品中轮枝镰孢菌的分离鉴定及生物学特性 [J]. 植物病理学报，44 (1)：17-25.

郭翼奋，梁再群，1987. 玉米细菌性枯萎病菌贮藏期生存规律的研究 [J]. 植物保护学报，14 (1)：39-44.

何吉昌，赵民军，贺喜全，等，2005. 南方玉米苗期干腐病重发生原因与防治对策 [J]. 作物研究，19 (1)：33-34.

胡兰，徐秀德，姜钰，等，2008. 玉米鞘腐病原菌生物学特性研究 [J]. 玉米科学，16 (5)：131-134.

胡韬纲，2015. 玉米穗腐病研究进展 [J]. 粮食科技与经济，40 (3)：50-52.

黄强，李晚忱，王振营，等，2011. 玉米粗缩病研究的回顾与展望 [J]. 玉米科学，19 (2)：140-143.

黄岩，李晶，王莹，等，2019. 不同生育期干旱对玉米生长及产量的影响模拟 [J]. 农业灾害研究，9 (6)：47-49，92.

蒋军喜，陈正贤，李桂新，等，2003. 我国 12 省市玉米矮花叶病病原鉴定及病毒致病性测定 [J]. 植物病理学报，33 (4)：307-312.

靳海蕾，姚金花，王良发，等，2018. 玉米多穗的发生原因及预防措施 [J]. 现代农业科技 (4)：63，65.

鞠方成，2015. 玉米雌穗一节多穗性状的遗传研究 [J]. 玉米科学，23（6）：7-11.

雷玉明，2005. 玉米制种田茎基腐病的发生规律及综防措施 [J]. 农业科技通讯（5）：5-7.

雷玉明，2005. 制种田玉米丝黑穗病和黑粉病的检验技术 [J]. 种子，24（5）：101-102.

雷玉明，2005. 制种田玉米霜霉病检验技术 [J]. 种子，24（6）：86-87.

雷玉明，2005. 种衣剂应用中存在的问题及控制措施 [J]. 种子，24（9）：101.

雷玉明，陈丽，2006. 河西走廊玉米苗枯病的发生规律及防治方法 [J]. 玉米科学，14（4）：151-154.

雷玉明，闫治斌，郑天翔，等，2015. 河西走廊制种玉米病害名录 [J]. 长江大学学报（自然科学版）
　　12（21）：4-7.

雷玉明，郑天翔，曹礼，2019. 河西走廊玉米种子携带病原菌真菌的研究 [J]. 种子，38（3）：
　　100-103.

雷玉明，郑天翔，王玉萍，等，2018. 河西走廊国家级玉米制种基地病害综合防治历 [J]. 安徽农业科
　　学，46（11）：118-119，128.

雷玉明，郑天翔，王玉萍，等，2018. 几种杀菌剂对玉米瘤黑粉病和丝黑穗病药效试验 [J]. 农药，57
　　（6）：457-460.

雷玉明，郑天翔，王玉萍，等，2016. 4种杀菌剂对玉米大斑凸脐蠕孢病菌的室内毒力测定 [J]. 长江
　　大学学报（自然科学版），13（21）：8-11.

雷玉明，郑天翔，邢会琴，等，2019. 河西走廊国家级玉米制种基地病害的演变规律 [J]. 种子，38
　　（6）：142-146.

雷玉明，郑天翔，邢会琴，2020. 河西走廊玉米普通锈病生物学特性测定 [J]. 耕作与栽培（6）：
　　15-17.

李德福，2001. 高粱霜霉病 [J]. 植物检疫，15（2）：90-93.

李辉，向葵，张志明，等，2019. 玉米穗腐病抗性机制及抗病育种研究进展 [J]. 玉米科学，27（4）：
　　167-174.

李菊，2011. 中国东北地区玉米纹枯病菌融合群鉴定及遗传多样性研究 [D]. 泰安：山东农业大学.

李莉，2003. 玉米种子传播甘蔗花叶病毒的研究 [D]. 北京：中国农业科学院.

李巧芝，高明，王自伟，等，2002. 玉米细菌性茎腐病的发生为害调查 [J]. 植保技术与推广，22（3）：
　　13，25.

李青青，郭满库，郭成，等，2014. 甘肃玉米主要病害发生动态调查 [J]. 植物保护，40（3）：
　　161-164.

李万苍，马建仓，李文明，等，2009. 玉米顶腐病发病原因研究及防治方法建议 [J]. 草业科学，26
　　（11）：148-151.

廖园，2010. 缓解杀菌剂对作物药害的化学调节物质筛选 [D]. 南京：南京农业大学.

林兴祖，2008. 南繁玉米细菌性茎腐病的发生现状及防治对策 [J]. 农业科技通讯（10）：88-89.

苓强，李敏权，惠娜娜，等，2012. 玉米新病害：叶点霉叶斑病研究初报 [J]. 西北农业学报，21
　　（12）：53-56.

苓强，2013. 玉米叶点霉叶斑病病原鉴定和生物学特性研究 [D]. 兰州：甘肃农业大学.

刘凤珍，周洪波，刘勤来，等，1997. 玉米细菌性茎腐病发生及防治初报 [J]. 吉林农业大学学报，19
　　（2）：105-108.

刘翔，许志刚，2005. 玉米品种对玉米细菌性枯萎病的抗性研究 [C] //外来有害生物检疫及防除技术
　　学会研讨会论文集：115-119.

刘兴成，彭治云，李永德，2015. 制种玉米密度对土壤水分及产量构成的影响研究 [J]. 节水灌溉（2）：
　　27-30.

龙书生，李亚玲，李多川，等，1998. 陕西省玉米茎节腐烂病病原菌及其致病性研究 [J]. 山东农业大

学学报, 29 (1)：105-108.

卢灿华, 吴毅歆, 黄莲英, 等, 2013. 玉米圆斑病研究概述 [J]. 云南农业大学学报, 28 (1)：133-139.

卢维宏, 黄思良, 陶爱丽, 等, 2011. 玉米穗腐病样品中层出镰刀菌的分离与鉴定 [J]. 植物保护学报, 38 (3)：233-239.

罗守进, 2011. 玉米锈病的研究 [J]. 农业灾害研究, 1 (2)：15-20.

罗占忠, 刘江山, 高玉凤, 等, 2000. 玉米疯顶病症状类型及病原菌形态观察 [J]. 植保技术与推广, 20 (2)：9-10.

马建仓, 李文明, 杨鹏, 等, 2010. 种衣剂对玉米种子出苗率的影响及对苗枯病和顶腐病的防治效果 [J]. 肃农业大学学报, 45 (5)：51-55.

马建仓, 张维俊, 杨鹏, 等, 2010. 土壤温湿度及播种期对玉米顶腐病发生的影响 [J]. 甘肃农业科技 (4)：18-20.

马金慧, 杨克泽, 任宝仓, 2016. 玉米细菌性病害研究概况 [J]. 大麦与谷类科学, 33 (4)：6-10.

马金慧, 杨克泽, 张建超, 等, 2016. 植保科技创新与农业精准扶贫：中国植物保护学会 2016 年学术年会论文集 [C]. 中国农业科学技术出版社, 11：22-25.

马占鸿, 1998. 玉米矮花叶病传播机制研究 [J]. 植物病理学报, 28 (3)：256.

孟嫣, 2017. 河西走廊玉米苗枯病原菌及其毒素对根系的影响研究 [D]. 北京：中国农业大学.

孟有儒, 2004. 玉米病害概论 [M]. 兰州：甘肃科学技术出版社.

孟有儒, 李万苍, 王多成, 2006. 玉米黑束病发病原因与防治对策 [J]. 植物保护, 32 (3)：71-74.

孟有儒, 邢会琴, 李万苍, 等, 2008. 玉米顶腐病鉴定 [J]. 植物保护, 34 (4)：107-110.

孟有儒, 张保善, 1992. 玉米黑束病研究：病害症状与病原生理特性的研究 [J]. 云南农业大学学报, 7 (1)：27-32.

尼尔高 P, 1987. 种子病理学 [M]. 北京：农业出版社.

浦子钢, 2012. 黑龙江省西部地区玉米大斑病菌生理小种鉴定及生物学特性分析 [J]. 黑龙江农业科学 (1)：45-50.

阮义理, 胡务义, 何万娥, 2001. 玉米多堆柄锈菌的生物学特性 [J]. 玉米科学, 9 (3)：82-85.

桑晓清, 孙永艳, 杨文杰, 等, 2013. 寄生杂草研究进展 [J]. 江西农业大学学报, 35 (1)：84- 91.

石洁, 王振营, 2010. 玉米病虫害防治彩色图谱 [M]. 北京：中国农业出版社.

石菁, 2009. 玉米瘤黑粉病菌生物学及玉米抗性鉴定研究 [D]. 兰州：甘肃农业大学.

石秀清, 王富荣, 石银鹿, 等, 2003. 玉米种质资源抗矮花叶病鉴定 [J]. 植物遗传资源学报, 4 (4)：338-340.

司鲁俊, 郭庆元, 王晓鸣, 2011. 浙江东阳玉米细菌性叶斑病病原菌的分离与鉴定 [J]. 玉米科学, 19 (1)：125-127, 131.

孙佳莹, 2017. 玉米北方炭疽病菌 (*Aureobasidium zeae*) 生物学特性及 ATMT 遗传转化体系建立 [D]. 沈阳：沈阳农业大学.

孙淑琴, 温雷蕾, 董金皋, 2005. 玉米大斑病菌的生理小种及交配型测定 [J]. 玉米科学, 13 (4)：112-113, 123.

陶永富, 刘庆彩, 徐明良, 2013. 玉米粗缩病研究进展 [J]. 玉米科学, 21 (1)：149-152.

田兰芝, 路银贵, 邸垫平, 2019. 不同抗性级别的玉米抗粗缩病品种在河北省的安全播期研究 [C] //中国植物保护学会 2019 年学术年会论文集：46-52.

田耀加, 赵守光, 张晶, 等, 2014. 中国玉米锈病研究进展 [J]. 中国农学通报, 30 (4)：226-231.

王安乐, 王娇娟, 陈朝辉, 2005. 玉米粗缩病发生规律和综合防治技术研究 [J]. 玉米科学, 13 (4)：114-116.

王宽, 2015. 层出镰孢对玉米的致病性及其机制的初步研究 [D]. 保定：河北农业大学.

王群，2018. 山东省玉米品种（系）对病害的田间抗性鉴定［D］. 泰安：山东农业大学.

王守明，2017. 玉米红叶病的鉴定诊断及防治［J］. 农业灾害研究，7（11-12）：20-21，50.

王玺仁，陈吉彼，毕君，1994. 山东省玉米全蚀病发生规律及防治技术研究［J］. 山东农业科学（4）：33-35.

王晓鸣，晋齐鸣，石洁，等，2006. 玉米病害发生现状与推广品种抗性对未来病害发展的影响［J］. 植物病理学报，36（1）：1-11.

王晓鸣，石洁，晋齐鸣，等，2010. 玉米病虫害田间手册：病虫害鉴别与抗性鉴定［M］. 北京：中国农业科学技术出版社.

王圆，吴品珊，姚成林，等，1994. 广西、云南玉米霜霉病的种子检验与传病试验［J］. 植物保护，20（5）：8-20.

王勇，索东让，孙宁科，2012. 制种玉米需肥规律的研究［J］. 农学学报，2（8）：37-43.

魏昕，李丽华，王娟，等，2008. 玉米丝裂病发生的数量遗传分析［J］. 中国农业科学，41（8）：2235-2240.

兀安基，李西亮，1996. 玉米干腐病症状特征及田间鉴别方法［J］. 植保技术与推广，16（2）：35-36.

席靖豪，2018. 黄淮海夏玉米穗腐病病原多样性分析与玉米新品种抗病性鉴定研究［D］. 郑州：河南农业大学.

肖明纲，陈敏，王晓鸣，2006. 玉米疯顶病病原菌染色检测技术［J］. 植物保护，32（6）：129-132.

肖明纲，王晓鸣，2004. 玉米疯顶病在中国的发生现状与病害研究进展［J］. 作物杂志（5）：41-44.

夏锦洪，方中达，1962. 玉米细菌性茎腐病病原菌的研究［J］. 植物保护学报，1（1）：1-13.

谢颖，乔喜红，杨成德，2013. 张掖市玉米瘤黑粉病及锈病发生进程初探［J］. 甘肃农业大学学报，48（2）：58-61.

邢会琴，马建仓，许永锋，等，2011. 防治玉米顶腐病和黑粉病药剂筛选［J］. 植物保护，37（5）：187-192.

邢会琴，马建仓，杨鹏，等，2009. 玉米品种抗顶腐病遗传多样性分析及其应用［J］. 中国生态农业学报，17（4）：694-698.

徐家兰，周保亚，刘逸卿，1997. 玉米纹枯病菌生物学特性初步研究［J］. 植物保护，23（2）：29-30.

许佳宁，2018. 辽吉地区玉米穗腐病病原鉴定及防治基础研究［D］. 沈阳：沈阳农业大学.

徐丽娜，2015. 春玉米田除草剂药害发生原因与预防对策浅析［J］. 农业开发与装备（1）：115-116.

徐鹏，李浩然，曹志艳，等，2013. 玉米抵御鞘腐病菌侵染的生理机制［J］. 植物保护学报，43（3）：261-265.

徐秀德，董怀玉，姜钰，等，辽宁省玉米新病害：北方炭疽病研究初报［J］. 云南农业大学学报，2000，31（5）：507-510.

徐秀德，姜钰，王丽娟，等，2008. 玉米新病害：鞘腐病研究初报［J］. 中国农业科学，41（10）：3083-3087.

徐秀兰，吴学宏，张国珍，等，2006. 甜玉米种子携带真菌与种子活力关系分析［J］. 中国农业科学，39（8）：1565-1570.

薛春生，肖淑芹，翟羽红，等，2008. 玉米弯孢叶斑病菌致病类型分化研究［J］. 植物病理学报，38（1）：6-12.

闫彩清，李凌雨，王学雄，等，2014. 玉米矮花叶病研究概述［J］. 山西农业科学，42（11）：1230-1232.

杨建国，金晓华，谢爱婷，等，2002. 玉米疯顶病种子传播研究［J］. 植保技术与推广，22（6）：3-4.

杨克泽，马金慧，任宝仓，2016. 种子包衣防治玉米瘤黑粉病药效试验［J］. 农药，55（10）：764-766.

杨丽萍，杨根华，李枝林，等，2014. 玉米细菌性茎腐病组织中一株新的铜绿假单胞杆菌的分离鉴定

［J］．中国农业科技导报，16（1）：65-70．

羊青，王祝年，李万蕊，等，2017．独脚金的研究进展［J］．中成药，39（9）：1908-1912．

杨树昌，张俊彦，郑福敏，等，2017．玉米空秆高发原因及防控对策［J］．中国农技推广，33（8）：66-69．

杨印斌，张战备，王娇娟，等，2018．30％噻虫嗪包衣对玉米种子的安全性及矮花叶病的防治效果［J］．山西农业科学，46（8）：1367-1370．

姚健民，曹鹏翔，李秀琴，等，1992．玉米全蚀病发病规律的研究［J］．植物病理学报，22（4）：318．

姚建民，1992．玉米全蚀病研究现状［J］．植物保护，18（5）：31-32．

姚健民，许恒武，1988．玉米全蚀病的诊断与鉴定［J］．辽宁农业科学（1）：38-39．

尹海峰，曹志艳，王宽，等，2015．蚜虫危害对玉米鞘腐病发生的影响［J］．河北农业大学学报，38（4）：86-91．

岳瑾，谢爱婷，杨建国，等，2014．北京市玉米褐斑病的发生特点与综合防治措施［J］．云南农业大学学报，34（8）：30-31．

翟晖，2010．玉米鞘腐病病原鉴定与致病机制研究［D］．保定：河北农业大学．

张爱红，陈丹，田兰芝，等，2010．我国玉米病毒病的种类和病毒鉴定技术［J］．玉米科学，18（6）：127-132．

张超，战斌慧，周雪平，2017．我国玉米病毒病分布及危害［J］．植物保护，43（1）：1-8．

张成锁，王广理，丁三寅，2006．警惕外来检疫性有害生物玉米干腐病［J］．植物检疫，20（6）：357-358．

张丹丹，2010．河南省玉米茎基腐病病原菌种类鉴定与致病性测定［D］．郑州：河南农业大学．

张惠芳，朱福成，杨风琪，等，1993．大麦黄矮病毒侵染玉米研究初报［J］．甘肃农业科技（6）：32-33．

赵文娟，2009．玉米霜霉病在中国的适生性分析［D］．合肥：安徽农业大学．

郑丽敏，牛永锋，孙慧敏，2006．南繁玉米锈病的发生及防治［J］．玉米科学，14（增刊）：129-130．

郑永照，岳杨，王提江，等，2013．多穗型玉米研究进展［J］．农业科技通讯（10）：27-28，29．

钟世宜，魏海忠，王红红，等，2013．玉米白化突变体 As-81647 的鉴定及基因定位［J］．山东农业科学，45（10）：12-15，28．

朱西儒，徐志宏，陈枝南，等，2004．植物检疫学［M］．北京：化学工业出版社．

Xing H Q，Ma J C，Xu B L，et al.，2018．Mycobiota of maize seeds revealed by rDNA-ITS sequence analysis of samples with varying storage times［J］．Microbiology Open，7（6）：e00609．

图书在版编目（CIP）数据

玉米制种田病害鉴定与防治/雷玉明主编 . —北京：
中国农业出版社，2021.9
ISBN 978-7-109-27988-9

Ⅰ . ①玉… Ⅱ . ①雷… Ⅲ . ①玉米－植物病害－诊断
②玉米－植物病害－防治 Ⅳ . ①S435.131

中国版本图书馆 CIP 数据核字（2021）第 038134 号

中国农业出版社出版

地址：北京市朝阳区麦子店街 18 号楼
邮编：100125
责任编辑：史佳丽 阎莎莎 文字编辑：王庆敏
版式设计：杜 然 责任校对：吴丽婷
印刷：北京通州皇家印刷厂
版次：2021 年 9 月第 1 版
印次：2021 年 9 月北京第 1 次印刷
发行：新华书店北京发行所
开本：787mm×1092mm 1/16
印张：11.25 插页：14
字数：256 千字
定价：82.00 元

图2-1　苗枯病幼苗新叶普遍发黄

图2-2　禾谷镰孢霉苗枯病引起根系变黑褐

图2-3　串珠镰孢霉苗枯病引起根系变黄枯

图2-4　苗枯病幼苗根冠变色

图2-5　苗枯病幼苗基部1~3叶变黄

图2-6　苗枯病叶尖、叶缘变黄干枯

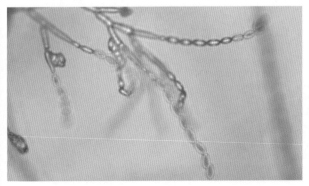

图2-7　串珠镰孢霉分生孢子梗与分生孢子

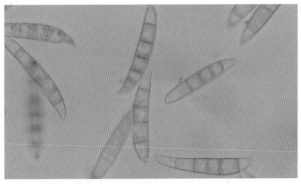

图2-8　禾谷镰孢霉大型分生孢子

图2-9 腐霉菌引起的苗枯病

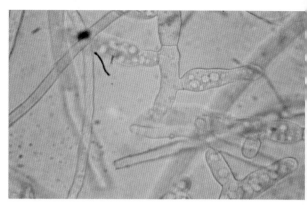

图2-10 瓜果腐霉菌孢囊梗与孢子囊

图3-1 玉米大斑病叶片发病初期沿叶脉发展

图3-2 玉米大斑病叶片形成梭形大斑

图3-3 玉米大斑病叶片病斑相互连接成大斑

图3-4 玉米大斑病菌在病斑上产生灰黑色霉状物

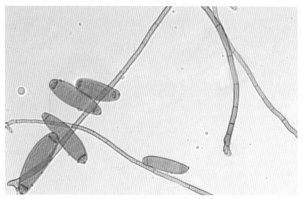

图3-5 玉米大斑病菌分生孢子梗与分生孢子

图3-6 玉米小斑病叶片产生点状病斑

图3-7　玉米小斑病叶鞘产生点状
病斑

图3-8　玉米小斑病危害叶片形成
条形褐色病斑

图3-9　玉米小斑病危害叶片产生条
形病斑

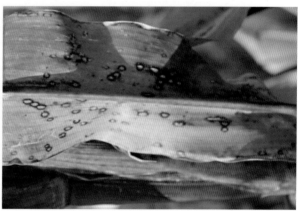

图3-10　玉米小斑病危害叶片产生梭形病斑

图3-11　玉米小斑病菌T小种产生小斑症状

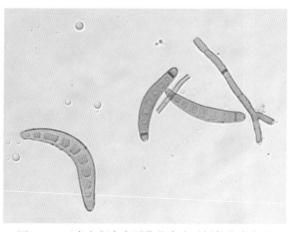

图3-12　玉米小斑病危害
苞叶产生的病斑

图3-13　玉米小斑病病原菌分生孢子梗与分生孢子

图3-14　玉米弯孢霉叶斑
病危害叶片产生小斑型病斑

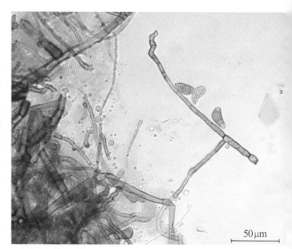

图3-15　玉米弯孢霉叶斑病
危害叶片产生中间斑型病斑

图3-16　玉米弯孢霉叶斑病
危害叶片产生大斑型病斑

图3-17　玉米弯孢霉叶斑病病原菌分生孢子梗及分生
孢子

图3-18　玉米灰斑病危害叶片
产生长条形病斑

图3-19　玉米灰斑病危害叶片产生矩形病斑

图3-20　玉米圆斑病危害叶
片形成褪绿黄白色小斑点

图3-21　玉米圆斑病叶片典型病斑

图3-22　玉米圆斑病叶鞘产生中央白色、边缘褐色病斑　　　　图3-23　玉米黑斑病叶片椭圆形或梭形病斑

图3-24　玉米黑斑病沿叶
脉形成大枯斑

图3-25　玉米黑斑病危害
叶鞘

图3-26　玉米黑斑病导致叶片枯死并生黑褐色霉状物

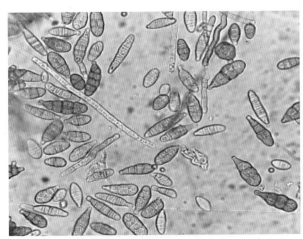

图3-27　玉米黑斑病病原菌极细链格孢菌分生孢子梗与
分生孢子

图3-28　玉米褐斑病危害
叶片症状

图3-29　玉米褐斑病危害
叶鞘产生褐色斑点

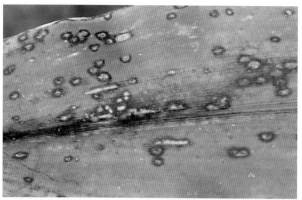

图3-30　玉米褐斑病病斑表皮破裂散出黄色粉末

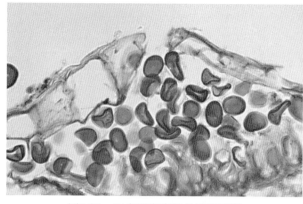

图3-31　玉米褐斑病的休眠孢子囊

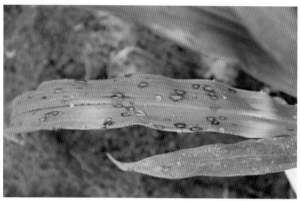

图3-32　玉米眼斑病叶片"鸟眼"病斑

图3-33　玉米叶点霉叶斑病危害叶片症状

图3-34　玉米黄色叶枯病危害叶缘引起叶枯

图3-35　玉米黄色叶枯病叶片产生长椭圆形与叶脉平行的病斑

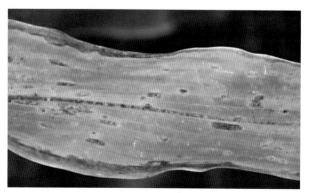

图3-36　玉米炭疽病叶片棱形或不规则形病斑

图3-37　玉米炭疽病叶片斑枯型病斑

图3-38　玉米普通锈病危害叶面出现褪绿斑　　　图3-39　玉米普通锈病危害　　　图3-40　玉米普通锈病危害叶背
　　　　　　　　　　　　　　　　　　　　　　叶正面产生的夏孢子堆　　　　　　　　面产生的夏孢子堆

图3-41　玉米普通锈病危害　　　图3-42　玉米普通锈病导　　　图3-43　玉米普通锈病导致玉米不能授粉结籽
叶背面产生的冬孢子堆　　　　致授粉不良形成花棒

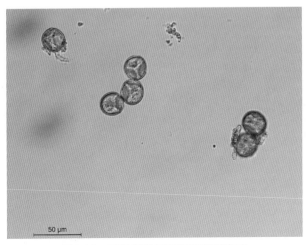

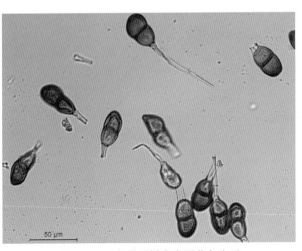

图3-44　玉米普通锈病病原菌夏孢子　　　　　　图3-45　玉米普通锈病病原菌冬孢子

图3-46 玉米南方锈病田间危害状

图3-47 抗玉米南方锈病材料田间症状

图3-48 玉米南方锈病植株上所有叶片布满夏孢子堆

图3-49 玉米南方锈病叶鞘、茎秆布满夏孢子堆

图3-50 玉米南方锈病危害苞叶症状

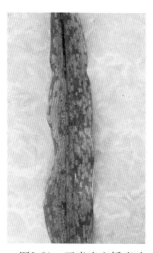
图3-51 玉米南方锈病叶正面夏孢子堆分布

图3-52 玉米南方锈病叶背面冬孢子堆分布

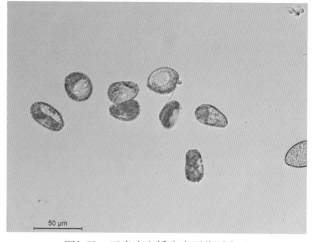
图3-53 玉米南方锈病病原菌夏孢子

图3-54　玉米南方锈病田间严重度分级　　　　图3-55　玉米霜霉病顶叶皱缩、弯曲

图3-56　玉米霜霉病顶部弯曲呈弓状　　　图3-57　玉米霜霉病顶部卷曲症状

图3-58　玉米霜霉病顶叶水渍状症状　　图3-59　玉米霜霉病顶叶萎蔫、青枯　　图3-60　玉米霜霉病果穗小而弯曲，植株矮化

图4-1　玉米茎基腐病田间症状

图4-2　玉米茎基腐病初期症状

图4-3　玉米茎基腐病向上扩展

图4-4　玉米茎基腐病基部腐烂

图4-5　禾谷镰孢霉茎基腐病

图4-6　串珠镰孢霉茎基腐病

图4-7　玉米茎基腐病髓部空松

图4-8　玉米茎基腐病根部产生黄褐斑

图4-9　玉米腐霉菌茎基腐病

图4-10　玉米茎基腐病植株倒折　　　图4-11　节间缢缩，产生霉状折断　　　图4-12　玉米茎基腐病果穗腐烂

图4-13　玉米青枯病叶片失水　　图4-14　玉米青枯病后期叶片干枯　　图4-15　玉米青枯病茎部水渍状、黄褐色
青灰色

图4-16　玉米黑束病田间症状　　图4-17　玉米黑束病顶叶初期症状　　图4-18　玉米黑束病顶叶淡红色枯死

图4-19　玉米黑束病茎纵切面　　　　　　　　图4-20　玉米黑束病茎横切面

图4-21　玉米纹枯病果穗受害状　　　图4-22　玉米纹枯病田间症状　　　图4-23　玉米纹枯病茎秆云纹状斑

图4-24　玉米纹枯病茎秆受害状　　　图4-25　玉米纹枯病茎秆白色　　　图4-26　玉米纹枯病果穗苞叶干枯、菌核形成
　　　　　　　　　　　　　　　　　　　　　　霉层　　　　　　　　　　　　初期

图4-27 玉米顶腐病幼苗畸形症状

图4-28 玉米顶腐病叶缘缺刻型

图4-29 玉米顶腐病顶叶撕裂症状

图4-30 玉米顶腐病叶片卷裹呈弓状

图4-31 玉米顶腐病顶叶卷缩呈弯头

图4-32 玉米顶腐病叶基茎缺刻症状

图4-33 玉米顶腐病叶鞘、茎秆腐烂

图4-34 玉米顶腐病断叶、茎秆腐烂

图4-35　玉米鞘腐病初期症状　　　　图4-36　玉米鞘腐病褐斑型症状　　　　图4-37　玉米鞘腐病穗位节叶鞘侧
　　　　　　　　　　　　　　　　　　　　　　　　　　　　　　　　　　　　黑变

图4-38　串珠镰孢霉鞘腐病　　　　　　　　　　图4-39　禾谷镰孢霉鞘腐病

　　图4-40　玉米鞘腐病茎秆产生黑褐色不规　　　图4-41　蚜虫危害苞叶导致　　　图4-42　玉米干腐病在茎秆上产生黑
则病斑　　　　　　　　　　　　　　　　　　鞘腐病　　　　　　　　　　色分生孢子器

图5-1　玉米根腐病水渍状腐烂　　　　图5-2　玉米根腐病根颈软腐　　　　图5-3　玉米根腐病髓部坏死

图5-4　玉米根腐病根部坏死、髓部　图5-5　玉米全蚀病根部产生黑色小点
中空

图6-1　玉米黑粉病株节间病瘤　　　图6-2　玉米黑粉病根基病瘤　　　　图6-3　玉米黑粉病叶基病瘤
（无产量）

图6-4　玉米黑粉病果穗苞叶串生病瘤

图6-5　玉米黑粉病叶片串生病瘤

图6-6　玉米黑粉病防治后病瘤收缩并变紫红色

图6-7　玉米黑粉病雌穗基部病瘤

图6-8　玉米黑粉病果穗籽粒形
成病瘤（无产量）

图6-9　玉米黑粉病雌穗全部形成病瘤（无产量）

图6-10　玉米黑粉病穗轴及生长点病瘤

图6-11　玉米黑粉病变态果穗病瘤

图6-12　玉米黑粉病危害雄穗形成病瘤（无花粉）

图6-13　玉米黑粉病气生根病瘤

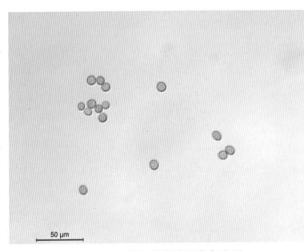

图6-14　玉米黑粉病病原菌冬孢子

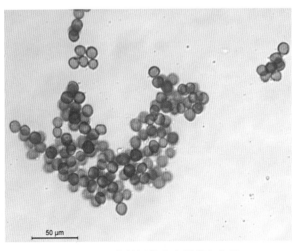

图6-15　玉米丝黑穗病病原菌冬孢子

图6-16 果穗分化成黑色孢子堆

图6-17 果穗散出黑粉仅留丝状物

图6-18 玉米丝黑穗病危害果穗形成黑苞

图6-19 玉米丝黑穗病雄穗抽出即为黑粉并带丝

图6-20 玉米丝黑穗病雄穗部分花穗变黑包

图6-21 串珠镰孢霉穗腐病

图6-22 禾谷镰孢霉穗腐病

图6-23　轮生镰孢霉穗腐病

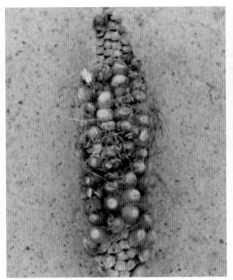

图6-24　黑根霉穗腐病

图6-25　青霉穗腐病

图6-26　曲霉穗腐病

图6-27　穗腐病导致果穗畸形

图6-28　穗腐病导致果穗颗粒无收

图6-29　玉米螟引起穗腐病

图6-30　害虫危害引起穗腐病

图6-31　色二孢穗腐病

图6-32　链格孢穗腐病

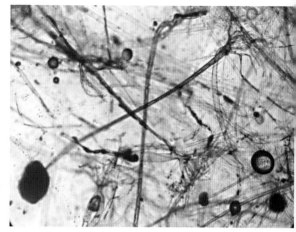

图6-33　玉米黑根霉菌孢囊梗、孢子囊及假根

图6-34　玉米草酸青霉菌分生孢子及分生孢子梗

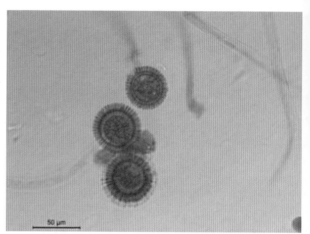

图6-35　玉米穗腐病曲霉菌产孢结构与分生孢子

图6-36　玉米裂轴病危害果穗

图6-37　玉米裂轴病危害籽粒症状

图6-38　玉米疯顶病病株疯长症状

图7-1　玉米细菌性茎腐病基腐症状

图7-2　玉米细菌性茎腐病茎基倒折

图7-3　玉米细菌性茎腐病茎节腐烂

图7-4　玉米细菌性茎腐病变褐色坏死

图7-5　玉米细菌性茎腐病叶片症状

图7-6　玉米细菌性茎腐病叶鞘、茎基缺刻型

图7-7　玉米细菌性茎腐病果穗、苞叶水渍状

图7-8　玉米细菌性茎腐病果穗腐烂并散出恶臭味

图7-9　玉米细菌性褐色条斑病症状

图7-10　玉米细菌性条斑病沿叶脉形成条斑症状

图7-11　玉米细菌性条斑病危害斑点

图7-12　玉米细菌性条斑病圆斑症状

图7-13　玉米细菌性条斑病沿叶缘、叶鞘水渍斑

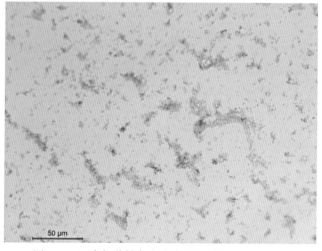
图7-14　玉米细菌性条斑病病原菌革兰氏染色菌体

图8-1　玉米矮花叶病田间病株　　　图8-2　玉米矮花叶病初期褪绿条纹　　　图8-3　玉米矮花叶病黄绿相间条纹

图8-4　玉米矮花叶病叶片丛生　　　图8-5　玉米粗缩病叶片脉突　　　图8-6　玉米粗缩病田间病株
　　　　　　　　　　　　　　　　　症状

图8-7　玉米粗缩病节间缩短，叶宽状如君子兰　　　图8-8　玉米粗缩病节间畸形、叶片卷曲

图8-9　玉米条纹矮缩病田间病株　　图8-10　玉米条纹矮缩病密纹型症状　　　　图8-11　玉米红叶病田间病株

图8-12　玉米红叶病田间矮化病株　　　　图8-13　玉米红叶病叶缘变紫　　　图8-14　玉米红叶病叶尖叶缘
　　　　　　　　　　　　　　　　　　　　　　　　　红色　　　　　　　　　　　　　变黄

图8-15　玉米红叶病灌浆期　　　　图8-16　玉米花叶条纹病叶片黄绿相间条纹　　　图8-17　玉米花叶条纹病田
　　症状　　　　　　　　　　　　　　　　　　　　　　　　　　　　　　　　　　　　间病株

图9-1 玉米生理性红叶病（授粉不良）

图9-2 玉米生理性红叶病（未抽穗）

图9-3 玉米遗传性条斑病褪绿条纹型症状

图9-4 玉米遗传性条斑病淡绿短条型症状

图9-5 玉米遗传性斑点病前期症状

图9-6 玉米遗传性斑点病自交系症状

图9-7 玉米遗传性黄斑病病株

图9-8 玉米遗传性黄斑病叶部症状

图9-9 玉米遗传性黄斑病后期症状

图9-10　玉米白化苗田间植株

图9-11　玉米灌浆期脱肥田间症状

图9-12　玉米缺氮症幼苗症状

图9-13　玉米缺氮症植株的实验症状

图9-14　玉米缺氮症叶片V形症状

图9-15　玉米缺磷症成株期症状

图9-16　玉米缺磷症植株的
实验症状

图9-17　玉米缺磷症幼苗期症状

图9-18　玉米缺钾症叶片田间症状

图9-19　玉米缺钾症植株的实验症状　　　图9-20　玉米缺锌症幼苗　　　图9-21　玉米缺锌症植株的实验症状
　　　　　　　　　　　　　　　　　　　　　　　　症状

图9-22　杀虫剂造成田间药害　　　图9-23　杀菌剂造成褪绿黄化　　　图9-24　杀菌剂造成田间药害后畸形株症状
　　　　　　　　　　　　　　　　　药害症状

图9-25　除草剂导致胚芽枯死症状　　　　　　　图9-26　除草剂导致胚芽鞘受害症状

图9-27　除草剂在苗期造成的田间药害　　图9-28　除草剂导致幼苗受害症状　　图9-29　除草剂造成植株矮化、抽穗不整齐

图9-30　莠去津药害田间症状　　　　　　图9-31　草甘膦药害叶片症状

图9-32　百草枯药害田间症状　　图9-33　玉米空秆症　　图9-34　遗传性单秆多穗症状

图9-35　玉米制种田田间干旱症状　　　　图9-36　玉米制种田田间霜冻症状